科学出版社"十三五"普通高等教育本科规划教材

动物防疫检疫技术

张艳英　石玉祥　主编

科学出版社
北京

内 容 简 介

本书在内容设计上考虑到了动物医学职教师资培养的基本要求和中职兽医毕业生的最低专业能力要求，将动物防疫与检疫技术有机整合到生产实际和工作中去，内容包括动物防疫检疫基础知识、养殖领域防疫检疫技术、流通领域防疫检疫技术和屠宰领域防疫检疫技术四部分。为了遵从职业教育特点，还专门设计了本课程的教学法，将职业教学方法与专业课教学高度融合，增加了教材的针对性和实用性。

本书可供动物医学本科专业职教师资的学生使用，也可供相关专业和不同层次的教学及畜牧兽医技术人员和基层动物防疫检疫人员参考。

图书在版编目（CIP）数据

动物防疫检疫技术 / 张艳英，石玉祥主编. —北京：科学出版社，2016
科学出版社"十三五"普通高等教育本科规划教材
 ISBN 978-7-03-050318-3

Ⅰ. ①动… Ⅱ. ①张… ②石… Ⅲ. ①兽疫－防疫－高等学校－教材
②兽疫－检疫－高等学校－教材 Ⅳ. ① S851.3

中国版本图书馆 CIP 数据核字（2016）第258088号

责任编辑：刘 丹 丛 楠 / 责任校对：郑金红
责任印制：张 伟 / 封面设计：黄华斌

科学出版社 出版
北京东黄城根北街 16 号
邮政编码：100717
http://www.sciencep.com

北京凌奇印刷有限责任公司 印刷
科学出版社发行 各地新华书店经销

*

2016 年 11 月第 一 版 开本：787×1092 1/16
2022 年 12 月第六次印刷 印张：11 3/8
字数：270 000
定价：49.80 元
（如有印装质量问题，我社负责调换）

教育部动物医学本科专业职教师资培养核心课程系列教材编写委员会

《动物防疫检疫技术》编委会

主　编　张艳英（河北科技师范学院）

　　　　石玉祥（河北工程大学）

副主编　尹卫卫（廊坊职业技术学院）

　　　　刘　冬（沧州职业技术学院）

参　编　（以姓氏笔画为序）

　　　　张　莉（天津市畜牧兽医研究所）

　　　　张召兴（河北旅游职业学院）

　　　　陈龙宾（天津市畜牧兽医研究所）

　　　　欧长波（广西大学）

丛 书 序

为贯彻落实全国教育工作会议精神和《国家中长期教育改革和发展规划纲要（2010—2020年）》提出的完成培训一大批"双师型"教师、聘任（聘用）一大批有实践经验和技能的专兼职教师的工作要求，进一步推动和加强职业院校教师队伍建设，促进职业教育科学发展，教育部、财政部决定于2011~2015年实施职业院校教师素质提高计划，以提升教师专业素质、优化教师队伍结构、完善教师培养培训体系。同时制定了《教育部、财政部关于实施职业院校教师素质提高计划的意见》，把开发100个职教师资本科专业的培养标准、培养方案、核心课程和特色教材等培养资源作为该计划的主要建设目标。作为传统而现代的动物医学专业被遴选为培养资源建设开发项目。经申报、遴选和组织专家论证，河北科技师范学院承担了动物医学本科专业职教师资培养资源开发项目（项目编号 VTNE062）。

河北科技师范学院（原河北农业技术师范学院）于1985年在全国率先开展农业职教师资培养工作，并把兽医（动物医学）专业作为首批开展职业师范教育的专业进行建设，连续举办了30年兽医专业师范类教育，探索出了新型的教学模式，编写了兽医师范教育核心教材，在全国同类教育中起到了引领作用，得到了社会的广泛认可和教育主管部门的肯定。但是职业师范教育在我国起步较晚，一直在摸索中前行。受时代的限制和经验的缺乏等影响，专业教育和师范教育的融合深度还远远不够，专业职教师资培养的效果还不够理想，培养标准、培养方案、核心课程和特色教材等培养资源的开发还不够系统和完善。开发一套具有国际理念、适合我国国情的动物医学专业职教师资培养资源实乃职教师资培养之当务之急。

在我国，由于历史的原因和社会经济发展的客观因素限制，兽医行业的准入门槛较低，职业分工不够明确，导致了兽医教育的结构单一。随着动物在人类文明中扮演的角色日益重要、兽医职能的不断增加和兽医在人类生存发展过程中的制衡作用的体现，原有的兽医教育体系和管理制度都已不适合现代社会。2008年，我国开始实行新的兽医管理制度，明确提出了执业兽医的准入条件，意味着中等职业学校的兽医毕业生的职业定位应为兽医技术员或兽医护士，而我国尚无这一层次的学历教育。要开办这一层次的学历教育，急需能胜任这一岗位的既有相应专业背景，又有职业教育能力的师资队伍。要培养这样一支队伍，必须要为其专门设计包括教师标准、培养标准、核心教材、配套数字资源和培养质量评价体系在内的完整的教学资源。

我们在开发本套教学资源时，首先进行了充分的政策调研、行业现状调研、中等职业教育兽医专业师资现状调研和职教师资培养现状调研。然后通过出国考察和网络调研学习，借鉴了国际上发达国家兽医分类教育和职教师资培养的先进经验，在我校30年开展兽医师范教育的基础上，在教育部《中等职业学校教师专业标准（试行）》的框架内，设计出了《中等职业学校动物医学类专业教师标准》，然后在专业教师标准的基础上又开发出了《动物医学本科专业职教师资培养标准》，明确了培养目标、培养条件、培养过程和质量评价标准。根据培养标准中设计的课程，制定了每门课程的教学目标、实现方法和考核标准。在课程体系的框架内设计了一套覆盖兽医技术员和兽医护士层级职业教育的主干教材，并有相应的配套数字资源支撑。

教材开发是整个培养资源开发的重要成果体现，因此本套教材开发时始终贯彻专业教育与职业师范教育深度融合的理念，编写人员的组成既有动物医学职教师资培养单位的人员，又有行业专家，还有中高职学校的教师，有效保证了教材的系统性、实用性、针对性。本套教材的特点有：①系统性。本套教材是一套覆盖了动物医学本科职教师资培养的系列教材，自成完整体系，不是在动物医学本科专业教材的基础上的简单修补，而是为培养兽医技术员和兽医护士层级职教师资而设计的成套教材。②实用性。本套教材的编写内容经过行业问卷调查和专家研讨，逐一进行认真筛选，参照世界动物卫生组织制定的《兽医毕业生首日技能》的要求，根据四年制的学制安排和职教师资培养的基本要求而确定，保证了内容选取的实用性。③针对性。本套教材融入了现代职业教育理念和方法，把职业师范教育和动物医学专业教育有机融合为一体，把职业师范教育贯穿到动物医学专业教育的全过程，把教材教法融入到各门课程的教材编写过程，使学生在学习任何一门主干课程时都时刻再现动物医学职业教育情境。对于兽医临床操作技术、护理技术、医嘱知识等兽医技术员和兽医护士需要掌握的技术及知识进行了重点安排。④前瞻性。为保证教材在今后一个时期内的领先地位，除了对现阶段常用的技术和知识进行重点介绍外，还对今后随着科技进步可能会普及的技术和知识也进行了必要的遴选。⑤配套性。除了注重课程间内容的衔接与互补以外，还考虑到了中职、高职和本科课程的衔接。此外，数字教学资源库的内容与教材相互配套，弥补了纸质版教材在音频、视频和动画等素材处理上的缺憾。⑥国际性。注重引进国际上先进的兽医技术和理念，将"同一个世界同一个健康"、动物福利、终生学习等理念引入教材编写中来，缩小了与发达国家兽医教育的差距，加快了追赶世界兽医教育先进国家的步伐。

本套教材的编写，始终是在教育部教师工作司和职业教育与成人教育司的宏观指导下和项目管理办公室，以及专家指导委员会的直接指导下进行的。农林项目专家组的汤生玲教授既有动物医学专业背景，又是职业教育专家，对本套教材的整体设计给予了宏观而具体的指导。张建荣教授、徐流教授、曹晔教授和卢双盈教授分别从教材与课程、课程与培养标准、培养标准与专业教师标准的统一，职教理论和方法，教材教法等方面给予了具体指导，使本套教材得以顺利完成。河北科技师范学院王同坤校长、主管教学的房海副校长、继续教育学院赵宝柱院长、教务处武士勋处长、动物科技学院吴建华院长在人力调配、教材整体策划、项目成果应用方面给予大力支持和技术指导。在此项目组全体成员向关心指导本项目的专家、领导一并致以衷心的感谢！

本套教材的编写虽然考虑到了编写人员组成的区域性、行业性、层次性，共有近200人参加了教材的编写，但在内容的选取、编写的风格、专业内容与职教理论和方法的结合等方面，很难完全做到南北适用、东西贯通。编写本科专业职教师资培养核心课程系列教材，既是创举，更是尝试。尽管我们在编写内容和体例设计等方面做了很多努力，但很难完全适合我国不同地域的教学需要。各个职教师资培养单位在使用本教材时，要结合当地、当时的实际需要灵活进行取舍。在使用过程中发现有不当和错误的地方，请提出批评意见，我们将在教材再版时予以更正和改进，共同推进我国动物医学职业教育向前发展。

动物医学本科专业职教师资培养资源开发项目组

2015 年 12 月

前　言

发展职业教育关键要有一支高素质的职业教育师资队伍。教育部、财政部为破解这一限制职业教育发展的瓶颈问题，启动了职业学校教师素质提高计划。此计划任务之一是开发一套培养骨干专业本科职教师资的教学资源。动物医学本科专业职教师资培养资源开发属于本套培养资源开发项目的组成部分，计划开发包括中职学校动物医学专业教师标准、动物医学本科专业职教师资培养标准、动物医学本科专业职教师资培养质量评价体系、动物医学本科专业职教师资培养专用教材和数字教学资源库在内的系列教学资源。

本套培养资源开发正值我国兽医管理制度改革之时，对中职学校兽医毕业生的岗位定位进行了明确界定。为此，中等职业学校兽医专业的办学定位也要大幅度进行调整，与之配套的职教师资职业素质也应进行重新设定。为适应这一新形势变化，动物医学专业职教师资培养资源开发项目组彻底打破了原有的课程体系，参考发达国家兽医技术员和兽医护士层面的教育标准，结合我国新形势下中职学校兽医毕业生的岗位定位和能力要求，设计了一套全新的课程体系，并为16门主干课程编制配套教材。本教材属于动物医学本科专业职教师资培养配套教材之一。

本教材在内容设计上考虑了动物医学职教师资培养的基本要求和中职兽医毕业生的最低专业能力要求。动物防疫工作在兽医科学研究中从来就居首要位置，因此，做好动物防疫是兽医防治员最本职的工作，也是控制动物疫病流行传播，达到健康养殖和人类健康的根本保证，必须要重点学习、重点掌握其各项基本的技术。同时为保障动物源性食品安全和人类健康，动物检疫工作是兽医检验检疫员要掌握常用的、快速的、基本的动物检验检疫技术，以便能对动物、动物产品及其制品的质量安全做出判定，也是动物医学职教师资必须熟练掌握的关键技能。为此专门设计了本课程及配套教材。

该教材将动物防疫与检疫技术有机整合到生产实际中，内容设计包括"动物防疫检疫基础知识"、"养殖领域防疫检疫技术"、"流通领域防疫检疫技术"和"屠宰加工领域防疫检疫技术"四部分。为遵从职业教育特点，在本书最后还专门设计了本课程教学法，将职业教育教学方法与专业课教学高度融合在一起，增加了教材针对性和实用性。

本教材的编写人员来自全国动物医学专业职教师资培养单位、本科院校、高等职业专科学校、中等职业学校、动物医学企事业单位和行业管理协会。初稿完成后分发到上述各个单位广泛征求意见，也发给兽医临床资深专家进行审阅，经反复修改，形成定稿。

教材编写过程中，得到了项目主持单位领导的大力支持，也得到了各编写单位的大力支持和通力合作，以及河北农业大学孙继国教授的审阅，在此一并致以衷心感谢。

编写职教师资专用教材，是一个大胆的尝试。由于编者水平有限，对职业教育的特点把握欠准，书中难免出现错误和缺陷，恳请使用者将使用过程中发现的问题及时反馈给我们，以便在本书再版时予以修订。

张艳英　石玉祥

2016 年 2 月 18 日

目　　录

第一章 动物防疫基本知识

第一节 动物防疫的发生与流行

一、动物疫病的特征

动物疫病是病原体与动物机体相互作用的结果。大多数情况下，动物的身体条件不适合侵入的病原微生物生长繁殖，或动物机体能迅速动员自身防御力量将入侵微生物消灭，从而不出现任何可见的病理变化和症状，这种情况称为抗感染免疫。换言之，抗感染免疫就是机体对病原微生物的不同程度的抵抗力。动物机体对某一病原微生物没有免疫力（即没有抵抗力）称为易感性。病原微生物只有侵入有易感性的机体才能引起感染过程。

（一）动物传染病的特征

1. 传染方式和类型多样

传染病是由病原微生物与动物机体相互作用的结果，每一种传染病都由其特定的病原微生物引起，并在一定的部位定居、生长繁殖，从而引起一系列的病理反应，这一过程称为传染或感染。当病原微生物具有相当的毒力和数量，而动物机体的抵抗力相对较弱时，则在临诊上出现一定的症状，这一过程称之为显性感染；如果侵入的病原微生物定居在某一部位，虽能进行一定程度的生长繁殖，但动物不呈现任何症状，即动物机体与病原微生物之间的斗争处于暂时的、相对的平衡状态，这种状态称为隐性感染，处于这种情况下的动物称为带菌（带毒）者。

2. 具有传染性和流行性

从传染病患病畜禽体内排出的病原微生物可以通过各种途径侵入另一有易感性的健康畜禽体内，能引起具有同样症状的疾病。像这样使疾病从患病畜禽传染给健康畜禽的现象，是区别传染病与非传染病的一个重要特征。当条件适宜时，在一定的时间内，某一地区易感动物群中可能有许多动物被感染，致使传染病蔓延传播，形成流行。

3. 被感染的机体发生特异性反应

在感染过程中，由于病原微生物的抗原刺激作用，机体发生免疫学的变化，产生特异性抗体和变态反应等，这些反应可以用血清学的方法等特异性反应检查出来。动物耐过传染病后，在大多数情况下，均能产生特异性免疫，使机体在一定的时间内或终生不再感染同种传染病。

4. 具有特征性的临诊表现

传染病的临诊表现因病原各异，大多数传染病都有其特征的综合症状和一定的潜伏期及病程经过（前驱期、明显期、恢复期）。

5. 带菌（毒）现象

动物痊愈后，临诊症状消失而体内病原微生物不一定能完全清除，可成为病愈后的带菌（毒）者，在一定的时间内仍然向外界排菌（毒），继续传播疫病。

（二）动物寄生虫病的特征

1. 寄生方式多样

一个生物生活在另一个生物的体内或体表，从另一种生物体内吸取营养，并对其造成毒害，这种生活方式称为寄生。营寄生生活的动物称为寄生虫，而被寄生虫寄生的动物称为宿主。寄生虫按营寄生生活的长短，可分为暂时性寄生虫和固定性寄生虫。按寄生部位，可分为外寄生虫和内寄生虫。

2. 生活史复杂

有些寄生虫在其生长发育过程中往往需转换多个宿主。寄生虫成虫期寄生的宿主称终末宿主，寄生虫能在其体内发育到性成熟阶段，并进行有性繁殖；寄生虫幼虫期寄生的宿主为中间宿主；有的幼虫期所需的第二个中间宿主称补充宿主；寄生虫寄生于某些宿主体内，可以保持生命力和感染力，但不能继续发育，这种宿主称贮藏宿主。

3. 对机体危害形式多样

寄生虫病对畜禽的健康造成的危害是巨大的，虫体对宿主的损伤多种多样。

（1）机械性损伤　　虫体通过吸盘、棘钩及移行，可直接造成组织损伤；虫体对器官组织的压迫或阻塞于有管器官，可引起器官萎缩或梗死等。

（2）夺取营养　　造成宿主营养不良、消瘦、维生素缺乏等。

（3）分泌毒素　　如吸血的寄生虫分泌溶血物质和乙酰胆碱类物质，使宿主血液凝固缓慢。锥虫毒素可以引起动物发热、血管损伤、红细胞溶解。有的寄生虫分泌宿主消化酶的拮抗酶，影响宿主消化功能。

二、动物疫病发生的条件

疫病能否发生，与病原体的特性、动物机体的抵抗力和环境因素等均有很大关系。

（一）病原体的致病力及毒力

病原体引起疾病的能力称致病力（致病性或病原性），这是该病原体"种"的特性。如猪瘟病毒可引起猪瘟，破伤风杆菌可引起破伤风。也有不少病原体，如结核杆菌、沙门菌等能感染多种动物。某一株微生物的致病力称毒力，与其结构（如荚膜、所含透明质酸酶等）、代谢产物（如外毒素）等有关。毒力大小常用半数致死量（LD_{50}）或半数感染量（ID_{50}）等来表示。只有当具有较强毒力的病原体感染机体后，才能突破机体的防御屏障，在体内生长繁殖，引起传染过程，甚至导致传染病发生。弱毒株或无毒株则不会引起疾病，因此被人们可用来生产免疫菌（毒）苗。

（二）有一定数量的病原体

需要多少病原体才能引起传染病，这与其毒力有关。当病原体进入机体后，须经一定的生长适应阶段，只有当其生长繁殖到一定的数量并造成一定损伤时，动物才会逐渐表现出临诊症状。

（三）适宜的侵入门户

病原体进入动物机体的途径，称侵入"门户"。病原体侵入门户是否适宜，与能否发病也有很大关系。有些传染病的病原微生物侵入门户是比较固定的，如猪肺炎支原体只能通过呼吸道传染，破伤风杆菌必须经深而窄的创伤感染，狂犬病病毒的侵入门户多限于咬伤。但也有很多病原体如猪瘟病毒、鸡新城疫病毒、巴氏杆菌等，可通过多种途径侵入。

（四）具有易感性的动物

动物对某一病原体没有免疫力，称之为易感性，对病原微生物具有易感性的动物称易感动物。不同动物对同一种病原微生物的易感性有很大差异。病原微生物只有侵入有易感性的动物机体才会引起传染病。例如，猪气喘病只感染猪，而牛羊则不感染。同一毒力和数量的病原微生物侵入抵抗力不同的动物，产生的后果也不相同，有的症状较严重，有的症状轻微，有的不发病。例如，炭疽杆菌侵入牛羊机体时，常引起急性败血症，而猪和肉食性兽类感染后，多为局限性病变，甚至不表现临诊症状。即使同种动物对同一种病原体的易感性也是有差异的。例如，小鹅瘟病毒只感染小鹅，成熟鹅不感染；在猪群中流行猪瘟时，常可看到部分猪不发病的现象。

动物对某一病原体的感染性，受先天（遗传因素）和后天（营养、免疫状态、年龄、性别等）多方面因素的影响。因此，在疫病预防时，要加强饲养管理和免疫接种工作，充分提高动物对疫病的抵抗力，降低易感性，从而起到预防疫病的目的。

（五）适宜的外部环境

外部环境因素主要指气候变化、环境卫生状况等。例如，气温过高过低或气候变化剧烈、阴雨潮湿等，会降低动物的抵抗力。气候寒冷，有利于病毒的生存；气候炎热，对细菌生长繁殖有利，而且各种昆虫大肆繁殖，利于疫病传播。畜舍环境清洁卫生，无污水、粪便，则动物接触病原体的机会将大大减少；畜舍卫生状况差，污物堆积，蚊蝇孳生，老鼠、昆虫活跃，则动物接触病原微生物的机会增加，容易造成疾病传播。

在疫病发生过程中，病原体是疫病发生的条件，动物机体是变化的根据，病原体要通过机体起作用。外界环境因素不仅对动物的抵抗力产生影响，也影响病原体的生存条件、繁殖能力和致病能力。了解疫病发生的条件及这三者之间的相互关系，对于控制和消灭疫病具有重要的意义。

三、动物疫病的流行过程

（一）流行过程和流行病学的概念

传染病不仅能在个体内发生，在一定的条件下，还可以形成群体感染的现象。病原体从传染源排出，经过不同的传播途径，侵入另一易感动物体内形成新的传染，并继续传播扩散的过程，称为传染病的流行过程，也就是传染病在畜禽群中发生、发展的过程。

疫病的传播过程与流行过程有着密切的联系。传染过程是病原体入侵机体后与机体相互作用的过程，传染病只不过是传染过程的一个表现形式。而传染病的流行过程则与之完全不同，它是在群体中发生的，是从动物个体感染发病发展到动物群体发病的过程。

流行过程无论在时间、空间上的表现都是错综复杂的，受到各种自然因素和社会因素的影响。运用各种有效的调查分析及实验方法，研究各种传染病流行过程的基本规律，明确影响疫病流行的因素、病因及在动物群中的分布特点等，从而采取有效的对策和措施，预防、控制以至逐步消灭疫病在畜禽群中的发生和传播，这一科学体系称之为流行病学。

（二）流行过程中的 3 个基本环节

传染病的流行，必须具备传染源、传播途径和易感动物群 3 个基本环节。这 3 个环节是构成传染病在动物群中蔓延的生物学基础，倘若缺乏任何一个环节，新的传染就不可能发生。而且 3 个环节孤立并存也不能发生新的传染和传播。只有在外界环境的影响下，当 3 个环节互相联系时，才能构成传染病的传播。

1. 传染源

传染源也称传染来源，是指能使病原体在其中寄居、生长、繁殖，并能经常排出体外的动物机体。具体说，传染源就是已感染动物。有症状的已感染动物称为患病动物，是重要的传染源。尤其在前驱期和症状明显期可排出大量毒力很强的病原体，因此作为传染源的作用也最大。受感染后无症状但携带并能排出病原体的动物称为病原携带者，也是不可忽视的传染源。

至于被病原体污染的外界环境因素，虽能起着传播病原体的作用，但由于不适宜病原体的生长繁殖，所以不是传染来源，称为传播媒介。某些媒介是昆虫，在流行过程中既起到媒介作用，又起到保存病原体和使病原体传代的作用，有人将具有这种性质的昆虫称为附加传染源。

2. 传播途径

病原体由传染源排出后，经一定的方式在侵入其他易感动物所经过的途径称为传播途径。了解传染病的传播途径，是为了更好地制止病原体向外扩散和传播，这是防治传染病的最重要环节之一。传播途径可分为直接接触传播和间接接触传播两种。

（1）直接接触传播　在没有任何外界因素的参与下，病原体通过被感染的动物与易感动物直接接触而引起的传播方式称为直接接触传播。例如，狂犬病就是健康动物被病犬咬伤而传染的；马媾疫是通过交配传染的；为传染病病畜禽施行手术或进行尸体剖检时，病原体偶尔可经伤口感染。这种方式使疾病的传播受到限制，一般不易造成广泛的流行。

（2）间接接触传播　在外界环境因素的参与下，病原体通过传播媒介（污染的物体、饲料、饮水、土壤、空气、活的传播者），间接使易感动物发生传染的方式，称为间接接触传播。大多数传染病均能通过直接、间接接触传播途径而传染，故这类传染病常称为接触传染性疾病。

有些病原体可由上一代直接传至下一代（母体到后代），称为垂直传播。垂直传播有经胎盘传播（如猪瘟、猪细小病毒病、牛黏膜病、蓝舌病、伪狂犬病、钩端螺旋体病、猫泛白细胞减少症等）、经卵传播（如鸡白痢、禽伤寒、禽白血病、禽腺病毒等）、经产道传播（葡萄球菌、链球菌、沙门菌、疱疹病毒）等。

病原体在同世代动物之间横向平行地相互传播，称为水平传播。如直接接触和间接接触传播，均属水平传播。

3. 易感动物群

动物群中如果有一定数量的动物对某种病原体具有易感性，这种动物群即为易感动物群。当病原微生物侵入易感动物群时，则可引起某种传染病的流行。动物群中易感个体所占的百分率和易感性的高低，直接影响传染病是否能造成流行及疫病的严重程度。一般说来，如果动物群中有 70%～80% 的个体是有抵抗力的，就不会发生大规模的暴发流行。动物易感性的高低虽然与病原体的种类和毒力强弱有关，但主要还是由动物体的遗传特性、特异性免疫状态等因素决定的。外界环境条件如气候、饲料、饲养管理、卫生条件等因素对动物的易感性也有一定的影响。通过抗病育种、加强饲养管理、给动物注射疫苗等措施，可以增强机体的抵抗力和特异性免疫力，从而降低其易感性。

（三）流行过程的特点

流行病的基本特点之一是具有流行性。但各种传染病流行过程的表现各不相同，因而构成不同的流行特点。即使是同一传染病，由于社会因素和自然因素的不同，其表现形式也不一样。掌握传染病的流行特征，对控制和消灭传染病具有重要意义。当某一地区发生传染病流行时，首先要对其流行特征进行调查和分析，找出病因和流行因素，以便及时扑灭。

1. 流行过程的表现形式

在动物传染病的流行过程中，根据一定时间内发病率的高低和传播范围的大小，通常可分为 4 种表现形式。

（1）散发性　　是指动物发病数量不多，在一个较长的时间内只零星地散在发生。病例在发病时间和发病地点上没有明显关系，如破伤风、放线菌病等。出现这种形式的原因可能是动物群对某种疾病的免疫水平较高，某种疾病呈现隐性感染比率大或传播需要一定的条件。

（2）地方流行性　　是指动物发病数量较多，但传播的范围不广，只局限于一定的地区内（一个县、乡或村镇），如猪丹毒、猪气喘病、炭疽、马腺疫等。这种形式除了表示发病数量稍微超过散发性以外，有时还包含着该地区存在某些有利于疾病发生的条件，如饲养管理的缺点，土壤、水源等环境有病原体污染及有带（菌）毒动物和存在活的传播媒介等。某些散发性病在畜群易感性增高或传播条件具备时也可出现地方流行性，如巴氏杆菌病、沙门菌病等。

（3）流行性　　是指发病数量多，并且在较短的时间内传播到较广的范围（几个村、乡、县甚至几个省区）。它没有病例的绝对数界限，而仅仅是指疾病发生率较高，在一定时间内动物群中出现比寻常多的病例。因此，任何一种疾病当发展成为流行时，各地各畜群所见的病例数是很不一致的。如猪瘟、鸡新城疫、口蹄疫、牛流感等常表现为流行性。这类疫病的传染性都很强，范围广，能以多种方式传播，畜群的易感性高，并且常呈急性经过。

（4）大流行性　　是指发病数量很多，传播地区范围非常广泛，可传播到一个国家或几个国家，甚至可涉及一个洲或整个大陆。这类疫病多由传染性很强的病毒所引起。在历史上，如牛瘟、口蹄疫和流感等都曾出现过大流行。

上述流行形式之间的界限是相对的，并不是固定不变的，可以随条件的变化而发生转移。

2. 流行过程的季节性和周期性

某些传染病经常发生于一定季节，或在一定季节出现发病率显著上升的现象，称为流行过程的季节性。出现季节性的原因可能是不同季节对外界环境中存在的病原体产生影响、对活的传播媒介（如节肢动物）的影响及对家畜的活动及其抵抗力产生了直接影响。

有些传染病（如口蹄疫、牛流行热等），发生流行后经过一定的间隔时间（常以数年计），还可能再度发生流行，这种现象称为动物疫病流行的周期性。在传染病流行期间，易感动物除发病死亡或淘汰以外，其余的由于康复或隐性感染获得免疫力，从而使流行逐渐停息。但经过一定时间后，由于动物的免疫力逐渐降低，曾经患病的动物群被新成长的后裔所代替，或引进新的易感动物，使动物群易感性再度增高，又可能重新暴发流行。周期性的现象在牛、马等大动物群表现比较明显，而猪和家禽等动物由于每年更新或流动的数量大，动物群易感性高，疾病可以每年流行，故周期性一般不明显。

动物传染病流行过程的季节性或周期性，是可以改变的，只要我们深入研究，掌握其发生特性和规律，采取综合性防疫措施，可以使动物传染病不发生季节性或周期性的流行。

（四）影响流行过程的因素

传染病的流行过程是一种复杂的社会生物现象，受社会因素和自然因素等多方面的影响。这些影响主要通过流行过程的各个环节而发生作用，决定了传染病流行过程的发生、蔓延和终止。

1. 社会因素

社会因素包括社会制度、生产力和社会经济、文化、科学技术水平及兽医防疫法规的制定与执行情况等。重视动物疫病的防治工作，建立完善的防疫法律法规，切实采取综合性防疫措施，就可以有效地控制或消灭动物疫病，保障畜牧业发展和人类健康。

2. 自然因素

影响流行过程的自然因素很多，如气候、气温、湿度、阳光、雨量、地形、地理环境等，但常以地理、气候因素的作用最突出。

掌握传染病流行过程的基本条件及影响因素，从而采取有效的防疫措施，控制传染病的发生或流行，是动物防疫工作的重要任务。

第二节　疫病监测

一、动物疫病监测的概述

疫病监测又称疾病监察、监视或监督，即通过系统、完整、连续和规则地观察一种疾病在一地或各地的分布动态，调查其影响因子，以便及时采取正确防治对策和措施的方法。制定疫病监测规划和计划，科学、全面、准确地开展动物疫情监测预报，是做好防疫工作的重要内容。通过监测，正确评估动物生活环境的卫生状况，为适时使用疫（菌）苗及药物预防等有效措施提供科学依据，从而真正做到防患于未然。动物防疫监督机构应当根据国家和本省动物疫情监测计划和监测对象的规定，定期对本地区的易感动物进行疫情监测和免疫效果监测。一般每年两次实验室监测，每月进行流行病学调查。

每次监测 3 个乡，每乡 2 个村，每村 20 个农户，每个乡抽查规模猪场、羊场、牛场、禽场各一个，重点对种畜禽场、规模饲养场及疑似有本病的动物和历史上曾发生过本病或周边地区流行本病的动物进行采样监测，按规定做好样品的记录、保存、送检。对检测发生阳性反应的动物和免疫效果不符合要求的动物，动物防疫监督机构应当依法采取隔离、诊断、补免、消毒、淘汰等有效处理措施。对检疫、监测和临诊发现的染疫动物、动物产品，当地人民政府应当依法组织有关单位对染疫动物及其同群动物进行强制性扑杀、销毁、消毒，对同批动物产品进行无害化处理。种用、乳用动物饲养单位和个人应当按照国家和本省制定的动物疫病监测、净化计划实施监测、净化，达到国家和省级规定的标准后方可向社会提供商品动物和动物产品。

通过监测，还可以对免疫、消毒效果进行正确评价，以便找出解决存在问题的关键，及时调整免疫程序或应用药物进行预防。

监测方法包括流行病学调查、临诊诊断、病理学检查、病原分离或免疫学检测、相关调查信息数据收集与处理等。

（一）动物疫病监测的相关法律

动物的疫病监测的法律依据包括《中华人民共和国动物防疫法》、《重大动物疫情应急条例》、《重大动物疫情应急预案》、《中华人民共和国野生动物保护法》、《病原微生物实验室生物安全管理条例》等法律、法规和条例，动物疫病监测的目的是对动物重大疫情进行预警及对发病动物进行最好的防疫处理，把损失降到最低。动物重大疫情的预警就是对各类重大的动物疫情进行流行病学调查、对动物群体中的个体进行抽查检测、免疫抗体效价检测、病原微生物检测，以及对动物重大疫情的风险分析。

（二）动物疫病监测的方法

1. 流行病学调查

流行病学调查和分析是认识疫病表现和发病规律的重要方法。在调查前，必须拟定调查计划，明确目标，根据目标决定调查种类、范围和对象。未发病时可研究某地区影响疫病发生的一切条件，考察某项防疫措施或预防制剂的效果；发病时对于疫区内进行系统观察，了解疫病发生、发展的过程，查明原因和传播条件，弄清易感动物、疫区范围、发病率和致死率，从而制定并采取有效的扑灭、防制对策及措施。根据目的、方法和用途，流行病学调查可分为多种类型，如暴发的调查、现况调查、前瞻性和回顾性调查等。

2. 临诊症状检查

利用问、视、触、叩、听、嗅等临诊诊断方法，对畜禽进行直接观察和系统检查，根据检查结果和收集到的症状、资料，综合判定其健康状况和疾病的性质。

检查时，应首先进行病畜禽登记，询问病史或流行病学调查。在做整体状态的一般检查过程中，要观察其营养、体态、行为和精神状态，被毛、皮肤及可视黏膜有无异常，测定其脉搏、呼吸、体温等，然后根据不同情况有重点地进行系统检查。如有必要，可应用某些特殊检查方法，如导管探诊、直肠检查、诊断性穿刺、X 线透视及摄影、超声波检查、心电图描记、功能试验及实验室检验等。

3. 血清学检测

通过定期、系统地从动物群体中取样，用特异性血清学试验检查群体的免疫动态，研究疾病的分布和流行状态的方法，称血清学监测。根据抗原抗体反应的高度特异性，可用已知抗体（抗血清）测定未知抗原，也可用已知抗原测定被检动物血清中的特异性抗体水平。常用的方法有凝集试验、沉淀试验、放射免疫测定技术（radioimmunoassay，RIA）、免疫荧光技术、免疫酶技术、免疫磁珠分离技术等。

4. 病原学检测

运用微生物检测技术，找出导致动物感染的病原体，或查明存在于动物周围环境、圈舍、用具及饮水、饲料中的病原微生物，以便采取适当措施，将其消灭，切断其传播途径。

（1）正确采取病料　　要综合临诊症状和病变，选择适当的待检物，无菌操作采样，如剖去内脏器官、棉签采集分泌物或用注射器取样。

（2）细菌学诊断　　常用方法有显微镜检查，观察细菌形态、大小、特殊结构、染色特性；人工分离培养，观察菌落特性，也可用于细菌计数；动物试验，以观察易感性、发病症状及病变；此外，还有生化试验、血清学鉴定等方法。

（3）病毒学诊断　　将病料处理后可采用电子显微镜检查、病毒分离培养（动物接种、禽胚接种、细胞培养），以观察培养特性。

（4）分子生物学诊断　　利用聚合酶链反应（polymerase chain reaction，PCR）和核酸探针等技术进行检测。

（三）动物疫病监测的内容

动物疫病监测的主要内容包括自然环境、动物饲养数量及分布、动物及产品进口情况、动物免疫情况及抗体的水平、实验室监测分析、动物疫病感染情况等。

1. 自然环境

通过对气象气候、传播媒介、野生动物分布、养殖场区及养殖数量等进行调查和检测，收集相关的数据，判断相关疫病的发生与流行情况，分析动物疫病发生的风险情况。

2. 动物饲养数量及分布

动物的饲养量越大，密度比较集中，发生疫病时传播速度就快，不易控制，疫病发生的风险越高，造成的损失就会越大。养殖区分布集中，疫病流行比较快，分布广泛相对来说疫病流行较慢。

3. 动物及产品进口情况

主要了解动物疫病是否为外来的病，分析其风险性。

4. 动物免疫情况及抗体的水平

检测动物的免疫抗体水平，了解动物防疫程序及情况，防疫程序越健全，疫病发生风险就越低。主要用于分析动物疫病传播与扩散的情况。

5. 实验室监测分析

通过实验室的检测，了解动物疫病的病原学，有针对性地进行防治。

6. 动物疫病感染情况

通过调查、实验室监测、病原分析等方法，了解动物感染的情况和疫病发展的情况，以利于疾病防治。

二、动物疫病监测的分类

动物疫病监测的分类有许多种，如主动检测和被动监测，全国性与局部性监测，全面监测、抽样监测及定点监测，养殖场、屠宰场和动物医院疫病监测，地方流行病监测等。

（一）主动监测

主动监测是指国家或者省级疫病防控中心下达某种疫病的检测或者年度疫病检测任务，主要监测国家特定的一类疫病，如口蹄疫、禽流感、新城疫等。相关文件规定检测包括：监测时间、监测数量、检测方法及检出的阳性动物的处理等。主动监测是一种执行性、有计划性的监测。

（二）被动监测

被动监测主要指基层单位上报的国家规定监测的疫病范围内的疫病，上级单位被动接收。主要包括疫病的暴发情况，病原监测情况，疫病的流行监测情况，可疑疫病流行病学的检测。政府计划监测以外的疫病监测行为都属于被动监测。

（三）全国性与局部性监测

根据需要对其大流行性的疫病（如口蹄疫、禽流感）进行省内地区、省辖范围、全国范围内的疫病检测。

（四）全面监测、抽样监测及定点监测

1. 全面监测

全面监测指的是一类疫病对其多种动物的监测或者对其较大区域的，不同疫病种类的监测，或者政府的年度疫病的监测计划。

2. 抽样监测

主要针对某一区域抽取一定量的样品监测某种疫病。

3. 定点检测

主要固定在一个区域范围内的某一养殖场、畜产品交易市场、屠宰场、动物医院等进行疫病监测。

（五）养殖场、屠宰场和动物医院疫病监测

养殖场、屠宰场和动物医院是疫病监测的主要场所，在监测过程中能够及时发现疫病的发生情况，为及时提出防治方案做准备。

（六）地方流行病监测

地方流行病监测主要是对某一地区的疫病的监测，以了解该地区的疫病的分布情况，分析该地区疫病发病的趋势。

三、动物疫病的监测程序

（一）任务下达

国家或者省级相关部门每年都根据上一年的疫情流行情况下达动物疫病监测计划任务。动物防疫监督机构应当根据国家和本省的动物疫病监测计划与监测对象的规定，定期对本地区的易感动物进行疫情监测和免疫效果监测。

（二）监测方案的制定

根据国家或省级疫病防控机构的疫病监测计划，以及本区域疫情流行的情况，一般每年都进行 2 次监测，每个月必须进行 1 次疫病流行病学调查。每个县（市、区）每次监测 3 个乡，每个乡 2 个村，每村监测 20 个农户，每个乡抽查具有规模的牛场、猪场、羊场、鸡场等，对疑似患病的动物和曾经发生过疑似疫病或周边地区流行疫病的动物进行采样，送实验室进行检测。按照相关规定进行采样、标记、保存、送检。种用、肉用、蛋用、乳用的动物饲养单位与个人应当按照国家和本省制定的动物疫病检测、净化计划实施检测、净化，达到国家和省级规定的标准后向社会提供商品动物和动物产品。

（三）流行病学调查

流行病学调查是为了解动物发病的情况、病原存在的状况、动物的免疫抗体水平最基本的方式。在调查前，必须拟定调查计划、调查对象和调查范围。

（四）样品的采集

根据疫病的病理学检查和实验室检测需要，采集相关的样品。

（五）实验室检测

实验室检测主要包括病原学分离与鉴定、免疫学检测、分子生物学检测、动物试验等，从实验室获得疫病监测的数据是确定疫病最准确的依据之一。因此实验室检测需要相应的仪器设备和技术，才能进行相应的检测。

实训

畜禽养殖场或养殖专业户疫情调查

【实训目的】调查与分析疫病流行规律，揭示疫病在动物群体中发生的特征，阐明流行的原因和传播条件，为采取合理、有效的防疫措施和控制疫病的流行提供理论依据。

一、疫情调查方法

1. 询问调查

询问是疫病调查的一种简单而又常用的方法，必要时可以座谈会进行了解。调查对象主要是畜牧兽医专管部门负责人、畜主、饲养员、兽医及其他相关人员。详细了解当地疫情发生、发展及流行情况。

2. 现场观察

主要是对病畜禽周围环境进行实地调查，了解病畜禽发病当时周围环境的卫生状况，分析发病原因和传播方式。

3. 实验室检查

为了疫病的确诊和查明可疑的传染源和传播途径，确定病畜禽周围环境的污染情况及接触畜禽的感染情况，必要时应进行实验室检查。

4. 统计学调查

调查资料涉及种类和数量较多，包括发病动物数、死亡动物数、屠宰头数及预防接种头数等，需要运用统计学方法对其进行分析比较，以得出相应可靠的结论，为预防、控制和消灭传染病提供依据和建议。

二、疫病调查的步骤和内容

1. 拟定流行病学调查表

根据调查疫病的目的和种类确定表格内容，应有侧重点，不宜繁琐，也不可遗漏。调查表通常包括以下内容：①一般项目应包括调查单位，动物年龄、性别、饲养管理和引种繁育情况；②发病季节、临诊症状、病理变化、实验室诊断结果及防治情况等；③既往病史和免疫预防接种；④传染源及传播途径；⑤接触者及其他可能感染者；⑥疫源地卫生状况和已采取的防疫措施。

2. 确定调查范围

通常分为普查和抽样调查。

（1）普查　　即某地区或某单位发生疫病流行时，对其畜禽群体普遍进行调查。如果流行范围不大，通常采取普查的办法。

（2）抽样调查　　即从畜禽群体中抽取部分畜禽进行调查。

3. 座谈询问

重点询问疫病发生时间、地点、发病范围、环境卫生状况、饲养管理方式、畜禽发病率、畜禽死亡率、发病原因、治疗措施及疗效。

4. 查看现场

重点查看内容应根据疫病的传播途径特点来确定。当调查动物发生肠道疫病时，应着重查看畜禽舍、水源、饲料等的卫生状况及防蝇灭蝇措施等；当调查呼吸道疫病时，应着重查看畜禽舍的卫生条件及接触的密切程度；调查虫媒疫病时，应着重查看媒介昆虫的种类、密度、孳生场所及防虫灭虫措施等。

5. 收集资料

主要内容包括疫情报告表、门诊登记表及过去防治经验总结等。

6. 实验室检查

有条件时可采取检样进行细菌分离鉴定、病毒分离鉴定、血清学试验、变态反应等方法进行确诊。同时可对有疑似污染的各种物体，如饲料、畜产品、节肢动物、水、土壤或野生动物等进行微生物学和理化检查，以便了解外界环境因素与疫病的关系，确定可能的传播媒介和传染源。

7. 疫病分析

主要从流行特征（发病时间、发病地区分布、发病率、发病动物群体分布）、流行因素、防疫效果等方面进行分析，寻求疫病流行规律，揭示疫病在动物群体中发生的特征，阐明流行的原因和传播条件。

三、疫病调查报告的写作

疫情报告的写作通常分为以下几部分。

1. 前言或引言

主要阐明疫病调查的目的、意义、时间、地点等基本情况。

2. 调查方法

主要写清楚疫病调查所用的调查方法、调查过程；如何搜集资料；调查哪些内容；如何处理数据；若开展了实验室检查，则应说明如何采集和处理样品、如何设计实验方案、主要的操作步骤；该部分是疫病调查报告的重要内容，它可以反映调查活动是否客观，采取的方法是否科学、可靠。

3. 调查结果

该部分是疫情调查工作的客观反映，可以用文字叙述调查得到的结果，也可以将调查得来的数字性资料整理成图表，并对数据进行必要的统计学处理。一般还要对调查结果进行一定的分析。

4. 结论

结论是根据调查结果及调查结果的分析所得出的结论性意见，一般要求用简洁的语言叙述。结论要恰当、准确、客观，要实事求是，不要人为夸大或缩小。

5. 建议

根据以上调查结果和所得出的结论，提出控制和消灭疫病的合理建议和可采取的措施。

6. 落款

落款部分主要包括三部分内容：①调查单位，写清与公章名称一致的单位全称，并加盖单位公章，以示调查结果的权威性；②调查人，应由调查人亲笔签名，以示对调查结果负责；③报告时间，具体到年、月、日。

7. 备注

如对调查报告有需要说明的内容时，可在备注部分说明。一般于落款页（最后一页）下边画一横线，在横线下写上备注内容，内容较多时，可用1、2、3…序号分项叙述。由于有些疫情是属于国家机密，因此必要时要注明该报告的密级。有些疫情报告需要向上级主管部门或有关部门汇报，也可注明抄送、抄报的级别。

第三节　动物检疫知识

一、动物检疫的范围

动物检疫的范围是指动物检疫的责任界限。按照我国动物防疫检疫有关规定，凡在国内生产流通或进出国境的动物及其产品、运载工具，均属动物检疫的范围。

（一）动物检疫的实物范围

1. 国内动物检疫的范围

主要是指动物和动物产品。动物是指家畜、家禽和人工饲养、合法捕获的其他动物。动物产品是指动物的生皮、原毛、精液、胚胎、种蛋及未经加工的胴体、脂肪、脏器、血液、绒、骨、角、头、蹄等。

2. 进出境动物检疫的范围

主要是动物、动物产品和其他检疫物，以及运输、装载工具、装载容器、包装物。动物是指饲养、野生的活动物，如畜、禽、兽、蛇、龟、虾、蟹、贝、蚕、蜂等。动物产品是指来源于动物未经加工或虽经加工但仍有可能传播疫病的产品，如生皮张、毛类、肉类、脏器、油脂、水产品、乳制品、蛋类、血液、精液、胚胎、骨、蹄、角等。其他检疫物是指动物疫苗、血清、诊断液、动物性废弃物。

3. 运载饲养动物及其产品的工具

包括车、船、飞机、包装物、饲料和铺垫材料、饲养工具等。

（二）动物检疫的性质范围

1. 生产性检疫

生产性检疫包括农场、牧场、部队、集体、个人饲养的动物。

2. 贸易性检疫

贸易性检疫包括进出境、市场贸易、运输、屠宰的动物及其产品。

3. 非贸易性检疫

非贸易性检疫包括国际邮包、展品、援助、交换、赠送、旅客携带的动物及其产品。

4. 观赏性检疫

观赏性检疫包括动物园的观赏动物，艺术团的演艺动物。

5. 过境检疫

过境检疫包括通过国境的列车、汽车、飞机等运载的动物及其产品。

二、动物检疫的对象

动物检疫的对象是指政府规定必检的动物疫病。动物检疫并不是把所有的动物疫病都作为检疫对象，而是根据国内外动物疫情、疫病的传播特性，对人、畜健康的危害程度及疫病净化等需要确定。不同地区、不同时期检疫对象是动态变化的。在我国，全国动物检疫的对象由中华人民共和国农业部（简称农业部）规定和公布，各省、自治区和直辖市的农牧部门可从本地区实际需要出发，根据国家规定的检疫对象适当增减，列入本地区检疫对象中。进出境动物检疫对象由国家质量监督检验检疫总局规定和公布,贸易双方国家签订有关协定或贸易合同也可以规定某种动物疫病为检疫对象。

根据动物检疫的目的任务,动物检疫的重点有 4 个方面:一是人畜共患疫病;二是危害性大而目前预防控制有困难的动物疫病;三是急性、烈性动物疫病;四是我国尚未发现的动物疫病。

(一)我国动物的检疫对象

农业部(2008)1125 号公告公布全国动物检疫对象共三类 157 种。

1. 一类动物疫病(17 种)

口蹄疫、猪水疱病、猪瘟、非洲猪瘟、高致病性猪蓝耳病、非洲马瘟、牛瘟、牛传染性胸膜肺炎、牛海绵状脑病、痒病、蓝舌病、小反刍兽疫、绵羊痘和山羊痘、高致病性禽流感、新城疫、鲤春病毒血症、白斑综合征。

2. 二类动物疫病(77 种)

(1)多种动物共患病(9 种)　狂犬病、布鲁菌病、炭疽、伪狂犬病、魏氏梭菌病、副结核病、弓形虫病、棘球蚴病、钩端螺旋体病。

(2)牛病(8 种)　牛结核病、牛传染性鼻气管炎、牛恶性卡他热、牛白血病、牛出血性败血病、牛梨形虫病(牛焦虫病)、牛锥虫病、日本血吸虫病。

(3)绵羊和山羊病(2 种)　山羊关节炎脑炎、梅迪 - 维斯纳病。

(4)猪病(12 种)　猪繁殖与呼吸综合征(经典猪蓝耳病)、猪乙型脑炎、猪细小病毒病、猪丹毒、猪肺疫、猪链球菌病、猪传染性萎缩性鼻炎、猪支原体肺炎、旋毛虫病、猪囊尾蚴病、猪圆环病毒病、副猪嗜血杆菌病。

(5)马病(5 种)　马传染性贫血、马流行性淋巴管炎、马鼻疽、马巴贝斯虫病、伊氏锥虫病。

(6)禽病(18 种)　鸡传染性喉气管炎、鸡传染性支气管炎、传染性法氏囊病、马立克氏病、产蛋下降综合征、禽白血病、禽痘、鸭瘟、鸭病毒性肝炎、鸭浆膜炎、小鹅瘟、禽霍乱、鸡白痢、禽伤寒、鸡败血支原体感染、鸡球虫病、低致病性禽流感、禽网状内皮组织增殖症。

(7)兔病(4 种)　兔病毒性出血病、兔黏液瘤病、野兔热、兔球虫病。

(8)鱼类病(11 种)　草鱼出血病、传染性脾肾坏死病、锦鲤疱疹病毒病、刺激隐核虫病、淡水鱼细菌性败血症、病毒性神经坏死病、流行性造血器官坏死病、斑点叉尾鮰病毒病、传染性造血器官坏死病、病毒性出血性败血症、流行性溃疡综合征。

(9)蜜蜂病(2 种)　美洲幼虫腐臭病、欧洲幼虫腐臭病。

(10)甲壳类病(6 种)　桃拉综合征、黄头病、罗氏沼虾白尾病、对虾杆状病毒病、传染性皮下和造血器官坏死病、传染性肌肉坏死病。

3. 三类疫病(63 种)

(1)多种动物共患病(8 种)　大肠杆菌病、李氏杆菌病、类鼻疽、放线菌病、肝片吸虫病、丝虫病、附红细胞体病、Q 热。

(2)牛病(5 种)　牛流行热、牛病毒性腹泻 / 黏膜病、牛生殖器弯曲杆菌病、毛滴虫病、牛皮蝇蛆病。

（3）绵羊和山羊病（6种）　肺腺瘤病、传染性脓疱、羊肠毒血症、干酪性淋巴结炎、绵羊疥癣，绵羊地方性流产。

（4）马病（5种）　马流行性感冒、马腺疫、马鼻腔肺炎、溃疡性淋巴管炎、马媾疫。

（5）猪病（4种）　猪传染性胃肠炎、猪流行性感冒、猪副伤寒、猪密螺旋体痢疾。

（6）禽病（4种）　鸡病毒性关节炎、禽传染性脑脊髓炎、传染性鼻炎、禽结核病。

（7）鱼类病（7种）　鲖类肠败血症、迟缓爱德华氏菌病、小瓜虫病、黏孢子虫病、三代虫病、指环虫病、链球菌病。

（8）蚕、蜂病（7种）　蚕型多角体病、蚕白僵病、蜂螨病、瓦螨病、亮热厉螨病、蜜蜂孢子虫病、白垩病。

（9）犬、猫等动物病（7种）　水貂阿留申病、水貂病毒性肠炎、犬瘟热、犬细小病毒病、犬传染性肝炎、猫泛白细胞减少症、利什曼病。

（10）甲壳类病（2种）　河蟹颤抖病、斑节对虾杆状病毒病。

（11）贝类病（6种）　鲍脓疱病、鲍立克次体病、鲍病毒性死亡病、包纳米虫病、折光马尔太虫病、奥尔森派琴虫病。

（12）两栖类与爬行类病（2种）　鳖腮腺炎病、蛙脑膜炎败血金黄杆菌病。

（二）不同用途动物的检疫对象

1. 种用动物检疫对象

（1）种马、驴　鼻疽、马传染性贫血、马鼻腔肺炎。

（2）种牛　口蹄疫、布鲁菌病、蓝舌病、结核病、牛地方性白血病、副结核病、牛传染性胸膜肺炎、牛传染性鼻气管炎、牛病毒性腹泻/黏膜病。

（3）种羊　口蹄疫、布鲁菌病、蓝舌病、山羊关节炎/脑炎、绵羊梅迪-维斯纳病。

（4）种猪　口蹄疫、猪瘟、猪水疱病、猪支原体肺炎、猪密螺旋体痢疾。

（5）种兔　兔病毒性出血症、兔魏氏梭菌病、兔螺旋体病、兔球虫病。

（6）种禽　鸡新城疫、雏鸡白痢、禽白血病、禽支原体病、鸭瘟、小鹅瘟。

2. 乳用动物检疫对象

奶牛检疫对象同种牛检疫对象；奶羊检疫对象同种羊检疫对象。

（三）进境动物检疫对象

农业部、国家质量监督检验检疫总局联合公告第2013号（《中华人民共和国进境动物检疫疫病名录》）规定如下。

1. 一类（15种）

口蹄疫、猪水疱病、猪瘟、非洲猪瘟、尼帕病、非洲马瘟、牛传染性胸膜肺炎、牛海绵状脑病、牛结节性皮肤病、痒病、蓝舌病、小反刍兽疫、绵羊痘和山羊痘、高致病性禽流感、新城疫。

2. 二类（147种）

（1）共患病（28种）　狂犬病、布鲁菌病、炭疽、伪狂犬病、魏氏梭菌感染、副结核病、弓形虫病、棘球蚴病、钩端螺旋体病、施马伦贝格病、梨形虫病、日本脑炎、旋毛虫病、土拉杆菌病、水疱性口炎、西尼罗热、裂谷热、结核病、新大陆螺旋蝇蛆病（嗜人锥蝇）、旧大陆螺旋蝇蛆病（倍赞氏金蝇）、Q 热、克里米亚刚果出血热、伊氏锥虫感染（包括苏拉病）、利什曼原虫病、巴氏杆菌病、鹿流行性出血病、心水病、类鼻疽。

（2）牛病（8 种）　牛传染性鼻气管炎 / 传染性脓疱性阴户阴道炎、牛恶性卡他热、牛白血病、牛无浆体病、牛生殖道弯曲杆菌病、牛病毒性腹泻 / 黏膜病、赤羽病、牛皮蝇蛆病。

（3）羊病（4 种）　山羊关节炎 / 脑炎、梅迪 - 维斯纳病、边界病、羊传染性脓疱皮炎。

（4）猪病（13 种）　猪繁殖与呼吸综合征、猪细小病毒感染、猪丹毒、猪链球菌病、猪萎缩性鼻炎、猪支原体肺炎、猪圆环病毒感染、革拉泽氏病（副猪嗜血杆菌）、猪流行性感冒、猪传染性胃肠炎、猪铁士古病毒性脑脊髓炎（原称猪肠病毒脑脊髓炎、捷申或塔尔凡病）、猪密螺旋体痢疾、猪传染性胸膜肺炎。

（5）马病（10 种）　马传染性贫血、马流行性淋巴管炎、马鼻疽、马病毒性动脉炎、委内瑞拉马脑脊髓炎、马脑脊髓炎（东部和西部）、马传染性子宫炎、亨德拉病、马腺疫、溃疡性淋巴管炎。

（6）禽病（20 种）　鸭病毒性肠炎（鸭瘟）、鸡传染性喉气管炎、鸡传染性支气管炎、传染性法氏囊病、马立克氏病、鸡产蛋下降综合征、禽白血病、禽痘、鸭病毒性肝炎、鹅细小病毒感染（小鹅瘟）、鸡白痢、禽伤寒、禽支原体病（鸡败血支原体、滑液囊支原体）、低致病性禽流感、禽网状内皮组织增殖症、禽衣原体病（鹦鹉热）、鸡病毒性关节炎、禽螺旋体病、住白细胞原虫病（急性白冠病）、禽副伤寒。

（7）水生动物病（44 种）　鲤春病毒血症、流行性造血器官坏死病、传染性造血器官坏死病、病毒性出血性败血症、流行性溃疡综合征、鲑鱼三代虫感染、真鲷虹彩病毒病、锦鲤疱疹病毒病、鲑传染性贫血、病毒性神经坏死病、斑点叉尾鮰病毒病、鲍疱疹样病毒感染、牡蛎包拉米虫感染、杀蛎包拉米虫感染、折光马尔太虫感染、奥尔森派琴虫感染、海水派琴虫感染、加州立克次体感染、白斑综合征、传染性皮下和造血器官坏死病、传染性肌肉坏死病、桃拉综合征、罗氏沼虾白尾病、黄头病、螯虾瘟、箭毒蛙壶菌感染、蛙病毒感染、异尖线虫病、坏死性肝胰腺炎、传染性脾肾坏死病、刺激隐核虫病、淡水鱼细菌性败血症、对虾杆状病毒病、鮰类肠败血症、迟缓爱德华氏菌病、小瓜虫病、黏孢子虫病、指环虫病、鱼链球菌病、河蟹颤抖病、斑节对虾杆状病毒病、鲍脓疱病、鳖腮腺炎病、蛙脑膜炎败血金黄杆菌病。

（8）蜂病（6 种）　蜜蜂盾螨病、美洲蜂幼虫腐臭病、欧洲蜂幼虫腐臭病、蜜蜂瓦螨病、蜂房小甲虫病（蜂窝甲虫）、蜜蜂亮热厉螨病。

（9）其他动物病（14 种）　鹿慢性消耗性疾病、兔黏液瘤病、兔出血症、猴痘、猴疱疹病毒 I 型（B 病毒）感染症、猴病毒性免疫缺陷综合征、埃博拉出血热、马尔堡出血热、犬瘟热、犬传染性肝炎、犬细小病毒感染、水貂阿留申病、水貂病毒性肠炎、猫泛白细胞减少症（猫传染性肠炎）。

3. 其他传染病、寄生虫病（44 种）

（1）共患病（9 种）　大肠杆菌病、李斯特菌病、放线菌病、肝片吸虫病、丝虫病、附红细胞体病、葡萄球菌病、血吸虫病、疥癣。

（2）牛病（5种）　　牛流行热、毛滴虫病、中山病、茨城病、嗜皮菌病。

（3）马病（4种）　　马流行性感冒、马鼻腔肺炎、马媾疫、马副伤寒（马流产沙门菌）。

（4）猪病（3种）　　猪副伤寒、猪流行性腹泻、猪囊尾蚴病。

（5）禽病（6种）　　禽传染性脑脊髓炎、传染性鼻炎、禽肾炎、鸡球虫病、火鸡鼻气管炎、鸭疫里默氏杆菌感染（鸭浆膜炎）。

（6）绵羊和山羊病（7种）　　羊肺腺瘤病、干酪性淋巴结炎、绵羊地方性流产（绵羊衣原体病）、传染性无乳症、山羊传染性胸膜肺炎、羊沙门菌病（流产沙门菌）、内罗毕羊病。

（7）蜂病（2种）　　蜜蜂孢子虫病、蜜蜂白垩病。

（8）其他动物病（8种）　　兔球虫病、骆驼痘、家蚕微粒子病、蚕白僵病、淋巴细胞性脉络丛脑膜炎、鼠痘、鼠仙台病毒感染症、小鼠肝炎。

三、动物检疫的分类

根据动物及其产品的动态和运转形式，我国动物检疫在总体上分为国内检疫和国境检疫两大类。

（一）国内检疫

为了防止疫病的侵入和蔓延，由各级动物防疫监督机构在畜禽生产、加工、流通等各个环节对动物及其产品进行检疫监督，动物饲养、经营的有关单位和个人，必须按照动物防疫监督机构的检疫部署，协助做好防疫检疫工作，严防动物疫病的发生和传播。动物防疫监督机构或其委托单位应按规定实施监督检查。对于没有检疫证明或检疫证明超过有效期的动物及其产品，应进行补检或重检，对合格者出具检疫证明。

国内检疫又分为产地检疫、净化检疫、运输检疫、屠宰检疫和市场检疫。畜禽及其产品在离开饲养、生产地之前所进行的检疫称产地检疫；动物及其产品在进入市场商品交易时实施的检疫称市场检疫；对待宰畜禽活体进行的检疫称宰前检疫；畜禽及其产品在出县运输过程进行的检疫为运输检疫；当某地发生规定的检疫对象流行时进行的检疫称净化检疫。

（二）国境检疫

国境检疫又叫进出境检疫或口岸检疫（简称外检），是指为了保护国家不受外来动物疫病的侵袭和防止国内动物疫病的传出，根据我国规定的进境动物检疫对象名录，按照贸易双方签订的协定或贸易合同中规定的检疫条款，对进出境的动物及其产品实施的检疫。我国在各重要口岸设立出入境检验检疫机关，代表国家执行检疫。

四、动物检疫的方式、方法

动物检疫具有工作量大、时间短的特点。如托运动物时，一般要求全部检疫过程要在6h内完成，这就要求检疫员必须具备较高的业务素质和熟练的操作技能，尽量在短时间内得出正确的判断。检疫方式主要有现场检疫和隔离检疫等。

（一）动物检疫的方式

1. 现场检疫

现场检疫是在动物集中现场进行的检疫。这是内检、外检中常用的方式。如产地检疫、进境动物在口岸的检疫，常采用现场检疫的方式。

现场检疫的内容是验证查物和三观一察。

（1）验证查物　　验证就是查看有无检疫证明、检疫证明出证机关的合法性、检疫证明是否在有效期内。进出境动物及其产品的贸易单据、合同或其他证明，产地检疫时还要查验免疫注射证明或有无免疫标志。查物就是核对被检动物的种类、品种、数量，必须做到证物相符。

（2）三观一察　　三观是指临诊检查中对动物群体的静态、动态和饮食状态的观察。一察是指个体检疫。通过三观发现病态动物或可疑病态动物，对可疑病态动物进行个体检疫，以确定动物是否健康。

在某些特殊情况下，现场检疫还包括其他内容，如流行病学调查、病理剖检、采样送检等。

2. 隔离检疫

隔离检疫是指动物在隔离场进行的检疫，主要用于进出境动物、种畜禽调用前后及有可疑检疫对象发生时或建立健康畜群时的检疫。如调用种畜群一般在启用前15～30d在原种畜禽场或隔离场进行检疫。到场后可根据需要隔离15～30d。

隔离检疫的内容主要包括临诊检查和实验室检查。即在指定的隔离场内，在正常的饲养条件下，对动物进行经常性的临诊检查（群体检疫和个体检疫），发现异常情况，及时采集病料送检，有病死动物应及时检查、确诊。进出境检疫还必须按照贸易合同要求或两国政府签订的条款进行规定项目的实验室检查。

（二）动物检疫的方法

1. 临场检疫

临场检疫是通过问诊、视诊、触诊、叩诊、听诊和嗅诊等方法，对动物进行的一般检查，分辨出健康家畜和病畜，这是产地检疫和基层检疫工作中常用的方法。

2. 实验室检疫

实验室检疫是指利用实验手段对现场采集的病料进行检测，并可确定结果的检疫方法。实验室检疫的项目主要有病原学检查、免疫学检查、病理组织学检查等。主要于患病动物临诊症状及病变不典型，现场检疫不能确诊或某些法定传染病必须通过实验室检查时采用。

五、动物检疫处理

动物检疫处理是指在动物检疫中根据检疫结果对被检动物、动物产品等依法作出的处理措施。

动物检疫结果有合格和不合格两种情况，因此，动物检疫处理的原则有两条：一是对合格动物、动物产品发证放行；二是对不合格的动物、动物产品贯彻"预防为主"和就地处理的原则，不能就地处理的（如运输中发现）可以就近处理。

动物检疫处理是动物检疫工作的重要内容之一。必须严格执行相关规定和要求，保证检疫后处理的法定性和一致性。只有合理地进行动物检疫处理，才能防止疫病的扩散，保障防疫效果和人的健康，真正起到检疫的作用。只有做好检疫后的处理，才算真正完成动物检疫任务。

（一）国内检疫处理

1. 合格动物、动物产品的处理

经检疫确定为无检疫对象的动物、动物产品属于合格的动物、动物产品，由动物防疫监督机构出具证明，动物产品同时加盖验讫标志。

（1）合格动物　　县境内进行交易的动物，出具《动物产地检疫合格证明》；运出县境的动物，出具《出县境动物检疫合格证明》。

（2）合格动物产品　　县境内进行交易的动物产品，出具《动物产品检疫合格证明》；运出县境的动物产品，出具《出县境动物产品检疫合格证明》；剥皮肉类（如马肉、牛肉、骡肉、驴肉、羊肉、猪肉等），在其胴体或分割体上加盖方形针码检疫印章，带皮肉类加盖滚筒式验讫印章。白条鸡、鸭、鹅或剥皮兔等，在后腿上部加盖圆形针码检疫印章。

2. 不合格动物、动物产品的处理

经检疫确定患有检疫对象的动物、疑似病畜及染疫动物产品为不合格的动物、动物产品。对经检疫不合格的动物及其产品，应做好防疫、消毒和其他无害化处理，无法进行无害化处理的，予以销毁。若发现动物、动物产品未按规定进行免疫、检疫或检疫证明过期的，应进行补注、补检或重检。

补注：对未按规定预防接种或已接种但超过免疫有效期的动物进行的预防接种。

补检：对未经检疫进入流通领域的动物及其产品进行的检疫。

重检：动物及其产品的检疫证明过期或虽在有效期内，但发现有异常情况时所做的重新检疫。

经检疫的阳性动物施加圆形针码免疫、检疫印章，如结核阳性牛，在其左肩胛部加盖此章，布鲁菌阳性牛，在其右肩胛部加盖此章。

不合格的动物产品应加盖销毁、化制或高温标志作无害化处理。

3. 各类动物疫病的检疫处理

按照《中华人民共和国动物防疫法》规定的动物疫病控制和扑灭的相关规定处理。

（1）一类动物疫病的处理　　当发现一类动物疫病时，当地县级以上地方人民政府畜牧兽医行政管理部门应立即派人到现场，划定疫点、疫区、受威胁区，并及时报请同级人民政府发布封锁令对疫区实行封锁，同时将疫情等情况于24h内逐级上报国家农业部。

县级以上地方人民政府应立即组织有关部门和单位对疫区采取封锁、隔离、扑杀、销毁、消毒、紧急免疫接种等强制性控制、扑灭措施，并通报相邻地区联防，迅速扑灭疫情。

在封锁期间，禁止疫区动物及动物产品流出疫区，禁止非疫区的动物进入疫区，并根据扑灭疫病的需要对出入封锁区的人员、运输工具及有关物品采取消毒和其他限制性措施。

当疫点、疫区内的染疫、疑似染疫动物扑杀或死亡后，经过该疫病最长潜伏期的监测，再无新病例发生时，经县级以上人民政府畜牧兽医行政管理部门确认合格后，由原发布封锁令的政府宣布解除封锁。

（2）二类动物疫病的处理　　当地县级以上畜牧兽医行政管理部门划定疫点、疫区、受威胁区，县级以上地方人民政府组织有关单位和部门对疫区内易感动物采取隔离、扑杀、销毁、消毒、紧急免疫接种措施，限制易感动物及动物产品、有关物品出入，以迅速控制、扑灭疫情。

（3）三类动物疫病的处理　　县级、乡级人民政府按照动物疫病预防计划和农业部的有关规定，组织防治和净化。

（4）二类、三类疫病暴发流行时的处理　　按照一类疫病处理办法处理。

（5）人畜共患疫病的处理　　农牧部门与卫生行政部门及有关单位相互通报疫情，及时采取控制扑灭措施。

（二）进境检疫处理

1. 合格动物、动物产品的处理

输入动物、动物产品和其他检疫物，经检疫合格的，由口岸动植物检疫机关签发单证或在报关单上加盖印章，准予入境。经现场检疫未发现异常，需调离海关监管区进行隔离场检疫的，由口岸动植物检疫机关签发《检疫调离通知单》。

2. 不合格动物、动物产品的处理

输入动物经检疫不合格的，由口岸动植物检疫机关签发《检疫处理通知书》，通知货主或其代理人作如下处理。

1）一类疫病：连同同群动物全部退回或全群扑杀，销毁尸体。

2）二类疫病：退回或扑杀患病动物，同群其他动物在隔离场或在其他隔离地点隔离观察。

3. 输入动物产品和其他检疫物经检疫不合格的处理

由口岸动植物检疫机关签发《检疫处理通知单》，通知货主或其代理人作除害、退回或销毁处理。经除害处理合格的，准予入境。

4. 禁止下列物品入境

1）动物病原体（包括菌种、毒种等）、害虫（对动物及其产品有害的活虫）及其他有害生物（如有危险性病虫的中间宿主、媒介等）。

2）动物疫情流行国家和地区的有关动物、动物产品和其他检疫物。

3）动物尸体等。

第四节　重大动物疫病的处理

一、主要病毒性疫病的检疫处理

（一）口蹄疫

口蹄疫（foot and mouth disease，FMD）是由口蹄疫病毒引起的以偶蹄动物为主的

急性、热性、高度传染性疫病，主要侵害偶蹄兽，偶见于人和其他动物。其临诊特征为口腔黏膜、蹄部和乳房皮肤发生水疱。世界动物卫生组织（Office International Des Epizooties，OIE）将其列为必须报告的动物传染病，我国规定为一类动物疫病。

1. 流行病学检疫

（1）易感动物　包括牛科动物（牛、瘤牛、水牛、牦牛）、绵羊、山羊、猪及所有野生反刍动物和猪科动物均易感，驼科动物（骆驼、单峰骆驼、美洲驼、美洲骆马）易感性较低。

（2）传染源　主要为潜伏期感染及临床发病动物。感染动物呼出物、唾液、粪便、尿液、乳、精液及肉和副产品均可带毒。康复期动物可带毒。

（3）传播途径　易感动物可通过呼吸道、消化道、生殖道和伤口感染病毒，通常以直接或间接接触（飞沫等）方式传播，或通过人或犬、蝇、蜱、鸟等动物媒介，或经车辆、器具等被污染物传播。如果环境气候适宜，病毒可随风远距离传播。风和鸟类也是远距离传播的因素之一。

（4）流行特点　目前已知口蹄疫病毒在全世界有7个主型A型、O型、C型、南非1型、南非2型、南非3型和亚洲1型，以及65个以上亚型。O型口蹄疫为全世界流行最广的一个血清型，我国流行的口蹄疫主要为O、A、C三型及ZB型（云南保山型）。本病具有流行快、传播广、发病急、危害大等特点，疫区发病率可达50%～100%，犊牛死亡率较高，其他则较低。本病传播虽无明显的季节性，且春秋两季较多，尤其是春季。

2. 临诊检疫

该病潜伏期1～7d，平均2～4d，病牛精神沉郁，闭口，流涎，开口时有吸吮声，体温可升高到40～41℃。发病1～2d后，病牛齿龈、舌面、唇内面可见到蚕豆到核桃大的水疱，涎液增多并呈白色泡沫状挂于嘴边。采食及反刍停止。水疱约经一昼夜破裂，形成溃疡，这时体温会逐渐降至正常。在口腔发生水疱的同时或稍后，趾间及蹄冠的柔软皮肤上也发生水疱，也会很快破溃，然后逐渐愈合。有时在乳头皮肤上也可见到水疱。本病一般呈良性经过，经一周左右即可自愈；若蹄部有病变则可延至2～3周或更久；死亡率1%～2%，该病型叫良性口蹄疫。有些病牛在水疱愈合过程中，病情突然恶化，全身衰弱、肌肉发抖，心跳加快、节律不齐，食欲废绝、反刍停止，行走摇摆、站立不稳，往往因心脏停搏而突然死亡，这种病型叫恶性口蹄疫，死亡率高达25%～50%。犊牛发病时往往看不到特征性水疱，主要表现为出血性胃肠炎和心肌炎，死亡率极高。

3. 病理剖检检疫

除口腔和蹄部病变外，还可见到食道和瘤胃黏膜有水疱和烂斑；胃肠有出血性炎症；肺呈浆液性浸润；心包内有大量混浊而黏稠的液体。恶性口蹄疫可在心肌切面上见到灰白色或淡黄色条纹与正常心肌相伴而行，如同虎皮状斑纹，俗称"虎斑心"。

4. 实验室检疫

（1）样品采集　水疱样品采集部位可用清水清洗，切忌使用乙醇、碘酒等消毒剂消毒、擦拭。

未破裂水疱中的水疱液用灭菌注射器采集至少1ml，装入灭菌小瓶中（可加适量抗生素），加盖密封；尽快冷冻保存。

剪取新鲜水疱皮3～5g放入灭菌小瓶中，加适量（2倍体积）50%甘油/磷酸盐缓冲液（pH7.4），加盖密封；尽快冷冻保存。

在无法采集水疱皮和水疱液时，可采集淋巴结、脊髓、肌肉等组织样品 3～5g 装入洁净的小瓶内，加盖密封；尽快冷冻保存。

每份样品的包装瓶上均要贴上标签，写明采样地点、动物种类、编号、时间等。

（2）方法　经间接夹心酶联免疫吸附试验、反向间接血凝试验、正向间接血凝试验、中和试验、液相阻断酶联免疫吸附试验、非结构蛋白酶联免疫吸附试验（enzyme linked immunosorbent assay，ELISA）检测感染抗体阳性，反转录 PCR（reverse transcription-PCR，RT-PCR）试验等进行确诊。

5. 检疫后处理

（1）疫情报告　一旦发生疫情，任何单位和个人应及时向当地动物防疫监督机构报告。动物防疫监督机构应立即按照有关规定赴现场进行核实。

县级动物防疫监督机构接到报告后，立即派出 2 名以上具有相关资格的防疫人员到现场进行临床和病理诊断。确认为疑似口蹄疫疫情的，应在 2h 内报告同级兽医行政管理部门，并逐级上报至省级动物防疫监督机构。省级动物防疫监督机构在接到报告后，1h 内向省级兽医行政管理部门和国家动物防疫监督机构报告。

诊断为疑似口蹄疫病例时，采集病料，并将病料送省级动物防疫监督机构，必要时送国家口蹄疫参考实验室进一步检验。

省级动物防疫监督机构确诊为口蹄疫疫情时，应立即报告省级兽医行政管理部门和国家动物防疫监督机构；省级兽医管理部门在 1h 内报省级人民政府和国务院兽医行政管理部门。

国家参考实验室确诊为口蹄疫疫情时，应立即通知疫情发生地省级动物防疫监督机构和兽医行政管理部门，同时报国家动物防疫监督机构和国务院兽医行政管理部门。

省级动物防疫监督机构诊断新血清型口蹄疫疫情时，将样本送至国家口蹄疫参考实验室进行确诊。

国务院兽医行政管理部门根据省级动物防疫监督机构或国家口蹄疫参考实验室确诊结果，确认口蹄疫疫情。

（2）疫情处置　确诊后，划分疫点、疫区、受威胁区，实施严格的隔离封锁措施。

疫点：为发病畜所在的地点。相对独立的规模化养殖场/户，以病畜所在的养殖场/户为疫点；散养畜以病畜所在的自然村为疫点；放牧畜以病畜所在的牧场及其活动场地为疫点；病畜在运输过程中发生疫情，以运载病畜的车、船、飞机等为疫点；在市场发生疫情，以病畜所在市场为疫点；在屠宰加工过程中发生疫情，以屠宰加工厂（场）为疫点。

疫区：由疫点边缘向外延伸 3km 内的区域。

受威胁区：由疫区边缘向外延伸 10km 的区域。

在疫区、受威胁区划分时，应考虑所在地的饲养环境和天然屏障（河流、山脉等）。

封锁：疫情发生所在地县级以上兽医行政管理部门报请同级人民政府对疫区实行封锁，人民政府在接到报告后，应在 24h 内发布封锁令。跨行政区域发生疫情的，由共同上级兽医行政管理部门报请同级人民政府对疫区发布封锁令。

解除封锁：疫点内最后 1 头病畜死亡或扑杀后连续观察至少 14d，没有新发病例；疫区、受威胁区紧急免疫接种完成；疫点经终末消毒；疫情监测阴性可解除封锁。

新血清型口蹄疫疫情解除的条件：疫点内最后 1 头病畜死亡或扑杀后连续观察至少14d 没有新发病例；疫区、受威胁区紧急免疫接种完成；疫点经终末消毒；对疫区和受威胁区的易感动物进行疫情监测，结果为阴性。

（3）预防与控制　以免疫为主，采取"扑杀和免疫相结合"的综合性防治措施。

饲养管理：饲养、生产、经营等场所必须符合《动物防疫条件审查办法》（农业部〔2010〕7 号令）规定的动物防疫条件，并加强种畜调运检疫管理。

消毒：各饲养场、屠宰厂（场）、动物防疫监督检查站等要建立严格的卫生（消毒）管理制度，做好杀虫、灭鼠工作。

免疫：国家对口蹄疫实行强制免疫，各级政府负责组织实施，当地动物防疫监督机构进行监督指导。免疫密度必须达到 100%。按农业部制定的免疫方案规定的程序进行。各级动物防疫监督机构定期对免疫畜群进行免疫水平监测，根据群体抗体水平及时加强免疫。

无害化处理：对种畜场和规模养殖场的种畜定期采样进行病原学检测，对检测阳性畜及时进行扑杀和无害化处理，以逐步净化口蹄疫。

（二）猪瘟

猪瘟（classical swine fever, CSF）是由黄病毒科瘟病毒属猪瘟病毒引起的一种高度接触性、出血性和致死性传染病。其特征是急性高热稽留，全身呈败血性变化，实质器官出血，坏死和梗死；慢性呈纤维素性坏死性肠炎等变化。世界动物卫生组织将其列为必须报告的动物疫病，我国将其列为一类动物疫病。

1. 流行病学检疫

（1）易感动物　猪是本病唯一的自然宿主，不同年龄、性别、品种的猪均易感。

（2）传染源　发病猪和带毒猪是本病的传染源，感染猪在发病前即可从口、鼻及泪腺分泌物、尿和粪中排毒，并延续整个病程。康复猪在出现特异抗体后停止排毒。因此，强毒株感染在 10～20d 内大量排出病毒。

（3）传播途径　与感染猪直接接触是本病传播的主要方式，病毒也可通过精液、胚胎、猪肉和泔水等传播，人、其他动物（如鼠类和昆虫）、器具等均可成为重要传播媒介。感染和带毒母猪在怀孕期可通过胎盘将病毒传播给胎儿，导致新生仔猪发病或产生免疫耐受。

（4）流行特点　一年四季均可发生，强毒株不论猪的品种、年龄均可导致大多数猪发病和致死。

2. 临诊检疫

本病潜伏期为 3～10d，隐性感染可长期带毒。

根据临床症状可将本病分为急性、亚急性、慢性和隐性感染 4 种类型。

（1）急性型　病猪常无明显症状，突然死亡，一般出现在初发病地区和猪瘟流行初期。

（2）亚急性型　病猪精神差，发热，体温在 40～42℃，呈现稽留热，喜卧、弓背、寒颤及行走摇晃。食欲减退或废绝，喜欢饮水，有的发生呕吐。结膜发炎，流脓性分泌物，将上下眼睑粘住，不能张开，鼻流脓性鼻液。初期便秘，干硬的粪球表面附有大量白色的肠黏液，后期腹泻，粪便恶臭，带有黏液或血液，病猪的鼻端、耳后根、腹部及四肢内侧的皮肤及齿龈、唇内、肛门等处黏膜出现针尖状出血点，指压不退色，腹股沟淋巴结肿大。公猪包皮发炎，阴鞘积尿，用手挤压时有恶臭浑浊液体射出。小猪可出现神经症状，表现磨牙、后退、转圈、强直、侧卧及游泳状，甚至昏迷等。

（3）慢性型　　多由急性型转变而来，体温时高时低，食欲缺乏，便秘与腹泻交替出现，逐渐消瘦、贫血、衰弱，被毛粗乱，行走时两后肢摇晃无力，步态不稳。有些病猪的耳尖、尾端和四肢下部成蓝紫色或坏死、脱落，病程可长达一个月以上，最后衰弱死亡，死亡率极高。

（4）隐性感染　　又称非典型，发生较多的是断奶后的仔猪及架子猪，表现症状轻微，不典型，病情缓和，病理变化不明显，病程较长，体温稽留在40℃左右，皮肤无出血小点，但有淤血和坏死，食欲时好时坏，粪便时干时稀，病猪十分瘦弱，致死率较高，也有耐过的，但生长发育严重受阻。

3. 病理剖检检疫

淋巴结水肿、出血，呈现大理石样变。肾脏呈土黄色，表面可见针尖状出血点。全身浆膜、黏膜和心脏、膀胱、胆囊、扁桃体均可见出血斑（点），脾边缘出现梗死灶。脾不肿大，边缘有暗紫色突出表面的出血性梗死。慢性猪瘟在回肠末端、盲肠和结肠常见"纽扣状"溃疡。

4. 实验室检疫

实验室病原学诊断必须在相应级别的生物安全实验室进行。

（1）样品采集　　剖检时可采取病死猪脏器，如扁桃体、肾、脾、淋巴结、肝和肺等，或病毒分离时待检的细胞玻片。

（2）方法　　病原分离、鉴定可用细胞培养法，也可采用猪瘟荧光抗体染色法、猪瘟抗原双抗体夹心 ELISA 检测法、猪瘟中和试验、猪瘟病毒反转录聚合酶链式反应（RT-PCR）等进行确诊。

5. 检疫后处理

（1）疫情报告　　任何单位和个人发现患有本病或疑似本病的猪，都应当立即向当地动物防疫监督机构报告。当地动物防疫监督机构接到报告后，按国家动物疫情报告管理的有关规定执行。

（2）疫情处置　　根据流行病学、临床症状、剖检病变，结合血清学检测做出的临床诊断结果可作为疫情处理的依据。

当地县级以上动物防疫监督机构接到可疑猪瘟疫情报告后，应及时派人到现场诊断，根据流行病学调查、临床症状和病理变化等初步诊断为疑似猪瘟时，应立即对病猪及同群猪采取隔离、消毒、限制移动等临时性措施。同时采集病料送省级动物防疫监督机构实验室确诊，必要时将样品送国家猪瘟参考实验室确诊。

确诊为猪瘟后，当地县级以上人民政府兽医主管部门应当立即划定疫点、疫区、受威胁区，并采取相应措施；同时，及时报请同级人民政府对疫区实行封锁，逐级上报至国务院兽医主管部门，并通报毗邻地区。国务院兽医行政管理部门根据确诊结果，确认猪瘟疫情。

疫点：为病猪和带毒猪所在的地点。一般指病猪或带毒猪所在的猪场、屠宰厂或经营单位，如为农村散养，应将自然村划为疫点。

疫区：是指疫点边缘外延3km范围内区域。疫区划分时，应注意考虑当地的饲养环境和天然屏障（如河流、山脉等）等因素。

受威胁区：是指疫区外延5km范围内的区域。

封锁：由县级以上兽医行政管理部门向本级人民政府提出启动重大动物疫情应急指挥系统、应急预案和对疫区实行封锁的建议，有关人民政府应当立即做出决定。

解封锁：疫点内所有病死猪、被扑杀的猪按规定进行处理，疫区内没有新的病例发生，彻底消毒10d后，经当地动物防疫监督机构审验合格，当地兽医主管部门提出申请，由原封锁令发布机关解除封锁。

（3）预防与控制 以免疫为主，采取"扑杀和免疫相结合"的综合性防治措施。

饲养、生产、经营等场所必须符合《动物防疫条件审查办法》规定的动物防疫条件，并加强种猪调运检疫管理。

各饲养场、屠宰厂（场）、动物防疫监督检查站等要建立严格的卫生（消毒）管理制度，做好杀虫、灭鼠工作。

免疫和净化：国家对猪瘟实行全面免疫政策。预防免疫按农业部制定的免疫方案规定的免疫程序进行。所用疫苗必须是经国务院兽医主管部门批准使用的猪瘟疫苗。对种猪场和规模养殖场的种猪定期采样进行病原学检测，对检测阳性猪及时进行扑杀和无害化处理，以逐步净化猪瘟。

（三）高致病性猪蓝耳病

高致病性猪蓝耳病是由猪繁殖与呼吸综合征（俗称蓝耳病）病毒（porcine reproductive and respiratory syndrome viruse，PRRSV）变异株引起的一种急性高致死性疫病。主要表现为病猪高热、食欲废绝、皮肤发红、耳尖发紫、成年猪生殖障碍、早产、流产和死胎，以及仔猪呼吸异常，有极高的发病率和死亡率，对养猪业的危害极大，是目前养猪业重点防范的疫病。世界动物卫生组织（OIE）将其列为必须报告的动物疫病，我国将其列为一类动物疫病。

1. 流行病学检疫

（1）易感动物 各年龄和种类的猪均可感染，但以妊娠母猪和1月龄内的仔猪最易感。

（2）传染源 病猪、带毒猪和患病母猪所产的仔猪及被污染的环境用具。

（3）传播途径 呼吸道传播、空气传播、接触传播和垂直传播。

（4）流行特点 本病流行快、发病广、危害重、多途径传播，多发生于春末、夏初之高温季节，特别是在饲养环境恶劣，猪舍通风降温不良，炎热潮湿，饲养密度过大的散养户和小型猪场多发。各年龄段猪群都可以感染，仔猪发病率可达100%，死亡率可达50%以上，母猪流产率可达30%以上，成年猪也可发病致死。

2. 临诊检疫

潜伏期仔猪2~4d，怀孕母猪4~7d。体温明显升高，可达41℃以上；眼结膜炎、眼睑水肿；咳嗽、气喘等呼吸道症状；部分猪出现后躯无力、不能站立或共济失调等神经症状；仔猪发病率可达 100%，死亡率可达 50% 以上，母猪流产率可达 30% 以上，成年猪也可发病死亡。

3. 病理剖检检疫

检疫可见脾脏边缘或表面出现梗死灶，显微镜下见出血性梗死；肾脏呈土黄色，表面可见针尖至小米粒大出血斑（点），皮下、扁桃体、心脏、膀胱、肝和肠道均可见出血斑（点）。显微镜下见肾间质性炎，心脏、肝和膀胱出血性、渗出性炎等病变；部分病例可见胃肠道出血、溃疡、坏死。

4. 实验室检疫

（1）样品采集　采猪全血或血清样品，至少 20 份，采病死猪的内脏器官如气管、肺、淋巴结、脾等，或死胎，至少 5 份。

（2）病毒分离鉴定　PRRSV 可在 Marc-145 细胞上培养生长。

（3）其他方法　荧光抗体检测抗原法、反转录聚合酶链式反应（RT-PCR）等。

5. 检疫后处理

（1）疫情报告　任何单位和个人发现猪出现急性发病死亡情况，应及时向当地动物疫控机构报告。

当地动物疫控机构在接到报告或了解临床怀疑疫情后，应立即派人到现场进行初步调查核实。

确认为高致病性猪蓝耳病疫情时，应在 2h 内将情况逐级报至省级动物疫控机构和同级兽医行政管理部门。省级兽医行政管理部门和动物疫控机构按有关规定向农业部报告疫情。

国务院兽医行政管理部门根据确诊结果，按规定公布疫情。

（2）疫情处置　对发病场/户实施隔离、监控，禁止生猪及其产品和有关物品移动，并对其内、外环境实施严格的消毒措施。对病死猪、污染物或可疑污染物进行无害化处理。必要时，对发病猪和同群猪进行扑杀并无害化处理。

由所在地县级以上兽医行政管理部门划定疫点、疫区、受威胁区。

疫点：为发病猪所在的地点。规模化养殖场/户，以病猪所在的相对独立的养殖圈舍为疫点；散养猪以病猪所在的自然村为疫点；在运输过程中，以运载工具为疫点；在市场发现疫情，以市场为疫点；在屠宰加工过程中发现疫情，以屠宰加工厂/场为疫点。

疫区：指疫点边缘向外延 3km 范围内的区域。根据疫情的流行病学调查、免疫状况、疫点周边的饲养环境、天然屏障（如河流、山脉等）等因素综合评估后划定。

受威胁区：由疫区边缘向外延伸 5km 的区域划为受威胁区。

封锁：由当地兽医行政管理部门向当地县级以上人民政府申请发布封锁令，对疫区实施封锁。在疫区周围设置警示标志；在出入疫区的交通路口设置动物检疫消毒站，对出入的车辆和有关物品进行消毒；关闭生猪交易市场，禁止生猪及其产品运出疫区。必要时，经省级人民政府批准，可设立临时监督检查站，执行监督检查任务。

解封锁：疫区内最后一头病猪扑杀或死亡后 14d 以上，未出现新的疫情；在当地动物疫控机构的监督指导下，对相关场所和物品实施终末消毒。经当地动物疫控机构审验合格，由当地兽医行政管理部门提出申请，由原发布封锁令的人民政府宣布解除封锁。

（3）预防与控制

免疫：对所有生猪用高致病性猪蓝耳病灭活疫苗进行免疫，免疫方案见《猪病免疫推荐方案（试行）》。发生高致病性猪蓝耳病疫情时，用高致病性猪蓝耳病灭活疫苗进行紧急强化免疫。

养殖场/户必须按规定建立完整免疫档案，包括免疫登记表、免疫证、畜禽标识等。

各级动物疫控机构定期对免疫猪群进行免疫抗体水平监测，根据群体抗体水平消长情况及时加强免疫。

饲养管理：实行封闭饲养，建立健全各项防疫制度，做好消毒、杀虫灭鼠等工作。

（四）猪伪狂犬病

猪伪狂犬病（pseudorabies，Pr），是由疱疹病毒科猪疱疹病毒Ⅰ型伪狂犬病毒引起的传染病。临床可致怀孕母猪发生流产、死亡、产木乃伊胎及弱仔；新生仔猪发生大批急性死亡，伴有呕吐、腹泻及发抖，震颤和运动失调等神经症状；免疫抑制猪对其他疫病易感性增加，影响仔猪生长发育。我国将其列为二类动物疫病。

1. 流行病学检疫

（1）易感动物　本病各种家畜和野生动物（除无尾猿外）均可感染，猪、牛、羊、犬、猫等易感。实验动物中家兔最为敏感，小鼠、大鼠、豚鼠等也能感染。

（2）传染源　病猪是主要传染源，成年猪一般呈隐性感染，隐性感染猪和康复猪可以长期带毒。对成年育肥猪可引起生长停滞、增重缓慢等。

（3）传播途径　病毒在猪群中主要通过空气传播，经呼吸道和消化道感染，也可经胎盘感染胎儿。

（4）流行特点　本病在全世界广泛分布。发生具有一定的季节性，寒冷季节多发。15日龄以内的仔猪发病死亡率可达100%，断奶仔猪发病率可达40%，死亡率20%左右。

2. 临诊检疫

潜伏期一般为3~6d。

母猪感染伪狂犬病病毒后常发生流产、产死胎、弱仔、木乃伊胎等症状；青年母猪和空怀母猪常出现返情而屡配不孕或不发情；公猪常出现睾丸肿胀、萎缩、性功能下降、失去种用能力；新生仔猪大量死亡，15日龄内死亡率可达100%；断奶仔猪发病率20%~30%，死亡率为10%~20%。育肥猪表现为呼吸道症状和增重滞缓。

3. 病理剖检检疫

大体剖检特征不明显，剖检眼观主要见肾脏有针尖状出血点，其他肉眼病变不明显。可见不同程度的卡他性胃炎和肠炎，中枢神经系统症状明显时，脑膜明显充血，脑脊髓液量过多，肝、脾等实质脏器常可见灰白色坏死病灶，肺充血、水肿和坏死点。子宫内感染后可发展为溶解坏死性胎盘炎。

4. 实验室检疫

（1）病毒的分离　是诊断伪狂犬病的可靠方法。患病动物的多种病料组织如脑、心、肝、脾、肺、肾、扁桃体等均可用于病毒的分离，但以脑组织和扁桃体最为理想，另外，鼻咽分泌物也可用于病毒的分离。病料处理后可直接接种敏感细胞，如猪肾传代细胞（PK-15和IBRS-2）、仓鼠肾传代细胞（BHK-21）或鸡胚成纤维细胞（CEF），在接种后 24~72h 内可出现典型的细胞病变。若初次接种无细胞病变，可盲传 3 代。

（2）动物接种　　不具备细胞培养条件时，可将处理的病料接种家兔或小鼠，根据家兔或小鼠的临诊表现做出判定，采取病猪扁桃体、嗅球、脑桥和肺，用生理盐水或磷酸盐缓冲液（phosphate buffered saline，PBS）制成 10% 悬液，反复冻融 3 次后离心取上清液接种于家兔皮下或者小鼠脑内，家兔经 2~5d 或者小鼠经 2~10d 发病死亡，死亡前注射部位出现奇痒和四肢麻痹。家兔发病时先用舌舔接种部位，以后用力撕咬接种部位，使接种部位被撕咬伤、鲜红、出血，持续 4~6h，病兔衰竭，痉挛，呼吸困难而死亡。小鼠不如家兔敏感，但明显表现兴奋不安，神经症状，奇痒和四肢麻痹而死亡。

（3）其他方法　　中和试验、酶联免疫吸附试验、间接免疫荧光试验、聚合酶链式反应诊断等。其中血清中和试验的特异性、敏感性都是最好的，并且被世界动物卫生组织（OIE）列为法定的诊断方法。但由于中和试验的技术条件要求高、时间长，所以主要是用于实验室研究。酶联免疫吸附试验同样具有特异性强、敏感性高的特点，3~4h 内可得出试验结果，并可同时检测大批量样品，广泛用于伪狂犬病的临诊诊断。

5. 检疫后处理

（1）疫情报告　　任何单位和个人发现患有本病或者疑似本病的动物，都应当及时向当地动物防疫监督机构报告。

当地动物防疫监督机构接到疫情报告并确认后，按《动物疫情报告管理办法》及有关规定及时上报。

（2）疫情处置　　发现疑似疫情，畜主应立即限制动物移动，并对疑似患病动物进行隔离。

当地动物防疫监督机构要及时派人到现场进行调查核实，开展实验室诊断。确诊后，当地人民政府组织有关部门按下列要求处理。

扑杀：对病猪全部扑杀。

隔离：对受威胁的猪群（病猪的同群猪）实施隔离。

无害化处理：患病猪及其产品按照 GB 16548—2006《病害动物和病害动物产品生物安全处理规程》进行无害化处理。

流行病学调查及检测：开展流行病学调查和疫源追踪；对同群猪进行检测。

紧急免疫接种：对同群猪进行紧急免疫接种。

消毒：对病猪污染的场所、用具、物品严格进行消毒。

发生重大猪伪狂犬病疫情时，当地县级以上人民政府应按照《重大动物疫情应急条例》有关规定，采取相应的疫情扑灭措施。

（3）预防与控制

免疫接种：对猪用猪伪狂犬病疫苗，按农业部推荐的免疫程序进行免疫。

监测：对猪场定期进行监测。监测方法采用间接 ELISA 诊断技术，种猪场每年监测 2 次，监测时应按种公猪（含后备种公猪）100%、种母猪（含后备种母猪）20% 的比例抽检；商品猪不定期进行抽检；对有流产、产死胎、产木乃伊胎等症状的种母猪 100% 进行检测。

引种检疫：对出场（厂、户）种猪由当地动物防疫监督机构进行检疫，伪狂犬病病毒抗体监测为阴性的猪，方出具检疫合格证明，准予出场（厂、户）。种猪进场后，须隔离饲养 30d 后，经实验室检查确认为猪伪狂犬病病毒感染阴性的，方可混群。

净化：种猪场净化标准必须符合以下两点：①种猪场停止注苗后（或没有注苗）连续两年无临床病例；②种猪场连续两年随机抽血样检测伪狂犬病毒抗体或野毒感染抗体监测，全部阴性。

（五）牛海绵状脑病

牛海绵状脑病（bovine spongiform encephalopathy，BSE），俗称疯牛病，是由朊毒体引起成年牛的渐进性神经性致死性疫病。以潜伏期长、视听触三觉过敏、共济失调和病死率高为特征。世界动物卫生组织（OIE）将其列为必须报告的动物疫病，我国将其列为一类动物疫病。

1. 流行病学检疫

（1）易感动物　牛科和猫科动物易感。多发于4～6岁的牛，2岁以下罕见，6岁以上明显减少。

（2）传染源　污染痒病因子的肉骨粉及饲料。

（3）传播途径　消化道感染。

（4）流行特点　主要发生于奶牛，发病率一般不超过3%，病死率100%。该病无明显的季节性，可常年发病。

2. 临诊检疫

本病潜伏期一般为2～8年，平均为4～5年。

多数病例不表现典型症状。典型病例早期没有明显症状，随病程发展，逐渐出现神经症状：不安、恐惧、惊厥或沉郁；不自主运动，如磨牙、肌肉抽搐、震颤和痉挛；反应过敏，特别对触摸、声音和光照过度敏感；不愿通过门槛、有缝隙的地面或进入畜栏；运动异常，共济失调，步态呈"鹅步"状，四肢伸展过度，反复跌倒。大多数病牛都经过几周或几月渐进发展，病程多为1～4个月，少数长达1年，日渐消瘦，衰竭死亡。

3. 病理剖检检疫

剖检无明显病变。组织病理学检查可见在脑干部的孤束核、迷走神经核、三叉神经脊束核、听神经核、红核等区的神经元核周体和灰质神经纤维网浆出现大量空泡化病变（即海绵状病变），且在完整的冠状切片上呈现两侧对称性分布，并伴有星形胶质细胞增生。

4. 实验室检疫

（1）样品采集　在枕骨大孔处用剪刀剪开脑硬膜，目的是便于插入采样勺。然后用一个手指伸入枕骨大孔中，沿着延脑（延髓）转一周，目的是切断延脑与头骨之间相连的神经和血管，以便于脑组织顺利挖出。

从延脑腹侧（即勺子从枕骨大孔的上面进入）将采样勺插入枕骨大孔中，插入时采样勺要紧贴枕骨大孔的腔壁，以免损坏延脑组织。采样勺插入的深度为5～7cm，然后向上一扳勺子手柄，同时往外抠出脑组织和勺子，延脑便可完整取出。尽量保护好延脑"三岔口"处（脑闩部）的组织的完整性。

将脑组织放入编好号的样品杯中，拧紧杯盖，然后放置在盛有冰袋的泡沫箱中，用透明胶带将泡沫箱的盖子绑紧。采好的样品必须在5h之内放入冰柜中冷冻，以防腐败；样品至少要冷冻24h才能往国家外来动物疫病研究中心或农业部指定实验室运送进行检测。

（2）血清学检测方法　　无诊断意义。

（3）其他方法　　病原学检测、免疫组织化学、免疫印迹、酶联免疫吸附和组织病理学检查（HE 染色）等。

5. 检疫后处理

（1）疫情报告　　任何单位和个人，发现牛出现临床症状的，应当立即向当地兽医主管部门、动物卫生监督机构或者动物疫病预防控制机构报告。当地县级动物疫病预防控制机构初步判定为疯牛病疫情的，应在 2h 内报本地兽医主管部门，并逐级上报至省级动物疫病预防控制机构。省级动物疫病预防控制机构诊断为疑似疯牛病疫情时，应立即报告省级兽医主管部门和中国动物疫病预防控制中心；省级兽医主管部门应在 1h 内报省级人民政府和国务院兽医主管部门。

国家外来动物疫病研究中心或农业部指定实验室确诊为疯牛病疫情时，应立即通知疫情发生地省级动物疫病预防控制机构和兽医主管部门，同时报中国动物疫病预防控制中心和国务院兽医主管部门。

（2）疫情处置　　疫情发生所在地县级以上兽医主管部门划定疫点和疫区后，报请同级人民政府对疫点和疫区实行封锁。人民政府在接到报告后，应在 24h 内发布封锁令。

跨行政区域发生疫情时，由有关行政区域共同的上一级人民政府对疫点和疫区实行封锁，或者由各有关行政区域的上一级人民政府共同对疫点和疫区实行封锁。必要时，上级人民政府可以责成下级人民政府对疫点和疫区实行封锁。

（3）预防与控制　　提高防范意识，加强港口、机场检疫。应从无疯牛病国家进口活牛及相关产品，同时应提供无该病的检疫证明。进口时经进出境检疫部门严格检疫，活动物到达后必须进行隔离饲养，监测无疫后方可混群。

牛场应禁止从疯牛病发生国进口活牛、牛羊肉骨粉和含有牛羊肉骨粉的饲料或添加剂。

禁止用反刍动物源性肉骨粉或饲料喂牛。

易感动物饲养、生产、经营等场所必须符合《动物防疫条件审查办法》规定的动物防疫条件。

兽医主管部门要加强疯牛病防控知识宣传，提高民众的公共卫生意识，争取各行业和全社会的密切合作，有效防范疯牛病。

（六）小反刍兽疫

小反刍兽疫（peste des petits ruminants，PPR，也称羊瘟）是由副黏病毒科麻疹病毒属小反刍兽疫病毒（peste des petits ruminants virus，PPRV）引起的，以发热、口炎、腹泻、肺炎为特征的急性接触性传染病，山羊和绵羊易感，山羊发病率和病死率均较高。世界动物卫生组织（OIE）将其列为法定报告动物疫病，我国将其列为一类动物疫病。

1. 流行病学检疫

（1）易感动物　　山羊和绵羊是本病唯一的自然宿主，山羊比绵羊更易感，且临床症状比绵羊更为严重。山羊不同品种的易感性有差异。牛多呈亚临床感染，并能产生抗体。猪表现为亚临床感染，无症状，不排毒。鹿、野山羊、长角大羚羊、东方盘羊、瞪羚羊、驼可感染发病。

（2）传染源　　主要为患病动物和隐性感染动物，处于亚临床型的病羊尤为危险。病畜的分泌物和排泄物均含有病毒。

（3）传播途径　　该病主要通过直接或间接接触传播，感染途径以呼吸道为主。

（4）流行特点　　目前，主要流行于非洲西部、中部和亚洲的部分地区。本病一年四季均可发生，但多雨季节和干燥寒冷季节多发。

2. 临诊检疫

本病潜伏期一般为 4～6d，也可达到 10d，《国际动物卫生法典》规定潜伏期为 21d。山羊临床症状比较典型，绵羊症状一般较轻微。山羊突然发热，第二、三天体温达 40～42℃高峰。发热持续 3d 左右，病羊死亡多集中在发热后期。病初有水样鼻液，此后变成大量的黏脓性卡他样鼻液，阻塞鼻孔造成呼吸困难。鼻内膜发生坏死。眼流分泌物，遮住眼睑，出现眼结膜炎。发热症状出现后，病羊口腔内膜轻度充血，继而出现糜烂。初期多在下齿龈周围出现小面积坏死，严重病例迅速扩展到齿垫、硬腭、颊和颊乳头及舌，坏死组织脱落形成不规则的浅糜烂斑。部分病羊口腔病变温和，并可在 48h 内愈合，这类病羊可很快康复。

多数病羊发生严重腹泻或下痢，造成迅速脱水和体重下降。怀孕母羊可发生流产。易感羊群发病率通常达 60% 以上，病死率可达 50% 以上。特急性病例发热后突然死亡，无其他症状，在剖检时可见支气管肺炎和回盲肠瓣充血。

3. 病理剖检检疫

口腔和鼻腔黏膜糜烂坏死；支气管肺炎，肺尖肺炎；有时可见坏死性或出血性肠炎，盲肠、结肠近端和直肠出现特征性条状充血、出血，呈斑马状条纹；有时可见淋巴结特别是肠系膜淋巴结水肿，脾肿大并可出现坏死病变；组织学上可见肺部组织出现多核巨细胞及细胞内嗜酸性包涵体。

4. 实验室检疫

检测活动必须在生物安全 3 级以上实验室进行。

（1）病料采集　　可采用病羊口鼻棉拭子、淋巴结或血沉棕黄层。

（2）病原检测　　用细胞培养法分离病毒，也可直接对病料进行检测。

（3）其他方法　　反转录聚合酶链式反应（RT-PCR）、抗体夹心 ELISA、单抗竞争 ELISA、间接 ELISA 抗体检测法等。

5. 检疫后处理

（1）疫情报告　　任何单位和个人发现以发热、口炎、腹泻为特征，发病率、病死率较高的山羊或绵羊疫情时，应立即向当地动物疫病预防控制机构报告。县级动物疫病预防控制机构接到报告后，应立即赶赴现场诊断，认定为疑似小反刍兽疫疫情的，应在 2h 内将疫情逐级报省级动物疫病预防控制机构，并同时报所在地人民政府兽医行政管理部门。省级动物疫病预防控制机构接到报告后 1h 内，向省级兽医行政管理部门和中国动物疫病预防控制中心报告。省级兽医行政管理部门应当在接到报告后 1h 内报省级人民政府和国务院兽医行政管理部门。

国务院兽医行政管理部门根据最终确诊结果，确认小反刍兽疫疫情。

疫情报告内容包括：疫情发生时间、地点，易感动物、发病动物、死亡动物和扑杀、销毁动物的种类和数量，病死动物临床症状、病理变化、诊断情况，流行病学调查和疫源追踪情况，已采取的控制措施等内容。

（2）疫情处置　　按照"早、快、严、小"的原则，坚决扑杀、彻底消毒，严格封锁、防止扩散。

划定疫区、受威胁区时，应根据当地天然屏障（如河流、山脉等）、人工屏障（道路、围栏等）、野生动物栖息地存在情况，以及疫情溯源及跟踪调查结果，适当调整范围。

疫情发生地所在地县级以上兽医行政管理部门报请同级人民政府对疫区实行封锁，跨行政区域发生疫情的，由共同上级兽医行政管理部门报请同级人民政府对疫区发布封锁令。

疫点内最后一只羊死亡或扑杀，并按规定进行消毒和无害化处理后至少21d，疫区、受威胁区经监测没有新发病例时，经当地动物疫病预防控制机构审验合格，由兽医行政管理部门向原发布封锁令的人民政府申请解除封锁，由该人民政府发布解除封锁令。

（3）预防与控制　　羊群应避免与野羊群接触。各饲养场、屠宰厂（场）、交易市场、动物防疫监督检查站等要建立并实施严格的卫生消毒制度。

县级以上动物疫病预防控制机构应当加强小反刍兽疫监测工作。发现以发热、口炎、腹泻为特征，发病率、病死率较高的山羊和绵羊疫情时，应立即向当地动物疫病预防控制机构报告。

必要时，经国家兽医行政管理部门批准，可以采取免疫措施。

（七）高致病性禽流感

高致病性禽流感（highly pathogenic avian influenza，HPAI）是由正黏病毒科流感病毒属 A 型流感病毒引起的以禽类为主的烈性传染病，又称真性鸡瘟或欧洲鸡瘟。世界动物卫生组织（OIE）将其列为必须报告的动物传染病，我国将其列为一类动物疫病。

1. 流行病学检疫

（1）易感动物　　鸡、火鸡、鸭、鹅、鹌鹑、雉鸡、鹧鸪、鸵鸟、孔雀等多种禽类易感，多种野鸟也可感染发病。

（2）传染源　　主要为病禽（野鸟、水禽）和带毒禽（野鸟、水禽）。病毒可长期在污染的粪便、水等环境中存活。

（3）传播途径　　病毒传播主要通过接触感染禽（野鸟）及其分泌物和排泄物、污染的饲料、水、蛋托（箱）、垫草、种蛋、鸡胚和精液等媒介，经呼吸道、消化道感染，也可通过气源性媒介传播。也有专家认为，候鸟的迁徙也是传播途径之一。

（4）流行特点　　禽流感一般发生在春冬季，病毒喜欢冷凉和潮湿，冬末春初，冷空气活动频繁，气温忽高忽低，对控制和预防禽流感的发生是不利的。另外，气温回暖，候鸟将会向北迁徙，候鸟传播病毒的范围将会扩大，对控制禽流感发生也是不利的。

2. 临诊检疫

急性发病死亡或不明原因死亡，潜伏期从几小时到数天，最长可达21d；脚鳞出血；鸡冠出血或发绀、头部和面部水肿；鸭、鹅等水禽可见神经和腹泻症状，有时可见角膜炎症，甚至失明；产蛋突然下降。

3. 病理剖检检疫

消化道、呼吸道黏膜广泛充血、出血；腺胃黏液增多，可见腺胃乳头出血，腺胃和肌胃之间交界处黏膜可见带状出血；心冠及腹部脂肪出血；输卵管的中部可见乳白色分泌物或凝块；卵泡充血、出血、萎缩、破裂，有的可见"卵黄性腹膜炎"；脑部出现坏死灶、血管周围淋巴细胞管套、神经胶质灶、血管增生等病变；胰腺和心肌组织局灶性坏死。

4. 实验室检疫

（1）病料采集　　活禽病料应包括气管和泄殖腔拭子，最好是采集气管拭子，也可采集新鲜粪便。死禽采集气管、脾、肺、肝、肾和脑等组织样品。

将每群采集的 10 份棉拭子，放在同一容器内，混合为一个样品；容器中放有含抗生素的 pH 为 7.0～7.4 的 PBS。抗生素的选择视当地情况而定，组织和气管拭子悬液中应含有青霉素（2000IU/ml）、链霉素（2mg/ml）、庆大霉素（50μg/ml）和制霉菌素（1000IU/ml）。但粪便和泄殖腔拭子所用的抗生素浓度应提高 5 倍。加入抗生素后 pH 应调至 7.0～7.4。

样品应密封于塑料袋或瓶中，置于有制冷剂的容器中运输，容器必须密封，防止渗漏。

样品若能在 24h 内送到实验室，冷藏运输。否则，应冷冻运输。

若样品暂时不用，则应冷冻（最好−70℃或以下）保存。

（2）病毒的分离与鉴定　　样品经处理后，选用 9～11 日龄发育良好的鸡胚，照检后，标出气室边界和胚胎位置，在胚胎面气室上方靠近边界 2～3mm 处，避开血管做一标记，其气室向上置于蛋架上，用碘酒消毒标记处的卵壳，在此处用经火焰消毒的钢锥钻一个小孔，将注射器针头经孔刺入尿囊腔，注入 0.1～0.2ml 接种物。注射后用融化的石蜡或消毒胶布封闭注射小孔，气室朝上置于 37℃温箱中孵育 48～72h。收获尿囊液前，先将鸡胚于 4℃冷冻 6～18h，也可将鸡胚置−20℃冷冻 1h 左右，然后鸡胚钝端朝上置于卵杯上，消毒后，去除气室上方卵壳，暴露壳膜，用无菌镊子小心地将壳膜从绒毛尿囊膜上撕下，不要损伤绒毛尿囊膜。用注射器或无菌吸管经绒毛尿囊膜刺入尿囊腔，吸出尿囊液，置低温保存。采用病毒血凝试验、病毒血凝抑制试验、酶联免疫吸附试验（ELISA）、反转录 - 聚合酶链反应（RT-PCR）等方法进行鉴定。

5. 检疫后处理

（1）疫情报告　　任何单位和个人发现禽类发病急、传播迅速、死亡率高等异常情况，应及时向当地动物防疫监督机构报告。当地动物防疫监督机构在接到疫情报告或了解可疑疫情情况后，应立即派人到现场进行初步调查核实并采集样品，符合规定的，确认为临床疑似疫情；应在 2h 内将情况逐级报到省级动物防疫监督机构和同级兽医行政管理部门，并立即将样品送省级动物防疫监督机构进行疑似诊断；省级动物防疫监督机构确认为疑似疫情的，必须派专人将病料送国家禽流感参考实验室做病毒分离与鉴定，进行最终确诊；经确诊后，应立即上报同级人民政府和国务院兽医行政管理部门，国务院兽医行政管理部门应当在 4h 内向国务院报告；国务院兽医行政管理部门根据最终确诊结果，确认高致病性禽流感疫情。

（2）疫情处置　　对发病场（户）实施隔离、监控，禁止禽类、禽类产品及有关物品移动，并对其内、外环境实施严格的消毒措施。

当确认为疑似疫情时，扑杀疑似禽群，对扑杀禽、病死禽及其产品进行无害化处理，对其内、外环境实施严格的消毒措施，对污染物或可疑污染物进行无害化处理，对污染的场所和设施进行彻底消毒，限制发病场（户）周边 3km 的家禽及其产品移动。

疫情确诊后立即启动相应级别的应急预案。由所在地县级以上兽医行政管理部门划定疫点、疫区、受威胁区。

疫点：指患病动物所在的地点。一般是指患病禽类所在的禽场（户）或其他有关屠宰、经营单位；如为农村散养，应将自然村划为疫点。

疫区：由疫点边缘向外延伸 3km 的区域划为疫区。疫区划分时，应注意考虑当地的饲养环境和天然屏障（如河流、山脉等）。

受威胁区：由疫区边缘向外延伸 5km 的区域划为受威胁区。

由县级以上兽医主管部门报请同级人民政府决定对疫区实行封锁；人民政府在接到封锁报告后，应在 24h 内发布封锁令，对疫区进行封锁：在疫区周围设置警示标志，在出入疫区的交通路口设置动物检疫消毒站，对出入的车辆和有关物品进行消毒。必要时，经省级人民政府批准，可设立临时监督检查站，执行对禽类的监督检查任务。

跨行政区域发生疫情的，由共同上一级兽医主管部门报请同级人民政府对疫区发布封锁令，对疫区进行封锁。关闭疫点及周边 13km 内所有家禽及其产品交易市场。

追踪疫点内在发病期间及发病前 21d 内售出的所有家禽及其产品，并销毁处理。按照高致病性禽流感流行病学调查规范，对疫情进行溯源和扩散风险分析。

疫点、疫区内所有禽类及其产品按规定处理完毕 21d 以上，监测未出现新的传染源；在当地动物防疫监督机构的监督指导下，完成相关场所和物品终末消毒；受威胁区按规定完成免疫。

（3）预防与控制　　疫情监测：对疫区、受威胁区的易感动物每天进行临床观察，连续 1 个月，病死禽送省级动物防疫监督机构实验室进行诊断，疑似样品送国家禽流感参考实验室进行病毒分离和鉴定。

免疫：国家对高致病性禽流感实行强制免疫制度，免疫密度必须达到 100%，抗体合格率达到 70% 以上。

6. 检疫监督

（1）产地检疫　　饲养者在禽群及禽类产品离开产地前，必须向当地动物防疫监督机构报检，接到报检后，必须及时到户、到场实施检疫。检疫合格的，出具检疫合格证明，并对运载工具进行消毒，出具消毒证明，对检疫不合格的按有关规定处理。

（2）屠宰检疫　　动物防疫监督机构的检疫人员对屠宰的禽进行验证查物，合格后方可入厂（场）屠宰。宰后检疫合格的方可出厂，不合格的按有关规定处理。

（3）引种检疫　　国内异地引入种禽、种蛋时，应当先到当地动物防疫监督机构办理检疫审批手续且检疫合格。引入的种禽必须隔离饲养 21d 以上，并由动物防疫监督机构进行检测，合格后方可混群饲养。

监督管理：禽类和禽类产品凭检疫合格证运输、上市销售。动物防疫监督机构应加强流通环节的监督检查，严防疫情传播扩散。生产、经营禽类及其产品的场所必须符合动物防疫条件，并取得动物防疫合格证。各地根据防控高致病性禽流感的需要设立公路动物防疫监督检查站，对禽类及其产品进行监督检查，对运输工具进行消毒。

保障措施：各级政府应加强机构队伍建设，确保各项防治技术落实到位。各级财政和发改部门应加强基础设施建设，确保免疫、监测、诊断、扑杀、无害化处理、消毒等防治工作经费落实。各级兽医行政部门动物防疫监督机构应加强应急物资储备，及时演练和培训应急队伍。

在高致病禽流感防控中，人员的防护按《高致病性禽流感人员防护技术规范》执行。

（八）新城疫

新城疫（newcastle disease，ND）是由副黏病毒科副黏病毒亚科腮腺炎病毒属的禽副黏病毒 I 型引起的高度接触性禽类烈性传染病。世界动物卫生组织（OIE）将其列为必须报告的动物疫病，我国将其列为一类动物疫病。

1. 流行病学检疫

（1）易感动物 鸡、火鸡、鹌鹑、鸽子、鸭、鹅等多种家禽及野禽均易感，其中以鸡最易感，野鸡次之。各种日龄的禽类均可感染。幼雏和中雏易感性最高，两年以上的老鸡易感性较低。

（2）传染源 主要为感染禽及其粪便和口、鼻、眼的分泌物。

（3）传播途径 本病传播途径主要是消化道和呼吸道。被污染的水、饲料、器械、器具和带毒的野生飞禽、昆虫及有关人员等均可成为主要的传播媒介。

（4）流行特点 该病一年四季均可发生，但以春秋季较多。鸡场内的鸡一旦发生本病，可于 4～5d 内波及全群。非免疫易感禽群感染时，发病率、死亡率可高达 90% 以上；免疫效果不好的禽群感染时症状不典型，发病率、死亡率较低。

2. 临诊检疫

本病的潜伏期为 21d。临床症状差异较大，严重程度主要取决于感染毒株的毒力、免疫状态、感染途径、品种、日龄、其他病原混合感染情况及环境因素等。根据病毒感染禽所表现临床症状的不同，可将新城疫病毒分为 5 种致病型：嗜内脏速发型（viscerotropic velogenic）、嗜神经速发型（neurogenic velogenic）、中发型（mesogenic）、缓发型（lentogenic or respiratory）和无症状肠道型（asymptomatic enteric）。

典型症状：发病急、死亡率高；体温升高、极度精神沉郁、呼吸困难、食欲下降；粪便稀薄，呈黄绿色或黄白色；发病后期可出现各种神经症状，多表现为扭颈、翅膀麻痹等；在免疫禽群表现为产蛋下降。

3. 病理剖检检疫

全身黏膜和浆膜出血，以呼吸道和消化道最为严重；腺胃黏膜水肿，乳头和乳头间有出血点；盲肠扁桃体肿大、出血、坏死；十二指肠和直肠黏膜出血，有的可见纤维素性坏死病变；脑膜充血和出血；鼻道、喉、气管黏膜充血，偶有出血，肺可见淤血和水肿。

4. 实验室检疫

实验室病原学诊断必须在相应级别的生物安全实验室进行。

（1）病料采集 每群至少采集 5 只发病禽或死亡禽的样品。发病禽采集气管拭子和泄殖腔拭子（或粪便）；死亡禽以脑为主，也可采集脾、肺、气囊等组织。

（2）病毒分离与鉴定　　同高致病性禽流感。

5. 检疫后处理

（1）疫情报告　　任何单位和个人发现患有本病或疑似本病的禽类，都应当立即向当地动物防疫监督机构报告。当地动物防疫监督机构接到疫情报告后，按国家动物疫情报告管理的有关规定执行。

（2）疫情处置　　根据流行病学、临床症状、剖检病变，结合血清学检测做出的临床诊断结果可作为疫情处理的依据。

发现可疑新城疫疫情时，畜主应立即将病禽（场）隔离，并限制其移动。动物防疫监督机构要及时派人到现场进行调查核实，诊断为疑似新城疫时，立即采取隔离、消毒、限制移动等临时性措施。同时要及时将病料送省级动物防疫监督机构实验室确诊。

当确诊新城疫疫情后，当地县级以上人民政府兽医主管部门应当立即划定疫点、疫区、受威胁区，并采取相应措施；同时，及时报请同级人民政府对疫区实行封锁，逐级上报至国务院兽医主管部门，并通报毗邻地区。国务院兽医行政管理部门根据确诊结果，确认新城疫疫情。

由所在地县级以上（含县级）兽医主管部门划定疫点、疫区、受威胁区。

疫点：指患病禽类所在的地点。一般是指患病禽类所在的禽场（户）或其他有关屠宰、经营单位；如为农村散养，应将自然村划为疫点。

疫区：指以疫点边缘外延 3km 范围内区域。疫区划分时，应注意考虑当地的饲养环境和天然屏障（如河流、山脉等）。

受威胁区：指疫区边缘外延 5km 范围内的区域。

封锁：由县级以上兽医主管部门报请同级人民政府决定对疫区实行封锁；人民政府在接到封锁报告后，应立即做出决定，发布封锁令。

解封锁：疫区内没有新的病例发生，疫点内所有病死禽、被扑杀的同群禽及其禽类产品按规定处理 21d 后，对有关场所和物品进行彻底消毒，经动物防疫监督机构审验合格后，由当地兽医主管部门提出申请，由原发布封锁令的人民政府发布解除封锁令。

（3）预防与控制　　以免疫为主，采取"扑杀与免疫相结合"的综合性防治措施。

饲养管理：饲养、生产、经营等场所必须符合《动物防疫条件审查办法》规定的动物防疫条件，并加强种禽调运检疫管理。饲养场实行全进全出饲养方式，控制人员、车辆和相关物品出入，严格执行清洁和消毒程序。

养禽场要设有防止外来禽鸟进入的设施，并有健全的灭鼠设施和措施。

消毒：各饲养场、屠宰厂（场）、动物防疫监督检查站等要建立严格的卫生（消毒）管理制度。禽舍、禽场环境、用具、饮水等应进行定期严格消毒；养禽场出入口处应设置消毒池，内置有效消毒剂。

免疫：国家对新城疫实施全面免疫政策。免疫按农业部制定的免疫方案规定的程序进行。所用疫苗必须是经国务院兽医主管部门批准使用的新城疫疫苗。

监测：由县级以上动物防疫监督机构组织实施。原种、曾祖代、祖代和父母代种禽场的监测，每批次按照 0.1% 的比例采样；有出口任务的规模养殖场，每批次按照 0.5% 比例进行监测；商品代养禽场，每批次（群）按照 0.05% 的比例进行监测。每批次（群）

监测数量不得少于 20 份。饲养场（户）可参照上述比例进行检测。每群采 10 只以上禽的气管和泄殖腔棉拭子，放在同一容器内，混合为一个样品进行病原学监测检测。

检疫：国内异地引入种禽及精液、种蛋时，应取得原产地动物防疫监督机构的检疫合格证明。到达引入地后，种禽必须隔离饲养 21d 以上，并由当地动物防疫监督机构进行检测，合格后方可混群饲养。从国外引入种禽及精液、种蛋时，按国家有关规定执行。

（九）狂犬病

狂犬病（rabies）是由弹状病毒科狂犬病病毒属狂犬病毒引起的人兽共患烈性传染病。又称恐水症（hydrophobia）或疯狗病，我国将其列为二类动物疫病。

1. 流行病学检疫

（1）易感动物　狂犬病病毒宿主范围广，人和温血动物对狂犬病毒都有易感性，犬科、猫科动物最易感。

（2）传染源　发病动物和带毒动物是狂犬病的主要传染源，这些动物的唾液中含有大量病毒。

（3）传播途径　本病主要通过患病动物咬伤、抓伤而感染，动物亦可通过皮肤或黏膜损伤处接触发病或带毒动物的唾液感染。在大量感染蝙蝠的密集区，其分泌液造成气雾，可引起呼吸道感染。

（4）流行特点　一旦受染，如不及时采取有效防治措施，可导致严重的中枢神经系统急性传染病，病死率高，一旦出现狂犬病症状，几乎总会致命。在亚非拉发展中国家中每年有数万人死于狂犬病。

2. 临诊检疫

本病的潜伏期一般为 6 个月，短的为 10d，长的可达一年以上。特征为狂躁不安、意识紊乱，死亡率可达 100%。一般分为两种类型，即狂暴型和麻痹型。

（1）犬

1）狂暴型：可分为前驱期、兴奋期和麻痹期。

前驱期：此期约为半天到两天。病犬精神沉郁，常躲在暗处，不愿和人接近或不听呼唤，强迫牵引则咬畜主；食欲反常，喜吃异物，喉头轻度麻痹，吞咽时颈部伸展；瞳孔散大，反射功能亢进，轻度刺激即易兴奋，有时望空捕咬；性欲亢进，嗅舐自己或其他犬的性器官，唾液分泌逐渐增多，后躯软弱。

兴奋期：此期 2～4d。病犬高度兴奋，表现狂暴并常攻击人、动物，狂暴发作往往和沉郁交替出现。病犬疲劳时卧地不动，但不久又立起，表现一种特殊的斜视惶恐表情，当再次受到外界刺激时，又出现一次新的发作。狂乱攻击，自咬四肢、尾及阴部等。随病势发展，陷于意识障碍，反射紊乱，狂咬；动物显著消瘦，吠声嘶哑，眼球凹陷，散瞳或缩瞳，下颌麻痹，流涎和夹尾等。

麻痹期：1～2d。麻痹急剧发展，下颌下垂，舌脱出口外，流涎显着，不久后躯及四肢麻痹，卧地不起，最后因呼吸中枢麻痹或衰竭而死。整个病程为 6～8d，少数病例可延长到 10d。

2）麻痹型：该型兴奋期很短或只有轻微兴奋表现即转入麻痹期。表现喉头、下颌、后躯麻痹、流涎、张口、吞咽困难和恐水等，经 2～4d 死亡。

（2）猫　　一般呈狂暴型，症状与犬相似，但病程较短，出现症状后 2～4d 死亡。在发病时常蜷缩在阴暗处，受刺激后攻击其他猫、动物和人。

（3）其他动物　　牛、羊、猪、马等动物发生狂犬病时，多表现为兴奋、性亢奋、流涎和具有攻击性，最后麻痹衰竭致死。

3. 病理剖检检疫

本病无特征性剖检变化，只有反常的胃内容物可以视为可疑。病理组织学检查见有非化脓性脑炎变化，以及在大脑海马角、大脑或小脑皮质等处的神经细胞中可检出嗜酸性包涵体——内基氏小体。

4. 实验室检疫

（1）病料采集　　剖检病料取大小脑、延脑等，最好取海马回，各切取 1cm 两小块，置灭菌容器中，在冷藏条件下运送至实验室。

（2）内基氏小体（包涵体）检查　　取海马回切面，载玻片轻压切面，制成压印标本，室温自然干燥后染色镜检。内基氏小体位于神经细胞浆中，直径 3～20μm 不等，呈椭圆形，呈嗜酸性着染（鲜红色）。神经细胞染成蓝色，间质呈粉红色，红细胞呈橘红色。检出内基氏小体，即可诊断为狂犬病。犬脑的阳性检出率为 70% 左右。

（3）其他方法　　免疫荧光试验、反转录 - 聚合酶链式反应检测（RT-PCR）等。

5. 检疫后处理

（1）疫情报告　　任何单位和个人发现有本病临床症状或检测呈阳性结果的动物，应当立即向当地动物防疫监督机构报告。当地动物防疫监督机构接到疫情报告并确认后，按《动物疫情报告管理办法》及有关规定上报。

（2）疫情处置　　疑似患病动物的处置：发现有兴奋、狂暴、流涎、具有明显攻击性等典型症状的犬，应立即采取措施予以扑杀。发现有被患狂犬病动物咬伤的动物后，畜主应立即将其隔离，限制其移动。对动物防疫监督机构诊断确认的疑似患病动物，当地人民政府应立即组织相关人员对患病动物进行扑杀和无害化处理，动物防疫监督机构应做好技术指导，并按规定采样、检测，进行确诊。

确诊后疫情处置：确诊后，县级以上人民政府畜牧兽医行政管理部门应当按照《狂犬病防治技术规范》的规定划定疫点、疫区和受威胁区，并向当地卫生行政管理部门通报。当地人民政府应组织有关部门采取相应疫情处置措施。

（3）预防与控制　　免疫接种：对所有犬实行强制性免疫。对幼犬按照疫苗使用说明书要求及时进行初免，以后所有的犬每年用弱毒疫苗加强免疫一次。采用其他疫苗免疫的，按疫苗说明书进行。所有的免疫犬和其他免疫动物要按规定佩带免疫标识，并发放统一的免疫证明，当地动物防疫监督部门要建立免疫档案。

疫情监测：每年对老疫区和其他重点区域的犬进行 1～2 次监测。采集犬的新鲜唾液，用 RT-PCR 或 ELISA 进行检测。检测结果为阳性时，再采样送指定实验室进行复核确诊。

检疫：在运输或出售犬、猫前，畜主应向动物防疫监督机构申报检疫，动物防疫监督机构对检疫合格的犬、猫出具动物检疫合格证明；在运输或出售犬时，犬应具有狂犬病的免疫标识，畜主必须持有检疫合格证明。犬、猫应从非疫区引进。引进后，应至少隔离观察 30d，期间发现异常时，要及时向当地动物防疫监督机构报告。

日常防疫：养犬场要建立定期免疫、消毒、隔离等防疫制度；养犬、养猫户要注意做好圈舍的清洁卫生，并定期进行消毒，按规定及时进行狂犬病免疫。

（十）马传染性贫血

马传染性贫血（equine infectious anemia，EIA）简称马传贫，是由反转录病毒科慢病毒属马传贫病毒引起的马属动物慢性传染病。且可人畜互传，至今仍是全世界重点检疫的对象，我国将其列为二类动物疫病。

1. 流行病学检疫

（1）易感动物　本病只感染马属动物，其中，马最易感，骡、驴次之，且无品种、性别、年龄的差异。

（2）传染源　病马和带毒马是主要的传染源。

（3）传播途径　主要通过虻、蚊、刺蝇及蠓等吸血昆虫的叮咬而传染，也可通过病毒污染的器械等传播。

（4）流行特点　多呈地方性流行或散发，以7~9月份发生较多。在流行初期多呈急性型经过，致死率较高，以后呈亚急性或慢性经过。

2. 临诊检疫

本病潜伏期长短不一，一般为20~40d，最长可达90d。根据临床特征，常分为急性、亚急性、慢性和隐性4种类型。

急性型：高热稽留。发热初期，可视黏膜潮红，轻度黄染；随病程发展逐渐变为黄白至苍白；在舌底、口腔、鼻腔、阴道黏膜及眼结膜等处，常见鲜红色至暗红色出血斑（点）等。

亚急性型：呈间歇热。一般发热39℃以上，持续3~5d退热至常温，经3~15d间歇期又复发。有的患病马属动物出现温差倒转现象。

慢性型：不规则发热，但发热时间短。病程可达数月或数年。

隐性型：无可见临床症状，体内长期带毒。

3. 病理剖检检疫

急性型：主要表现败血性变化，可视黏膜、浆膜出现出血斑（点），尤其以舌下、齿龈、鼻腔、阴道黏膜、眼结膜、回肠、盲肠和大结肠的浆膜、黏膜及心内外膜较为明显。肝、脾肿大，肝切面呈现特征性槟榔状花纹。肾显著增大，实质浊肿，呈灰黄色，皮质有出血点。心肌脆弱，呈灰白色煮肉样，并有出血点。全身淋巴结肿大，切面多汁，并常有出血。

亚急性和慢性型：主要表现贫血、黄染和细胞增生性反应。脾中（轻）度肿大，坚实，表面粗糙不平，呈淡红色；有的脾萎缩，切面小梁及滤泡明显；淋巴小结增生，切面有灰白色粟粒状突起。不同程度的肝大，呈土黄或棕红色，质地较硬，切面呈豆蔻状花纹（豆蔻肝）；管状骨有明显的红髓增生灶。

4. 实验室检疫

（1）病料采集　无菌采取可疑马传贫马（最好是可疑性较大或高热期病马）的血液。如怀疑混合感染时，须用细菌滤器过滤血清，或采集鼻腔黏膜液及脾、肝等内脏病变材料，接种材料应尽可能低温保存，保存期不宜过长。接种前进行无菌和安全检查。

（2）病毒分离与鉴定　培养驴白细胞1～2d后，细胞已贴壁并伸出突起，换入新鲜营养液，并在营养液中加入被检材料，接入被检材料的量应不大于营养液量的10%，否则可能使培养物发生非特异性病变。

也可在倾弃旧营养液后，直接接种被检材料，37℃吸附1～2h后吸弃接种物，换入新鲜营养液。初代分离培养通常难以出现细胞病变，一般需盲传2～3代，甚至更多的代次（每代7～8d）。

（3）其他方法　马传贫酶联免疫吸附试验、马传贫琼脂扩散试验等。

5. 检疫后处理

（1）疫情报告　任何单位和个人发现疑似疫情，应当及时向当地动物防疫监督机构报告。

动物防疫监督机构接到疫情报告并确认后，按《动物疫情报告管理办法》及有关规定及时上报。

（2）疫情处置　发现疑似马传贫病马属动物后，畜主应立即隔离疑似患病马属动物，限制其移动，并立即向当地动物防疫监督机构报告。动物防疫监督机构接到报告后，应及时派人到现场诊断，包括流行病学调查、临床症状检查、病理解剖检查、采集病料、实验室诊断等，并根据诊断结果采取相应防治措施。

在马属动物饲养地，确诊马传贫病畜后，当地县级以上人民政府畜牧兽医行政管理部门应当划定疫点、疫区、受威胁区；县级以上地方人民政府根据需要组织有关部门和单位采取隔离、扑杀、销毁、消毒、限制易感动物和动物产品及有关物品出入等控制、扑灭措施。

若呈暴发流行时，由当地畜牧兽医行政管理部门，及时报请同级人民政府决定对疫区实行封锁，逐级上报国务院畜牧兽医行政管理部门。县级以上人民政府根据需要组织有关部门和单位采取隔离、扑杀等强制性控制和扑灭措施，并迅速通报毗邻地区。

疫区封锁期间，禁止染疫和疑似染疫的马属动物及其产品出售、转让和调群；繁殖马属动物要用人工授精方法进行配种；种用马属动物不得对疫区外马属动物配种；对可疑马属动物要严格隔离检疫；关闭马属动物交易市场。禁止非疫区的马属动物进入疫区，并根据扑灭疫情的需要对出入封锁区的人员、运输工具及有关物品采取消毒和其他限制性措施。

隔离：当发生马传贫时，要及时应用临床检查、血清学试验等方法对可疑感染马属动物进行检测，根据检测结果，将马属动物群分为患病群、疑似感染群和假定健康群三类。立即扑杀患病群，隔离疑似感染群、假定健康群，经过3个月观察，不再发病后，方可解除隔离。

监测：疫区内应对同群马属动物隔离饲养，所有马属动物每隔1个月进行一次血清学监测；受威胁地区每3个月进行一次血清学监测。

扑杀：患病马属动物、阳性马属动物在不放血条件下进行扑杀。

无害化处理：病畜和阳性畜及其胎儿、胎衣、排泄物等按照GB 16548—2006《病害动物和病害动物产品生物安全处理规程》进行。

消毒：对患病和疑似患病的马属动物污染的场所、用具、物品严格进行消毒；受污染的粪便、垫料等必须采用堆积密封发酵 1 个月等方法处理。

解封锁：封锁的疫区内最后一匹阳性马属动物扑杀处理后，并经彻底消毒等处理后，对疫区监测 90d，未见新病例；且经血清学检查 3 次（每次间隔 30d），未检出阳性马属动物的，对所污染场所、设施设备和受污染的其他物品彻底消毒，经当地动物防疫监督机构检查合格后，方可由原发布封锁令机关解除封锁。

（3）预防与控制　检疫：异地调入的马属动物，必须来自非疫区。调出马属动物的单位和个人，应按规定报检，经当地动物防疫监督机构进行检疫（应包括血清学检查），合格后方可调出。马属动物需凭当地动物防疫监督机构出具的检疫证明运输。运输途中发现疑似马传贫病畜时，货主及运输部门应及时向就近的动物防疫监督机构报告，确诊后，由动物防疫监督机构就地监督畜主实施扑杀等处理措施。调入后必须隔离观察 30d 以上，并经当地动物防疫监督机构两次临床综合诊断和血清学检查，确认健康无病，方可混群饲养。

监测和净化：马传贫控制区、稳定控制区采取"监测、扑杀、消毒、净化"的综合防治措施。每年对全县 6～12 月龄的幼驹，用血清学方法监测一次。如果检出阳性马属动物，除按规定扑杀处理外，应对疫区内的所有马属动物进行临床检查和血清学检查，每隔 3 个月检查一次，直至连续两次血清学检查全部阴性为止。

马传贫消灭区：采取"以疫情监测为主"的综合性防治措施，每县每年抽查存栏马属动物的 1%（存栏不足 10 000 匹的，抽检数不少于 100 匹，存栏不足 100 匹的全检），做血清学检查，进行疫情监测，及时掌握疫情动态。

（十一）传染性法氏囊病

传染性法氏囊病（infections bursal disease，IBD），又称甘布罗病（Gumboro disease）、传染性腔上囊炎，是由双 RNA 病毒科禽双 RNA 病毒属病毒引起的一种急性、高度接触性和免疫抑制性的禽类传染病。我国将其列为二类动物疫病。

1. 流行病学检疫

（1）易感动物　主要感染鸡和火鸡，鸭、珍珠鸡、鸵鸟等也可感染。火鸡多呈隐性感染。在自然条件下，3～6 周龄鸡最易感。

（2）传染源　病鸡的粪便中含有大量病毒，病鸡是主要传染源。

（3）传播途径　本病主要经消化道、眼结膜及呼吸道感染。在感染后 3～11d 排毒达到高峰。由于该病毒耐酸、耐碱，对紫外线有抵抗力，在鸡舍中可存活 122d，在受污染饲料、饮水和粪便中 52d 仍有感染性。

（4）流行特点　本病流行特点是无明显季节性、突然发病、发病率高、死亡曲线呈尖峰式；如不死亡，发病鸡多在 1 周左右康复。本病在易感鸡群中发病率在 90% 以上，甚至可达 100%，死亡率一般为 20%～30%。与其他病原混合感染时或超强毒株流行时，死亡率可达 60%～80%。

2. 临诊检疫

本病的潜伏期一般为 7d。临床表现为昏睡、呆立、翅膀下垂等症状；发病鸡群的早期症状之一是有些病鸡有啄自己肛门的现象，随即病鸡出现腹泻，以排白色水样稀便为主，泄殖腔周围羽毛常被粪便污染。急性病鸡可在出现症状 1～2d 后死亡，鸡群 3～5d

达死亡高峰，以后逐渐减少。在初次发病的鸡场多呈显性感染，症状典型，死亡率高。以后发病多转入亚临诊型。近年来发现部分Ⅰ型变异株所致的病型多为亚临诊型，死亡率低，但其造成的免疫抑制严重。

3. 病理剖检检疫

感染发生死亡的鸡通常呈现脱水，胸部、腹部和腿部肌肉常有条状、斑点状出血，死亡及病程后期的鸡肾肿大，尿酸盐沉积。

法氏囊先肿胀、后萎缩。在感染后2～3d，法氏囊呈胶冻样水肿，体积和重量会增大至正常的1.5～4倍；偶尔可见整个法氏囊广泛出血，如紫色葡萄；感染5～7d后，法氏囊会逐渐萎缩，重量为正常的1/5～1/3，颜色由淡粉红色变为蜡黄色；但法氏囊病毒变异株可在72h内引起法氏囊的严重萎缩。感染3～5d的法氏囊切开后，可见有多量黄色黏液或奶油样物，黏膜充血、出血，并常见有坏死灶。

感染鸡的胸腺可见出血点；脾可能轻度肿大，表面有弥漫性的灰白色的病灶。

4. 实验室检疫

（1）病料采集 应采自发病早期典型的病例，病程较长的家禽不宜用于分离病毒。病禽扑杀后应以无菌操作法解剖尸体和采取病料，不同传染病所采病料不同，最好的检验病料为气管黏膜、肺、脑组织，应优先采集。高热期的血液中也有较高的病毒含量。另外，脾、肝、肾和骨髓也可作为病毒分离的材料。

（2）病毒分离鉴定 鸡胚应选择健康鸡群所产新鲜受精蛋，蛋的颜色以白壳蛋为好，照蛋时易于观察。鸡胚接种日龄因分离繁殖的病毒特征不同在6～12d。

以绒毛尿囊腔内接种为例，接种位置一般选在气室边缘上3mm处，在该部位打孔，用1ml或2.5ml灭菌注射器吸取处理后的病料，插入气室下部小孔5～10mm，每胚注射0.1～0.2ml，然后用融化的石蜡将蛋壳小孔封闭。接种后每隔6h照蛋一次，24h后死亡鸡胚连同72h未死亡鸡胚，置4℃经6～12h后取出收获材料，同时检查鸡胚病变情况。样品接种鸡胚后，若鸡胚尿囊液没有凝血性，可用没有血凝性的鸡胚的绒毛尿囊液制备抗原，与法氏囊病毒标准阳性血清进行琼脂凝胶免疫扩散试验，检测样品中是否含有法氏囊病毒。

（3）其他方法 病毒血清微量中和试验、酶联免疫吸附试验等。

5. 检疫后处理

（1）疫情报告 任何单位和个人发现患有本病或疑似本病的禽类，都应当立即向当地动物防疫监督机构报告。当地动物防疫监督机构接到疫情报告后，按国家动物疫情报告管理的有关规定执行。

（2）疫情处置 发现疑似传染性法氏囊病疫情时，养殖户应立即将病禽（场）隔离，并限制其移动。当地动物防疫监督机构要及时派人到现场进行调查核实，包括流行病学调查、临床症状检查、病理解剖、采集病料、实验室诊断等，根据诊断结果采取相应措施。

当疫情呈散发时，须对发病禽群进行扑杀和无害化处理。同时，对禽舍和周围环境进行消毒，对受威胁禽群进行隔离监测。

由所在地县级以上（含县级）兽医主管部门划定疫点、疫区、受威胁区。

疫点：指患病禽类所在的地点。一般是指患病禽类所在的禽场（户）或其他有关屠宰、经营单位；如为农村散养，应将自然村划为疫点。

疫区：指疫点外延 3km 范围内区域。疫区划分时，应注意考虑当地的饲养环境和天然屏障（如河流、山脉等）。

受威胁区：指疫区外延 5km 范围内的区域。

封锁：由县级以上（含县级）畜牧兽医行政主管部门报请同级人民政府决定对疫区实行封锁；人民政府在接到封锁申请报告后，应在 24h 内发布封锁令，对疫区进行封锁。

解封锁：疫点内所有禽类及其产品按规定处理后，在当地动物防疫监督机构的监督指导下，对有关场所和物品进行彻底消毒。最后一只病禽扑杀 21d 后，经动物防疫监督机构审验合格后，由当地兽医主管部门向原发布封锁令的当地人民政府申请发布解除封锁令。

疫区解除封锁后，要继续对该区域进行疫情监测，6 个月内如未发现新的病例，即可宣布该次疫情被扑灭。

（3）预防与控制　实行"以免疫为主"的综合性防治措施。

饲养管理：饲养、生产、经营等场所必须符合《动物防疫条件审查办法》的要求，并须取得动物防疫合格证。

饲养场实行全进全出饲养方式，控制人员出入，严格执行清洁和消毒程序。

消毒：各饲养场、屠宰厂（场）、动物防疫监督检查站等要建立严格的卫生（消毒）管理制度。

免疫：根据当地流行病史、母源抗体水平、禽群的免疫抗体水平监测结果等合理制定免疫程序、确定免疫时间及使用疫苗的种类，按疫苗说明书要求进行免疫。必须使用经国家兽医主管部门批准的疫苗。

监测：由县级以上动物防疫监督机构组织实施。规模养禽场至少每半年监测一次。父母代以上种禽场、有出口任务养禽场的监测，每批次（群）按照 0.5% 的比例进行监测；商品代养禽场，每批次（群）按照 0.1% 的比例进行监测。每批次（群）监测数量不得少于 20 份。

散养禽及对流通环节中的交易市场、禽类屠宰厂（场）、异地调入的批量活禽进行不定期的监测。

引种检疫：国内异地引入种禽及其精液、种蛋时，应取得原产地动物防疫监督机构的检疫合格证明。到达引入地后，种禽必须隔离饲养 7d 以上，并由引入地动物防疫监督机构进行检测，合格后方可混群饲养。

（十二）马立克氏病

马立克氏病（Marek's disease，MD），是由疱疹病毒科 α 亚群马立克氏病病毒（Marek's disease virus，MDV）引起的，以危害淋巴系统和神经系统，引起外周神经、性腺、虹膜、各种内脏器官、肌肉和皮肤的单个或多个组织器官发生肿瘤为特征的禽类传染病。我国将其列为二类动物疫病。

1. 流行病学检疫

（1）易感动物　鸡是主要的自然宿主。鹌鹑、火鸡、雉鸡、乌鸡等也可发生自然感染。2 周龄以内的雏鸡最易感。6 周龄以上的鸡可出现临床症状，12～24 周龄最为严重。

（2）传染源　　病鸡和带毒鸡是最主要的传染源。

（3）传播途径　　呼吸道是主要的感染途径，羽毛囊上皮细胞中成熟型病毒可随着羽毛和脱落皮屑散毒。

（4）流行特点　　病毒对外界抵抗力很强，在室温下传染性可保持4~8个月。大多数鸡群开始暴发本病是从8~9周龄开始，12~20周龄是高峰期。但也有3~4周龄的幼鸡群和60周龄的鸡群暴发本病的事例。感染MD的病鸡，大部分为终生带毒，病毒不断从脱落的羽毛囊皮屑中排出有传染性的MDV，这就是MD的传播难于控制的带有根本性的原因。至今还没有证明MD垂直传播的事例。

2. 临诊检疫

本病的潜伏期为4个月。

根据临床症状分为4个型，即神经型、内脏型、眼型和皮肤型。

神经型：最早症状为运动障碍。常见腿和翅膀完全或不完全麻痹，表现为"劈叉"式、翅膀下垂；嗉囊因麻痹而扩大。

内脏型：常表现极度沉郁，有时不表现任何症状而突然死亡。有的病鸡表现厌食、消瘦和昏迷，最后衰竭而死。

眼型：视力减退或消失。虹膜失去正常色素，呈同心环状或斑点状。瞳孔边缘不整，严重阶段瞳孔只剩下一个针尖大小的孔。

皮肤型：全身皮肤毛囊肿大，以大腿外侧、翅膀、腹部尤为明显。

本病的病程一般为数周至数月。因感染的毒株、易感鸡品种（系）和日龄不同，死亡率为2%~70%。

3. 病理剖检检疫

神经型：常在翅神经丛、坐骨神经丛、坐骨神经、腰荐神经和颈部迷走神经等处发生病变，病变神经可比正常神经粗2~3倍，横纹消失，呈灰白色或淡黄色。有时可见神经淋巴瘤。

内脏型：在肝、脾、胰、睾丸、卵巢、肾、肺、腺胃和心脏等脏器出现广泛的结节性或弥漫性肿瘤。

眼型：虹膜失去正常色素，呈同心环状或斑点状。瞳孔边缘不整，严重阶段瞳孔只剩下一个针尖大小的孔。

皮肤型：常见毛囊肿大，大小不等，融合在一起，形成淡白色结节，在拔除羽毛后尸体尤为明显。

4. 实验室检疫

（1）病料采集　　应来自病鸡全血（抗凝血）的白细胞层或刚死亡鸡脾脏细胞。或取长约5mm的羽髓或含有皮肤组织的羽髓，放入SPGA-EDTA缓冲液［0.218 0mol/L蔗糖（7.462g）、0.003 8mol/L磷酸二氢钾（0.052g）、0.007 2mol/L磷酸二氢钠（0.125g）、0.004 9mol/L谷氨酰胺（0.083g）、1.0%血清白蛋白（1g）和0.2%乙二胺四乙酸钠（0.2g），蒸馏水100ml，过滤除菌，调节pH到6.3］。

（2）病原分离鉴定　　上述悬浮液经超声波处理，通过0.45μm微孔滤膜过滤后，接种于培养24h的鸡肾细胞上，吸附40min后加入培养液，并按上述方法培养7d。有经验的工作人员根据蚀斑出现的时间、发展速度和形态，即可对各型病毒引起的蚀斑作出准确鉴别。火鸡疱疹病毒（herpes turkey virus，HVT）蚀斑出现较早，而且比 1 型的要大，而 2 型的蚀斑出现晚，比 1 型的小。

（3）其他方法　免疫琼脂扩散试验等。

（4）鉴别诊断　内脏型马立克氏病的病理变化易与禽白血病和网状内皮增生症相混淆，一般需要通过流行病学和病理组织学进行鉴别诊断。

1）与禽白血病的鉴别诊断。

流行病学比较：禽白血病一般发生于 16 周龄以上的鸡，并多发生于 24～40 周龄之间；且发病率较低，一般不超过 5%。MD 的死亡高峰一般发生在 10～20 周龄之间，发病率较高。

病理组织学变化：禽白血病肿瘤病理组织学变化主要表现为大小一致的淋巴母细胞增生浸润。MD 肿瘤细胞主要表现为大小不一的淋巴细胞。

2）与网状内皮增生症的鉴别诊断。

网状内皮增生症在不同鸡群感染率差异较大，一般发病率较低。其病理组织学特点是：肿瘤细胞多以未分化的大型细胞为主，肿瘤细胞细胞质较多、核淡染。有些病例也表现为大小不一的淋巴细胞。现场常见 MDV 和网状内皮增生症病毒共感染形成的混合型肿瘤，需做病原分离鉴定。

5. 检疫后处理

（1）疫情报告　任何单位和个人发现患有本病或疑似本病的禽类，应立即向当地动物防疫监督机构报告。当地动物防疫监督机构接到疫情报告后，按国家动物疫情报告管理的有关规定执行。

（2）疫情处置　发现疑似马立克氏病疫情时，养殖户应立即将发病禽群隔离，并限制其移动。当地动物防疫监督机构要及时派人到现场进行调查核实，包括流行病学调查、临床症状检查、病理解剖、采集病料、实验室诊断等，根据诊断结果采取相应措施。

当疫情呈散发时，须对病禽及同群禽进行扑杀和无害化处理（按照 GB 16548—2006 进行）。同时，对禽舍和周围环境进行消毒，对受威胁禽群进行隔离观察。

由所在地县级以上（含县级）兽医主管部门划定疫点、疫区、受威胁区。

疫点：指患病禽类所在的地点。一般是指患病禽类所在的禽场（户）或其他有关屠宰、经营单位；如为农村散养，应将自然村划为疫点。

疫区：指疫点外延 3km 范围内区域。疫区划分时，应注意考虑当地的饲养环境和天然屏障（如河流、山脉等）。

受威胁区：指疫区外延 5km 范围内的区域。

（3）预防与控制　实行"以免疫为主"的综合性防治措施。

饲养管理：饲养、生产、经营等场所必须符合《动物防疫条件审查办法》的要求，并须取得动物防疫合格证。饲养场实行全进全出饲养方式，控制人员出入，严格执行清洁和消毒程序。

消毒：各饲养场、屠宰厂（场）、动物防疫监督检查站等要建立严格的卫生（消毒）管理制度。

免疫：应于雏鸡出壳 24h 内进行免疫。所用疫苗必须是经国务院兽医主管部门批准使用的疫苗。

监测：养禽场应做好死亡鸡肿瘤发生情况的记录，并接受动物防疫监督机构监督。

引种检疫：国内异地引入种禽时，应经引入地动物防疫监督机构审核批准，并取得原产地动物防疫监督机构的免疫接种证明和检疫合格证明。

（十三）绵羊痘/山羊痘

绵羊痘（sheep pox）和山羊痘（goat pox）分别是由痘病毒科羊痘病毒属的绵羊痘病毒、山羊痘病毒引起的绵羊和山羊的急性热性接触性传染病。世界动物卫生组织（OIE）将其列为必须报告的动物疫病，我国将其列为一类动物疫病。

1. 流行病学检疫

（1）易感动物　　在自然条件下，绵羊痘病毒只能使绵羊发病，山羊痘病毒只能使山羊发病。

（2）传染源　　病羊是主要的传染源。

（3）传播途径　　主要通过呼吸道感染，也可通过损伤的皮肤或黏膜侵入机体。饲养和管理人员，以及被污染的饲料、垫草、用具、皮毛产品和体外寄生虫等均可成为传播媒介。

（4）流行特点　　本病传播快、发病率高，不同品种、性别和年龄的羊均可感染，羔羊较成年羊易感，细毛羊较其他品种的羊易感，粗毛羊和土种羊有一定的抵抗力。本病一年四季均可发生，我国多发于冬春季节。该病一旦传播到无本病地区，易造成流行。

2. 临诊检疫

本病的潜伏期为21d。

典型病例：病羊体温升至40℃以上，2～5d后在皮肤上可见明显的局灶性充血斑点，随后在腹股沟、腋下和会阴等部位，甚至全身，出现红斑、丘疹、结节、水疱，严重的可形成脓包。欧洲某些品种的绵羊在皮肤出现病变前可发生急性死亡；某些品种的山羊可见大面积出血性痘疹和大面积丘疹，可引起死亡。

非典型病例：一过性羊痘仅表现轻微症状，不出现或仅出现少量痘疹，呈良性经过。

3. 病理剖检检疫

咽喉、气管、肺、胃等部位有特征性痘疹，严重的可形成溃疡和出血性炎症。

4. 实验室检疫

实验室病原学诊断必须在相应级别的生物安全实验室进行。

（1）病料采集　　取活体或剖检羊的痘肿皮肤，或肺和淋巴结等其他组织材料。

（2）病原学诊断　　电镜检查和包涵体检查：取病料组织，用切片机切成薄片置载玻片上，或直接将病料在载玻片上制成压片（触片），用HE染色和福尔马林固定后，置光学显微镜拉查。羊痘病料寄主细胞质内应有不定形的嗜酸性包涵体和有空泡的细胞核。

（3）其他方法　　中和试验等。

5. 检疫后处理

（1）疫情报告　　任何单位和个人发现患有本病或者疑似本病的病羊，都应当立即向当地动物防疫监督机构报告。

动物防疫监督机构接到疫情报告后，按国家动物疫情报告的有关规定执行。

（2）疫情处置　　发现或接到疑似疫情报告后，动物防疫监督机构应及时派人到现场进行临床诊断、流行病学调查、采样送检。对疑似病羊及同群羊应立即采取隔离、限制移动等防控措施。确诊后，当地县级以上人民政府兽医主管部门应当立即划定疫点、疫区、受威胁区，并采取相应措施；同时，及时报请同级人民政府对疫区实行封锁，逐级上报至国务院兽医主管部门，并通报毗邻地区。

（3）预防与控制　以免疫为主，采取"扑杀与免疫相结合"的综合性防治措施。

饲养管理：饲养、生产、经营等场所必须符合《动物防疫条件审查办法》规定的动物防疫条件，并加强种羊调运检疫管理。饲养场要控制人员、车辆和相关物品出入，严格执行清洁和消毒程序。

消毒：各饲养场、屠宰厂（场）、动物防疫监督检查站等要建立严格的卫生（消毒）管理制度。羊舍、羊场环境、用具、饮水等应定期进行严格消毒；饲养场出入口处应设置消毒池，内置有效消毒剂。

免疫：按操作规程和免疫程序进行免疫接种，建立免疫档案。所用疫苗必须是经国务院兽医主管部门批准使用的疫苗。

监测：县级以上动物防疫监督机构按规定实施。非免疫区域以流行病学调查、血清学监测为主，结合病原鉴定。免疫区域以病原监测为主，结合流行病学调查、血清学监测。

引种检疫：国内异地引种时，应从非疫区引进，并取得原产地动物防疫监督机构的检疫合格证明。调运前隔离21d，并在调运前15d至4个月进行过免疫。从国外引进动物，按国家有关进出口检疫规定实施检疫。

（十四）J-亚群禽白血病

J-亚群禽白血病是由反转录病毒J-亚群禽白血病病毒（avian leukosis virus-J subgroup，ALV-J）引起的主要侵害骨髓细胞，导致以骨髓细胞瘤和其他不同细胞类型恶性肿瘤为特征的禽肿瘤性传染性疾病。我国将其列为二类动物疫病。

1. 流行病学检疫

（1）易感动物　所有品系的肉用型鸡都易感。蛋用型鸡较少发病。母鸡比公鸡易感，通常4～10月龄的鸡发病多，即在性成熟或即将性成熟的鸡群。

（2）传染源　病鸡或病毒携带鸡为主要传染源，特别是病毒血症期的鸡。

（3）传播途径　与经典的ALV相似，ALV-J主要通过种蛋（存在于蛋清及胚体中）垂直传播，也可通过与感染鸡或污染的环境接触而水平传播。垂直传播而导致的先天性感染的鸡常可产生对病毒的免疫耐受，雏鸡表现为持续性病毒血症，体内无抗体并向外排毒。

（4）流行特点　应激因素有患寄生虫病、饲料中缺乏维生素、管理不良等都可促使本病发生。冬春多散发。发病率低，病死率5%～6%。

2. 临诊检疫

潜伏期较长，因病毒株不同、鸡群的遗传背景差异等而不同。

最早可见5周龄鸡发病，但主要发生于18～25周龄的性成熟前后鸡群。总死亡率一般为2%～8%，但有时可超过10%。

3. 病理剖检检疫

特征性病变是肝、脾肿大，表面有弥漫性的灰白色增生性结节。在肾、卵巢和睾丸也可见广泛的肿瘤组织。有时在胸骨、肋骨表面出现肿瘤结节，也可见于盆骨、髋关节、膝关节周围及头骨和椎骨表面。在骨膜下可见白色石灰样增生的肿瘤组织。

4. 实验室检疫

（1）病料采集　　从疑似病鸡无菌采血分离血清或血浆；或取一定量（1～2g）的肝、脾、肾组织样品等。

（2）病毒分离鉴定　　按 1∶1 加入无菌的 PBS，置于 1.5 ml 离心管中 10 000g 离心 20min，用无菌吸头取出上清液，移入另一无菌离心管中，再于 10 000g 离心 20min，按 10 000IU/ ml 量加入青霉素后，在带有鸡胚成纤维细胞（chicken embryo fibroblasts，CEF）的平皿或小方瓶中接种 0.2～0.5ml。接种后浆平皿或小方瓶置于 37℃中培养 3h 后，重新更换培养液，继续培养 7d，其间应更换 1 次培养液。然后进行结果鉴定。

（3）其他方法　　酶联免疫吸附试验（ELISA）检测 J- 亚群禽白血病病毒抗体法等。

5. 检疫后处理

（1）疫情报告　　任何单位和个人发现患有本病或疑似本病的禽类，应及时向当地动物防疫监督机构报告。当地动物防疫监督机构接到疫情报告后，按国家动物疫情报告管理的有关规定执行。

（2）疫情处置　　发现疑似疫情时，养殖户应立即将病禽及其同群禽隔离，并限制其移动。当地动物防疫监督机构要及时派人到现场进行调查核实，包括流行病学调查、临床症状检查、病理解剖、采集病料、实验室诊断等，根据诊断结果采取相应措施。当疫情呈散发时，须对发病禽群进行扑杀和无害化处理（按照 GB 16548—2006 进行）。同时，对禽舍和周围环境进行消毒，对受威胁禽群进行观察。由所在地县级以上（含县级）兽医主管部门划定疫点、疫区、受威胁区。

疫点：指患病禽类所在的地点。一般是指患病禽类所在的禽场（户）或其他有关屠宰、经营单位；如为农村散养，应将自然村划为疫点。

疫区：指疫点外延 3km 范围内区域。疫区划分时，应注意考虑当地的饲养环境和天然屏障（如河流、山脉等）。

受威胁区：指疫区外延 5km 范围内的区域。

（3）预防与控制　　实行净化种群为主的综合性防治措施。

饲养管理：饲养、生产、经营等场所必须符合《动物防疫条件审查办法》的要求，并须取得动物防疫合格证。饲养场实行全进全出饲养方式，控制人员出入，严格执行清洁和消毒程序。

消毒：各饲养场、屠宰厂（场）、动物防疫监督检查站等要建立严格的卫生（消毒）管理制度。

监测：养禽场应做好死亡鸡肿瘤发生情况的记录，并接受动物防疫监督机构监督。

引种检疫：国内异地引入种禽时，应经引入地动物防疫监督机构审核批准，并取得原产地动物防疫监督机构出具的无 J- 亚群禽白血病证明和检疫合格证明。

二、主要细菌性疫病的检疫处理

（一）猪链球菌病

猪链球菌病（swine streptococosis）是由溶血性链球菌引起的人畜共患疫病。我国将其列为二类动物疫病。

1. 流行病学检疫

（1）易感动物　猪、马属动物、牛、绵羊、山羊、鸡、兔、水貂等及一些水生动物均有易感染性。不同年龄、品种和性别猪均易感。猪链球菌也可感染人。

（2）传染源　病猪和带菌猪是本病的主要传染源，对病死猪的处置不当和运输工具的污染是造成本病传播的重要因素。

（3）传播途径　本病主要经消化道、呼吸道和损伤的皮肤感染。本菌除广泛存在于自然界外，也常存在于正常动物和人的呼吸道、消化道、生殖道等。感染发病动物的排泄物、分泌物、血液、内脏器官及关节内均有病原体存在。

（4）流行特点　本病一年四季均可发生，夏秋季多发。呈地方性流行，新疫区可呈暴发流行，发病率和死亡率较高。老疫区多呈散发，发病率和死亡率较低。

2. 临诊检疫

本病的潜伏期为 7d。

本病可表现为败血型、脑膜炎型和淋巴结脓肿型等类型。

败血型：分为最急性、急性和慢性三类。最急性型发病急、病程短，常无任何症状即突然死亡。体温高达 41~43℃，呼吸迫促，多在 24h 内死于败血症。急性型多突然发生，体温升高 40~43℃，呈稽留热。呼吸迫促，鼻镜干燥，从鼻腔中流出浆液性或脓性分泌物。结膜潮红，流泪。颈部、耳廓、腹下及四肢下端皮肤呈紫红色，并有出血点。多在 1~3d 死亡。慢性型表现为多发性关节炎。关节肿胀，跛行或瘫痪，最后因衰弱、麻痹致死。

脑膜炎型：以脑膜炎为主，多见于仔猪。主要表现为神经症状，如磨牙、口吐白沫，转圈运动，抽搐、倒地四肢划动似游泳状，最后麻痹而死。病程短的几小时，长的 1~5d，致死率极高。

淋巴结脓肿型：以颌下、咽部、颈部等处淋巴结化脓和形成脓肿为特征。

3. 病理剖检检疫

败血型：剖检可见鼻黏膜紫红色、充血及出血，喉头、气管充血，常有大量泡沫。肺充血肿胀。全身淋巴结有不同程度的肿大、充血和出血。脾肿大 1~3 倍，呈暗红色，边缘有黑红色出血性梗死区。胃和小肠黏膜有不同程度的充血和出血，肾肿大、充血和出血，脑膜充血和出血，有的脑切面可见针尖大的出血点。

脑膜炎型：剖检可见脑膜充血、出血甚至溢血，个别脑膜下积液，脑组织切面有点状出血，其他病变与败血型相同。

淋巴结脓肿型：剖检可见关节腔内有黄色胶胨样或纤维素性、脓性渗出物，淋巴结脓肿。有些病例心瓣膜上有菜花样赘生物。

4. 实验室检疫

（1）涂片镜检　组织触片或血液涂片，可见革兰氏阳性球形或卵圆形细菌，无芽孢，有的可形成荚膜，常呈单个、双连的细菌，偶见短链排列。

（2）分离培养　该菌为需氧或兼性厌氧，在血液琼脂平板上接种，37℃培养24h，形成无色露珠状细小菌落，菌落周围有溶血现象。镜检可见长短不一链状排列的细菌。

（3）其他方法　必要时用 PCR 方法进行菌型鉴定。

5. 检疫后处理

（1）疫情报告　任何单位和个人发现患有本病或疑似本病的猪，都应当及时向当地动物防疫监督机构报告。当地动物防疫监督机构接到疫情报告后，按国家动物疫情报告管理的有关规定上报。疫情确诊后，动物防疫监督机构应及时上报同级兽医行政主管部门，由兽医行政主管部门通报同级卫生部门。

（2）疫情处置　发现疑似猪链球菌病疫情时，当地动物防疫监督机构要及时派人到现场进行流行病学调查、临床症状检查等，并采样送检。确认为疑似猪链球菌病疫情时，应立即采取隔离、限制移动等防控措施。

当确诊发生猪链球菌病疫情时，按下列要求处理。

划定疫点、疫区、受威胁区：由所在地县级以上兽医行政主管部门划定疫点、疫区、受威胁区。

疫点：指患病猪所在地点。一般是指患病猪及同群畜所在养殖场（户组）或其他有关屠宰、经营单位。

疫区：指以疫点为中心，半径 1km 范围内的区域。在实际划分疫区时，应考虑当地饲养环境和自然屏障（如河流、山脉等）及气象因素，科学确定疫区范围。

受威胁区：指疫区外顺延 3km 范围内的区域。

本病呈零星散发时，应对病猪作无血扑杀处理，对同群猪立即进行强制免疫接种或用药物预防，并隔离观察 14d。必要时对同群猪进行扑杀处理。对被扑杀的猪、病死猪及排泄物、可能被污染饲料、污水等按有关规定进行无害化处理；对可能被污染的物品、交通工具、用具、畜舍进行严格彻底消毒。疫区、受威胁区所有易感动物进行紧急免疫接种。

本病呈暴发流行时（一个乡镇 30d 内发现 50 头以上病猪，或者 2 个以上乡镇发生该病），由省级动物防疫监督机构用 PCR 方法进行菌型鉴定，同时报请县级人民政府对疫区实行封锁；县级人民政府在接到封锁报告后，应在 24h 内发布封锁令，并对疫区实施封锁。

无害化处理：对所有病死猪、被扑杀猪及可能被污染的产品（包括猪肉、内脏、骨、血、皮、毛等）按照 GB 16548—2006 执行；对于猪的排泄物和被污染或可能被污染的垫料、饲料等物品均需进行无害化处理。猪尸体需要运送时，应使用防漏容器，并在动物防疫监督机构的监督下实施。

（3）预防与控制　实行净化种群为主的综合性防治措施。

饲养管理：饲养、生产、经营等场所必须符合《动物防疫条件审查办法》的要求，并须取得动物防疫合格证。饲养场实行全进全出饲养方式，控制人员出入，严格执行清洁和消毒程序。

消毒：各饲养场、屠宰厂（场）、动物防疫监督检查站等要建立严格的卫生（消毒）管理制度。

监测：养禽场应做好死亡猪链球菌病发生情况的记录，并接受动物防疫监督机构监督。

引种检疫：国内异地引入种猪时，应经引入地动物防疫监督机构审核批准，并取得原产地动物防疫监督机构出具的无猪链球菌病证明和检疫合格证明。

（二）马鼻疽

马鼻疽（glanders）是由假单胞菌科假单胞菌属的鼻疽假单胞菌感染引起的一种人兽共患传染病。我国将其列为二类动物疫病。

1. 流行病学检疫

（1）易感动物　以马属动物最易感，人和其他动物如骆驼、犬、猫等也可感染。

（2）传染源　鼻疽病马及患鼻疽的其他动物均为本病的传染源。

（3）传播途径　自然感染主要通过与病畜接触，经消化道或损伤的皮肤、黏膜及呼吸道传染。

（4）流行特点　本病无季节性，多呈散发或地方性流行。在初发地区，多呈急性、暴发性流行；在常发地区多呈慢性经过。

2. 临诊检疫

本病的潜伏期为 6 个月。

临床上常分为急性型和慢性型。

急性型：病初表现体温升高，呈不规则热（39～41℃）和颌下淋巴结肿大等全身性变化。肺鼻疽主要表现为干咳，肺部可出现半浊音、浊音和不同程度的呼吸困难等症状；鼻腔鼻疽可见一侧或两侧鼻孔流出浆液、黏液性脓性鼻汁，鼻腔黏膜上有小米粒至高粱米粒大的灰白色圆形结节突出黏膜表面，周围绕以红晕，结节坏死后形成溃疡，边缘不整，隆起如堤状，底面凹陷呈灰白色或黄色；皮肤鼻疽常于四肢、胸侧和腹下等处发生局限性有热有痛的炎性肿胀并形成硬固的结节。结节破溃排出脓汁，形成边缘不整、喷火口状的溃疡，底部呈油脂样，难以愈合。结节常沿淋巴管径路向附近组织蔓延，形成念珠状的索肿。后肢皮肤发生鼻疽时可见明显肿胀变粗。

慢性型：临床症状不明显，有的可见一侧或两侧鼻孔流出灰黄色脓性鼻汁，在鼻腔黏膜常见有糜烂性溃疡，有的在鼻中隔形成放射状斑痕。

3. 病理剖检检疫

主要为急性渗出性和增生性变化。渗出性为主的鼻疽病变见于急性鼻疽或慢性鼻疽的恶化过程中；增生性为主的鼻疽病变见于慢性鼻疽。

肺鼻疽：鼻疽结节大小如粟粒、高粱米及黄豆大，常发生在肺膜面下层，呈半球状隆起于表面，有的散布在肺深部组织，也有的密布于全肺，呈暗红色、灰白色或干酪样。

鼻腔鼻疽：鼻中隔多呈典型的溃疡变化。溃疡数量不一，散在或成群，边缘不整，中央如喷火口，底面不平呈颗粒状。鼻疽结节呈黄白色，粟粒呈小豆大小，周围有晕环绕。鼻疽斑痕的特征是呈星芒状。

皮肤鼻疽：初期表现为沿皮肤淋巴管形成硬固的念珠状结节。多见于前驱及四肢，结节软化破溃后流出脓汁，形成溃疡，溃疡有堤状边缘和油脂样底面，底面覆有坏死性物质或呈颗粒状肉芽组织。

4. 实验室检疫

（1）变态反应诊断　变态反应诊断方法有鼻疽菌素点眼法、鼻疽菌素皮下注射法、鼻疽菌素眼睑皮内注射法，常用鼻疽菌素点眼法。

（2）鼻疽补体结合反应试验　该方法为较常用的辅助诊断方法，用于区分鼻疽阳性马属动物的类型，可检出大多数活动性病畜。

5. 检疫后处理

（1）疫情报告　　任何单位和个人发现疑似疫情，应当及时向当地动物防疫监督机构报告。动物防疫监督机构接到疫情报告并确认后，按《动物疫情报告管理办法》及有关规定及时上报。

（2）疫情处置　　发现疑似患病马属动物后，畜主应立即隔离患病马属动物，限制其移动，并立即向当地动物防疫监督机构报告。动物防疫监督机构接到报告后，应及时派人到现场进行诊断，包括流行病学调查、临床症状检查、病理检查、采集病料、实验室诊断等，并根据诊断结果采取相应防治措施。

确诊为马鼻疽病畜后，当地县级以上人民政府畜牧兽医行政管理部门应当立即派人到现场，划定疫点、疫区、受威胁区；采集病料、调查疫源，及时报请同级人民政府对疫区实行封锁，并将疫情逐级上报国务院畜牧兽医行政管理部门。县级以上人民政府根据需要组织有关部门和单位采取隔离、扑杀、销毁、消毒等强制性控制、扑灭措施，并通报毗邻地区。

封锁：按规定对疫区实行封锁。疫区封锁期间，染疫和疑似染疫的马属动物及其产品不得出售、转让和调群，禁止移出疫区；繁殖马属动物要用人工授精方法进行配种；种用马属动物不得对疫区外马属动物配种；对可疑马属动物要严格隔离检疫；关闭马属动物交易市场。禁止非疫区的马属动物进入疫区，并根据扑灭疫情的需要对出入封锁区的人员、运输工具及有关物品采取消毒和其他限制性措施。

隔离：当发生马鼻疽时，要及时应用变态反应等方法在疫点对马属动物进行检测，根据检测结果，将马属动物群分为患病群、疑似感染群和假定健康群三类。立即扑杀患病群，隔离观察疑似感染群、假定健康群。经6个月观察，不再发病方可解除隔离。

监测：疫区内须将疑似感染马属动物和周围的马属动物隔离饲养，每隔6个月检测一次，受威胁区每年进行两次血清学（鼻疽菌素试验）监测，直至全部阴性为止；无疫区每年进行一次血清学检测。

解封锁：疫区从最后一匹患病马属动物扑杀处理后，并经彻底消毒等处理后，对疫区内监测90d，未见新病例；且经过半年时间采用鼻疽菌素试验逐匹检查，未检出鼻疽菌素试验阳性马属动物的，并对所污染场所、设施设备和受污染的其他物品彻底消毒后，经当地动物防疫监督机构检查合格，由当地县级以上兽医行政主管部门报请原发布封锁令人民政府解除封锁。

（3）预防与控制　　加强饲养管理，做好消毒等基础性防疫工作，提高马匹抗病能力。

检疫：异地调运马属动物，必须来自非疫区；出售马属动物的单位和个人，应在出售前按规定报检，经当地动物防疫监督机构检疫，证明马属动物装运之日无马鼻疽症状，装运前6个月内原产地无马鼻疽病例，装运前15d经鼻疽菌素试验或鼻疽补体结合反应试验，结果为阴性，并签发产地检疫证后，方可启运。

调入的马属动物必须在当地隔离观察30d以上，经当地动物防疫监督机构连续两次（间隔5～6d）鼻疽菌素试验检查，确认健康无病，方可混群饲养。

运出县境的马属动物，运输部门要凭当地动物防疫监督机构出具的运输检疫证明承运，证明随畜同行。运输途中发生疑似马鼻疽时，畜主及承运者应及时向就近的动物防疫监督机构报告，经确诊后，动物防疫监督机构就地监督畜主实施扑杀等处理措施。

监测：稳定控制区每年每县抽查 200 匹（不足 200 匹的全检），进行鼻疽菌素试验检查，如检出阳性反应的，则按控制区标准采取相应措施。消灭区每县每年鼻疽菌素试验抽查马属动物 100 匹（不足 100 匹的全检）。

（三）布鲁菌病

布鲁菌病（brucellosis，以下简称布病）是由布鲁菌属细菌引起的人兽共患的常见传染病。我国将其列为二类动物疫病。

1. 流行病学检疫

（1）易感动物　　多种动物和人对布鲁菌易感。羊、牛、猪的易感性最强。母畜比公畜，成年畜比幼年畜发病多。在母畜中，第一次妊娠母畜发病较多。

（2）传染源　　带菌动物，尤其是病畜的流产胎儿、胎衣是主要传染源。

（3）传播途径　　消化道、呼吸道、生殖道是主要的感染途径，也可通过损伤的皮肤、黏膜等感染。人主要通过皮肤、黏膜、消化道和呼吸道感染，尤其以感染羊种布鲁菌、牛种布鲁菌最为严重。猪种布鲁菌感染人较少见，犬种布鲁菌感染人罕见，绵羊附睾种布鲁菌、沙林鼠种布鲁菌基本不感染人。

（4）流行特点　　本病全球分布，每年上报世界卫生组织（World Health Organization，WHO）的病例数愈 50 万。地中海地区、亚洲及中南美洲为高发地区。国内常呈地方性流行，多见于内蒙古、东北、西北等特区，全国 104 个疫区均达到基本控制标准，但 20 世纪 90 年代以来，散发病例以 30%～50% 的速度增加，个别地区还发生暴发流行。

2. 临诊检疫

潜伏期一般为 14～180d。

最显著症状是怀孕母畜发生流产，流产后可能发生胎衣滞留和子宫内膜炎，从阴道流出污秽不洁、恶臭的分泌物。新发病的畜群流产较多；老疫区畜群发生流产的较少，但发生子宫内膜炎、乳房炎、关节炎、胎衣滞留、久配不孕的较多。公畜往往发生睾丸炎、附睾炎或关节炎。

3. 病理剖检检疫

主要病变为生殖器官的炎性坏死，脾、淋巴结、肝、肾等器官形成特征性肉芽肿（布病结节）。有的可见关节炎。胎儿主要呈败血症病变，浆膜和黏膜有出血斑（点），皮下结缔组织发生浆液性、出血性炎症。

4. 实验室检疫

（1）显微镜检查　　采集流产胎衣、绒毛膜水肿液、肝、脾、淋巴结、胎儿胃内容物等组织，制成抹片，用柯兹罗夫斯基染色法染色，镜检，布鲁菌为红色球杆状小杆菌，而其他菌为蓝色。

（2）分离培养　　新鲜病料可用胰蛋白胨琼脂面或血液琼脂斜面、肝汤琼脂斜面、3% 甘油 -0.5% 葡萄糖肝汤琼脂斜面等培养基培养；若为陈旧病料或污染病料，可用选择性培养基培养。培养时，一份在普通条件下，另一份放于含有 5%～10% 二氧化碳的环境中，37℃培养 7～10d。然后进行菌落特征检查和单价特异性抗血清凝集试验。为使防治措施有更好的针对性，还需做种型鉴定。

如病料被污染或含菌极少时，可将病料用生理盐水稀释 5～10 倍，健康豚鼠腹腔内注射 0.1～0.3ml/只。如果病料腐败时，可接种于豚鼠的股内侧皮下。接种后 4～8 周，将豚鼠扑杀，从肝、脾分离培养布鲁菌。

（3）血清学诊断　　虎红平板凝集试验、全乳环状试验、试管凝集试验、补体结合试验等。

5. 检疫后处理

（1）疫情报告　　任何单位和个人发现疑似疫情，应当及时向当地动物防疫监督机构报告。动物防疫监督机构接到疫情报告并确认后，按《动物疫情报告管理办法》及有关规定及时上报。

（2）疫情处置　　发现疑似疫情，畜主应限制动物移动；对疑似患病动物应立即隔离。

动物防疫监督机构要及时派人到现场进行调查核实，开展实验室诊断。确诊后，当地人民政府组织有关部门按下列要求处理。

扑杀：对患病动物全部扑杀。

隔离：对受威胁的畜群（病畜的同群畜）实施隔离，可采用圈养和固定草场放牧两种方式隔离。隔离饲养用草场，不要靠近交通要道、居民点或人畜密集的地区。场地周围最好有自然屏障或人工栅栏。

无害化处理：患病动物及其流产胎儿、胎衣、排泄物、乳、乳制品等按照 GB 16548—2006 进行无害化处理。

（3）预防和控制　　非疫区以监测为主；稳定控制区以监测净化为主；控制区和疫区实行监测、扑杀和免疫相结合的综合防治措施。

免疫：免疫接种范围内的牛、羊、猪、鹿等易感动物。根据当地疫情，确定免疫对象。

监测：对免疫区的新生动物、未免疫动物、免疫一年半或口服免疫一年以后的动物进行监测（猪可在口服免疫半年后进行）。监测至少每年进行一次，牧区县抽检 300 头（只）以上，农区和半农半牧区抽检 200 头（只）以上。非免疫地区的监测至少每年进行一次。达到控制标准的牧区县抽检 1000 头（只）以上，农区和半农半牧区抽检 500 头（只）以上；达到稳定控制标准的牧区县抽检 500 头（只）以上，农区和半农半牧区抽检 200 头（只）以上。所有的奶牛、奶山羊和种畜每年应进行两次血清学监测。对成年动物监测时，猪、羊在 5 月龄以上，牛在 8 月龄以上，怀孕动物则在第 1 胎产后半个月至 1 个月间进行；对接种过 S2、M5、S19 疫苗免疫的动物，在接种后 18 个月（猪接种后 6 个月）进行。

检疫：异地调运的动物，必须来自于非疫区，凭当地动物防疫监督机构出具的检疫合格证明调运。动物防疫监督机构应对调运的种用、乳用、役用动物进行实验室检测。检测合格后，方可出具检疫合格证明。调入后应隔离饲养 30d，经当地动物防疫监督机构检疫合格后，方可解除隔离。

（四）牛结核

牛结核病（bovine tuberculosis）是由牛型结核分枝杆菌（*Mycobacterium bovis*）引起的一种人兽共患的慢性传染病。我国将其列为二类动物疫病。

1. 流行病学检疫

（1）易感动物　　本病奶牛最易感，其次为水牛、黄牛、牦牛。人也可被感染。

（2）传染源　　结核病病牛是本病的主要传染源。

（3）传播途径　　牛型结核分枝杆菌随鼻汁、痰液、粪便和乳汁等排出体外，健康牛可通过被污染的空气、饲料、饮水等经呼吸道、消化道等途径感染。

（4）流行特点　　本病一年四季都可发生。一般说来，舍饲的牛发生较多。畜舍拥挤、阴暗、潮湿、污秽不洁，过度使役和挤乳，饲养不良等，均可促进本病的发生和传播。

2. 临诊检疫

潜伏期一般为3～6周，有的可长达数月或数年。

临床通常呈慢性经过，以肺结核、乳房结核和肠结核最为常见。

肺结核：以长期顽固性干咳为特征，且以清晨最为明显。病畜容易疲劳，逐渐消瘦，病情严重者可见呼吸困难。

乳房结核：一般先是乳房淋巴结肿大，继而后方乳腺区发生局限性或弥漫性硬结，硬结无热无痛，表面凹凸不平。泌乳量下降，乳汁变稀，严重时乳腺萎缩，泌乳停止。

肠结核：消瘦，持续下痢与便秘交替出现，粪便常带血或脓汁。

3. 病理剖检检疫

在肺脏、乳房和胃肠黏膜等处形成特异性白色或黄白色结节。结节大小不一，切面干酪样坏死或钙化，有时坏死组织溶解和软化，排出后形成空洞。胸膜和肺膜可发生密集的结核结节，形如珍珠状。

4. 实验室检疫

（1）病原学诊断　　采集病牛的病灶、痰、尿、粪便、乳及其他分泌物样品，做抹片或集菌处理后抹片，用抗酸染色法染色镜检，并进行病原分离培养和动物接种等试验。

（2）免疫学试验　　牛型结核分枝杆菌PPD（提纯蛋白衍生物）皮内变态反应试验（即牛提纯结核菌素皮内变态反应试验）。

5. 检疫后处理

（1）疫情报告　　任何单位和个人发现疑似病牛，应当及时向当地动物防疫监督机构报告。动物防疫监督机构接到疫情报告并确认后，按《动物疫情报告管理办法》及有关规定及时上报。

（2）疫情处置　　发现疑似疫情，畜主应限制动物移动；对疑似患病动物应立即隔离。

动物防疫监督机构要及时派人到现场进行调查核实，开展实验室诊断。确诊后，当地人民政府组织有关部门按下列要求处理。

扑杀：对患病动物全部扑杀。

隔离：对受威胁的畜群（病畜的同群畜）实施隔离，可采用圈养和固定草场放牧两种方式隔离。隔离饲养用草场，不要靠近交通要道，居民点或人畜密集的地区。场地周围最好有自然屏障或人工栅栏。

无害化处理：病死和扑杀的病畜，要按照GB 16548—2006进行无害化处理。

（3）预防与控制　　采取以"监测、检疫、扑杀和消毒"相结合的综合性防治措施。

监测：监测比例为种牛、奶牛100%，规模场肉牛10%，其他牛5%，疑似病牛100%。如在牛结核病净化群中（包括犊牛群）检出阳性牛时，应及时扑杀阳性牛，其他牛按假定健康群处理。成年牛净化群每年春秋两季用牛型结核分枝杆菌PPD皮内变态反应试验各进行一次监测。初生犊牛，应于 20 日龄时进行第一次监测。并按规定使用和填写监测结果报告，及时上报。

检疫：异地调运的动物，必须来自于非疫区，凭当地动物防疫监督机构出具的检疫合格证明调运。动物防疫监督机构应对调运的种用、乳用、役用动物进行实验室检测。检测合格后，方可出具检疫合格证明。调入后应隔离饲养 30d，经当地动物防疫监督机构检疫合格后，方可解除隔离。

净化措施：被确诊为结核病牛的牛群（场）为牛结核病污染群（场），应全部实施牛结核病净化。应用牛型结核分枝杆菌 PPD 皮内变态反应试验对该牛群进行反复监测，每次间隔 3 个月，发现阳性牛及时扑杀，并按照规定处理。犊牛应于 20 日龄时进行第一次监测，100～120 日龄时，进行第二次监测。凡连续两次以上监测结果均为阴性者，可认为是牛结核病净化群。凡牛型结核分枝杆菌 PPD 皮内变态反应试验疑似反应者，于 42d 后进行复检，复检结果为阳性，则按阳性牛处理；若仍呈疑似反应则间隔 42d 再复检一次，结果仍为可疑反应者，视同阳性牛处理。

（五）炭疽

炭疽（anthrax）是由炭疽芽孢杆菌引起的一种人畜共患传染病。世界动物卫生组织（OIE）将其列为必须报告的动物疫病，我国将其列为二类动物疫病。

1. 流行病学检疫

（1）易感动物　　本病为人畜共患传染病，各种家畜、野生动物及人对本病都有不同程度的易感性。草食动物最易感，其次是杂食动物，再次是肉食动物，家禽一般不感染。人也易感。

（2）传染源　　患病动物和因炭疽而死亡的动物尸体及污染的土壤、草地、水、饲料都是本病的主要传染源，炭疽芽孢对环境具有很强的抵抗力，其污染的土壤、水源及场地可形成持久的疫源地。

（3）传播途径　　本病主要经消化道、呼吸道和皮肤感染。

（4）流行特点　　本病呈地方性流行。有一定的季节性，多发生在吸血昆虫多、雨水多、洪水泛滥的季节。

2. 临诊检疫

本病的潜伏期为 20d。

典型症状：本病主要呈急性经过，多以突然死亡、天然孔出血、尸僵不全为特征。

牛：体温升高常达 41℃以上，可视黏膜呈暗紫色，心动过速，呼吸困难。呈慢性经过的病牛，在颈、胸前、肩胛、腹下或外阴部常见水肿；皮肤病灶温度增高，坚硬，有压痛，也可发生坏死，有时形成溃疡；颈部水肿常与咽炎和喉头水肿相伴发生，致使呼吸困难加重。急性病例一般经 24～36h 后死亡，亚急性病例一般经 2～5d 后死亡。

马：体温升高，腹下、乳房、肩及咽喉部常见水肿。舌炭疽多见呼吸困难、发绀；肠炭疽腹痛明显。急性病例一般经 24～36h 后死亡，有炭疽痈时，病程可达 3～8d。

羊：多表现为最急性（猝死）病症，摇摆、磨牙、抽搐、挣扎、突然倒毙，有的可见从天然孔流出带气泡的黑红色血液。病程稍长者也只持续数小时后死亡。

猪：多为局限性变化，呈慢性经过，临床症状不明显，常在宰后见病变。

犬和其他肉食动物临床症状不明显。

3. 病理剖检检疫

死亡患病动物可视黏膜发绀、出血。血液呈暗紫红色，凝固不良，黏稠似煤焦油状。皮下、肌间、咽喉等部位有浆液性渗出及出血。淋巴结肿大、充血，切面潮红。脾高度肿胀，达正常数倍，脾髓呈黑紫色。

严禁在非生物安全条件下进行疑似患病动物、患病动物的尸体剖检。

4. 实验室检疫

实验室病原学诊断必须在相应级别的生物安全实验室进行。

（1）病料采集　疑为炭疽动物，除慢性者外，其他不论是最急性者或急性者均于生前将耳部消毒后取血液，病变部取水肿液或渗出液等直接涂于载玻片上，自然干燥后，将玻片涂面相对叠好，中间用火柴杆隔开，以线拥扎，外用塑料纸包好。或用灭菌脱脂棉、滤纸、布片吸取血液等放于小试管中待检。

死后，自消毒的耳根部或四肢末端部采取血液滴于玻片上；或用细绳在耳根部紧扎两道，在两绳之间将耳割下，以 5 % 苯酚溶液浸湿的棉布包好，放广口瓶中待检，耳切口处用烧红的烙铁烧灼止血。已经错剖的疑似炭疽动物尸体，可取肝、脾、肾等脏器置于试管中，待检。

（2）病原学诊断　用铂金耳钓取血液、水肿液、渗出物等，直接涂于平板培养基表面；脏器标本应切成几个不同的断面，压印于平板表面上，置 37℃ 恒温箱中孵育 18～24h。

（3）其他方法　炭疽沉淀反应、聚合酶链反应（PCR）等。

5. 检疫后处理

（1）疫情报告　任何单位和个人发现患有本病或者疑似本病的动物，都应立即向当地动物防疫监督机构报告。当地动物防疫监督机构接到疫情报告后，按国家动物疫情报告管理的有关规定执行。

（2）疫情处置　当地动物防疫监督机构接到疑似炭疽疫情报告后，应及时派人到现场进行流行病学调查和临床检查，采集病料送符合规定的实验室诊断，并立即隔离疑似患病动物及同群动物，限制移动。

对病死动物尸体，严禁进行开放式解剖检查，采样时必须按规定进行，防止病原污染环境，形成永久性疫源地。

由所在地县级以上兽医主管部门划定疫点、疫区、受威胁区。

疫点：指患病动物所在地点。一般是指患病动物及同群动物所在畜场（户组）或其他有关屠宰、经营单位。

疫区：指由疫点边缘外延 3km 范围内的区域。在实际划分疫区时，应考虑当地饲养环境和自然屏障（如河流、山脉等）及气象因素，科学确定疫区范围。

受威胁区：指疫区外延 5km 范围内的区域。

本病呈零星散发时，应对患病动物作无血扑杀处理，对同群动物立即进行强制免疫接种，并隔离观察 20d。对病死动物及排泄物、可能被污染饲料、污水等按 GB 16549—2006《畜禽产地检疫规范》的要求进行无害化处理；对可能被污染的物品、交通工具、用具、动物舍进行严格彻底消毒（见 GB 16549—2006《畜禽产地检疫规范》）。对疫区、受威胁区所有易感动物进行紧急免疫接种。对病死动物尸体严禁进行开放式解剖检查，采样必须按规定进行，防止病原污染环境，形成永久性疫源地。

本病呈暴发流行时（1 个县 10d 内发现 5 头以上的患病动物），要报请同级人民政府对疫区实行封锁；人民政府在接到封锁报告后，应立即发布封锁令，并对疫区实施封锁。

（3）预防与控制　　环境控制：饲养、生产、经营场所和屠宰场必须符合《动物防疫条件审查办法》规定的动物防疫条件，建立严格的卫生（消毒）管理制度。

免疫：各省根据当地疫情流行情况，按农业部制定的免疫方案，确定免疫接种对象、范围。使用国家批准的炭疽疫苗，并按免疫程序进行适时免疫接种，建立免疫档案。

检疫：产地检疫按 GB 16549—2006《动物检疫管理办法》实施检疫。检出炭疽阳性动物时，按规定处理。屠宰检疫按 NY467—2001《畜禽屠宰卫生检疫规范》和《动物检疫管理办法》对屠宰的动物实施检疫。

消毒：对新老疫区进行经常性消毒，雨季要重点消毒。皮张、毛等按照 GB 16549—2006《畜禽产地检疫规范》实施消毒。

（4）人员防护　　动物防疫检疫、实验室诊断及饲养场、畜产品及皮张加工企业工作人员要注意个人防护，参与疫情处理的有关人员，应穿防护服、戴口罩和手套，做好自身防护。

三、人畜共患寄生虫病的检疫处理

（一）猪囊虫病

猪囊虫病是由猪囊尾蚴（猪囊虫）寄生于猪的肌肉中所引起的一种人畜共患寄生虫病，又叫猪囊尾蚴病，猪囊虫主要寄生在猪的肌肉中，是猪带绦虫的幼虫。患有囊虫病的猪肉，俗称米猪肉、豆猪肉。我国将其列为二类动物疫病。

1. 流行病学检疫

（1）易感动物　　中间宿主是猪、野猪和人，犬、猫亦可感染，终末宿主是人。

（2）传染源　　人有钩绦虫病的感染源为猪囊虫，猪囊虫病的感染源是人体内寄生的有钩绦虫排出的孕卵节片和虫卵。感染猪有钩绦虫的患者每天向外界排出孕卵节片和虫卵，且可持续排出数年甚至 20 余年，这样，猪就长期处于感染的威胁之中。

（3）传播途径　　当人吃进生的或未经无害化处理的含囊尾幼虫的肉，即可在肠道中发育成绦虫，出现贫血、消瘦、腹痛、消化不良、拉稀等症状。

（4）流行特点　　猪囊虫病呈全球性分布，但主要流行于亚、非、拉的一些经济欠发达的国家和地区。我国虽有 26 个省、市、自治区报道过本病，但主要发生于东北、华北和西北地区及云南、广西与西藏的部分地区；沿海地区和长江流域地区已极少发生；东北地区感染率仍较高。近年来，由于国家加强了肉食品的安全检查和人民生活条件大为改善，本病的发生率已呈逐步下降的趋势。

2. 临诊检疫

轻度感染者无明显症状。严重感染及囊虫寄生数量较多的猪，其肩胛部明显增宽、增厚，肩胛部和臀部肌肉隆起、突出，呈葫芦形。病猪被毛粗乱、无光泽，眼睛发红，喜卧，不爱走动，睡觉时发出鼾声。有的病猪叫声嘶哑，心跳和呼吸加快，并伴有短促的咳嗽声。由于寄生的部位不同，出现的症状也不同，如寄生在脑部则出现癫痫、痉挛，寄生在咽喉肌肉时则叫声嘶哑、呼吸加快、常有咳嗽，寄生在四肢肌肉时则出现跛行，寄生于舌和咬肌时常引起舌肌麻痹、咀嚼困难等。

宰后检验时见心肌、肩胛外侧肌、股部内侧肌等的囊尾蚴呈卵形，囊体呈圆形乳白色半透明，米粒至黄豆大，囊内充满无色液体，囊壁为一层薄膜，壁上有一圆形乳白色头节，囊包直径 5～8mm，眼观钙化囊虫的包囊可见大小不等的黄白色颗粒。近年来在宰后检疫中发现猪囊虫的形态特征有较大变化，头节的发育不明显，可能与饲养方式改变、周期缩短和所感染的囊虫还未到成熟期即已出栏有关，这种未成熟的囊尾蚴对人体有潜在的危害性，检疫时应注意这一变化。

3. 病理剖检检疫

患猪多呈现慢性消耗性疾病的一般症状，常表现为营养不良，生长发育受阻，被毛长而粗乱，贫血，可视黏膜苍白，且呈现轻度水肿。

患猪腮部肌肉发达，前膀宽，胸部肌肉发达，而后躯相应的较狭窄，即呈现雄狮状，前后观察患猪表现明显的不对称。

患猪睡觉时，外观其咬肌和肩胛肌皮肤常表现有节奏性的颤动，患猪熟睡后常打呼噜，且以深夜或清晨表现得最为明显。

外观患猪的舌底、舌的边缘和舌的系带部有突出的白色囊泡，手摸猪的舌底和舌的系带部可感觉到游离性的米粒大小的硬结。

患猪眼球外凸、饱满，用手指挤压猪的眼眶窝皮肤可感觉到眼结膜深处有似米粒大小的游离的硬结；翻开猪的眼睑可见眼结膜充血，并有分布不均的米粒状白色透明的隆起物。

生前辨认猪囊虫病，应根据猪的临床表现进行综合分析，并结合屠宰后在猪的肌肉（如咬肌、舌肌、膈肌、肋间肌、心肌及颈、肩、腹部肌肉）中观察到白色半透明，如蚕豆大小的透明状囊泡，囊泡中有小米粒大小的白点，即可确诊，切不可以片面观察猪的其中一点或几点临床症状而确诊，避免误诊。

4. 实验室检疫

生前诊断比较困难，可以检查眼睑和舌部，查看有无因猪囊虫引起的豆状肿胀。触摸到舌根和舌的腹面有稍硬的豆状疙瘩时，可作为生前诊断的依据。

宰后检验咬肌、腰肌等骨骼肌及心肌，检查是否有乳白色的、米粒样的椭圆形或圆形的猪囊虫。钙化后的囊虫，包囊中呈现有大小不一的黄色颗粒。现行的肉眼检查法，其检出率仅有 50%～60%，轻度感染时常发生漏检。

人脑囊虫病的诊断，除根据患者的临诊症状外，可采用间接血凝试验、间接荧光抗体技术、酶联免疫吸附试验和皮内反应试验等免疫诊断法进行确诊。近年来上述血清免疫学诊断方法也已被应用于猪囊虫病的诊断上。

5. 检疫后处理

饲养管理：要彻底淘汰原始落后的散养、自由采食的饲养方法，全面实行规模化、集约化饲养或者圈养；在采用圈养的地方，应改革厕所与猪圈的设置，取消连茅圈，不让猪吃到人的粪便；要采用快速养猪法，淘汰原始饲养法；淘汰土种猪，选用优良品种猪；使用全价和颗粒料，缩短育肥周期。在此病多发区，可对仔猪进行免疫疫苗预防注射。

无害化处理：对在宰后检验过程中发现的患囊虫病肉品，检验人员应严格按照中华人民共和国国家标准《病害动物和病害动物产品生物安全处理规程》（GB 16548—2006）的规定进行无害化处理。对患病猪污染过的环境进行严格消毒。

监督：动物防疫执法部门应对进入流通环节的动物及动物产品，严格依法实施监督检查，坚决打击各种违法经营行为，对出售猪囊虫肉的不法商贩坚决打击，并严肃处理。杜绝患囊虫病动物、动物产品上市流通。

宣传：一是向广大消费者大力宣传搞好肉品卫生的意义和猪囊虫病对人体健康的危害性，使人自觉讲究饮食卫生，防止有钩绦虫卵随饮食进入体内。二是做到不买、不食用未经检疫或者未充分煮熟的肉品。三是作肥料用的人畜粪便必须先经过无害化处理后再用，未经处理过的人畜粪便禁止直接作为肥料，更不得作为蔬菜瓜果的地表肥料直接撒在蔬菜瓜果上。四是在有钩绦虫患者较多的地方，应积极采取措施定期驱虫，并及时治疗患病者，以彻底消灭传染源。

（二）猪弓形虫病

猪弓形虫病（toxoplasmosis）是由刚第弓形虫寄生于人、畜、野生动物有核细胞内引起的一种原虫病，通过口、眼、鼻、呼吸道、肠道及皮肤等途径侵入猪体。以高热、呼吸及神经症状及繁殖障碍为特征。我国将其列为二类动物疫病。

1. 流行病学检疫

（1）易感动物　人、畜、禽和多种野生动物对弓形虫均具有易感性，其中包括200余种哺乳动物，70种鸟类，5种变温动物和一些节肢动物。在家畜中，对猪和羊的危害最大，尤其对猪，可引起暴发性流行和大批死亡。在实验动物中，以小鼠和地鼠最为敏感，豚鼠和家兔也较易感。

（2）传染源　主要是患者、病畜和带虫动物，其血液、肉、内脏等都可能有弓形虫。已从乳汁、唾液、痰、尿和鼻等分泌物中分离出弓形虫；在流产胎儿体内、胎盘和羊水中均有大量弓形虫的存在。如果外界条件有利于其存在，就可能成为感染源。据调查，含弓形虫速殖子或包囊（慢殖子）的食用肉类（如猪、牛、羊等）加工不当，是人群感染的主要来源。有生食或半生食习惯的人群，其血清阳性率明显高于一般人群，即可间接证明这一点；并有因食用生拌牛肝而发生急性弓形虫病的报告。

（3）传播途径　以经口感染为主，动物之间相互捕食和吃未经煮熟的肉类为感染的主要途径。此外，也可经损伤的皮肤和黏膜感染。在妊娠期感染本病后，可通过胎盘感染胎儿。

（4）流行特点　我国已从猪、牛、羊、马、鹿、猫、兔、豚鼠、鸡、黄毛鼠和褐家鼠等动物分离出弓形虫。经血清学或病原学证实为自然感染的动物有：猪、黄牛、水牛、马、驴、骡、山羊、绵羊、鹿、猫、兔、鸡、褐家鼠、黄毛鼠、黄鼠、家小鼠、旱獭和熊，其中以猪和猫在弓形虫的传播上具有最重要的意义。血清学调查证实猪血清阳性率最高，一般都在20%以上，个别猪场达60%以上。家畜弓形虫病一年四季均可发病，但一般以夏秋季居多。云南牛弓形虫病的发病季节十分明显，多发生于每年气温在

25～27℃的 6 月份。我国大部分地区猪的发病季节为每年的 5～10 月份。

2. 临诊检疫

10～50kg 的仔猪发病尤为严重。多呈急性经过。死亡率可达 30%～40%，成年猪急性发病较少，多呈隐性感染。病猪突然废食，体温升高至 41℃以上，稽留 7～10d。呼吸急促，呈腹式或犬坐式呼吸；流清鼻涕；眼内出现浆液性或脓性分泌物。常出现便秘，呈粒状粪便，外附黏液，有的患猪在发病后期拉稀，尿呈橘黄色。少数发生呕吐。患猪精神沉郁，显著衰弱。发病后数日出现神经症状，后肢麻痹。随着病情的发展，在耳翼、鼻端、下肢、股内侧、下腹等处出现紫红斑或有小点出血。有的病猪在耳壳上形成痂皮，耳尖发生干性坏死。最后因呼吸极度困难和体温急剧下降而死亡。孕猪常发生流产或死胎。有的发生视网膜脉络膜炎，甚至失明。有的病猪耐过急性期而转为慢性，外观症状消失，仅食欲和精神稍差，最后变为僵猪。

宰后检验时，呈慢性或隐性感染的猪弓形虫病猪，在宰前检疫时不易检出，但在宰后剖检中都具有典型的规律性的病理变化。可见全身淋巴结呈急性肿胀，而尤以肠系膜淋巴结、胃淋巴结、肝门淋巴结、肺气管淋巴结明显，有的可达核桃大甚至鸡蛋大。外观多呈斑（点）状出血或弥漫性出血，也有的仅呈灰白色。部分病变淋巴结周围常呈黄色胶样浸润。切面呈"髓样肿"，湿润多汁，切面外翻，有粟粒大小灰白色或灰黄色坏死灶。肝大、质脆，表面有点状出血和坏死灶（特征性病变）。

3. 病理剖检检疫

主要特征为急性病例主要见于仔猪，出现全身性病变，淋巴结、肝、肺和心脏等器官肿大，并有许多出血点和坏死灶。肠道重度充血，肠黏膜上常可见到扁豆大小的坏死灶。肠腔和腹腔内有多量渗出液。病理组织学变化为网状内皮细胞和血管结缔组织细胞坏死，有时有肿胀细胞的浸润；弓形虫的速殖子位于细胞内或细胞外。慢性病例可见有各脏器的水肿，并有散在的坏死灶；病理组织学变化为明显的网状内皮细胞的增生，淋巴结、肾、肝和中枢神经系统等处更为显著，但不易见到虫体。慢性病变常见于年龄大的猪。隐性感染的病理变化主要是在中枢神经系统（特别是脑组织）内 见有包囊，有时可见有神经胶质增生性和肉芽肿性脑炎。

4. 实验室检疫

涂片检查：采取胸、腹腔渗出液或肺、肝、淋巴结等做涂片检查。肺涂片的背景较清楚，检出率较高。涂片标本自然干燥后，甲醇固定，姬氏液或瑞氏液染色后，置显微镜油镜下检查。弓形虫速殖子呈橘瓣状或新月形，一端较尖，另一端钝圆，长 4～7μm，宽 2～4μm，色浆蓝色，中央有一紫红色的核。有时在宿主细胞内可见到数个到数十个正在繁殖的虫体，呈柠檬状、圆形、卵圆形等。被寄生的细胞膨胀，形成直径达 15～40μm 的囊，即所谓假囊或称虫体集落。

血清学诊断：国内外已研究出多种血清学诊断方法，当前采用的有用胶乳凝集反应、血细胞凝集试验、中和抗体试验、补体结合反应、染色试验、荧光抗体法等。国内应用较广的为间接血凝试验。猪血清间接血凝集价达 1∶64 时可判为阴性。1∶256 表示最近感染，1∶1024 表示活动性感染。通过试验发现，猪感染弓形虫 7～15d 后，间接血凝抗体滴度明显上升，20～30d 后达高峰，最高可达 1∶2048，以后逐渐下降，但间接血凝阳性反应可持续半年以上。

5. 检疫后处理

禁止猫进入猪圈舍，防止猫粪便污染猪的饲料和饮水。为消灭土壤和各种物体上的卵囊可用 55℃以上的热水或 0.5% 氨水冲洗，并在日光下曝晒。由于许多昆虫（食粪甲虫和污蝇等）和蚯蚓能机械传播卵囊，所以尽可能消灭圈舍内的甲虫和污蝇，避免猪吃到蚯蚓。

做好猪舍的防鼠灭鼠工作，禁止猪吃到鼠及其他动物尸体，禁止用屠宰废物和厨房垃圾、生肉汤水喂猪（必要时可煮熟后喂猪），以防猪吃到患病和带虫动物体内的滋养体和包囊而感染。

流产胎儿及排泄物也含有滋养体，所以要严格处理好流产胎儿及排泄物，流产场地要严格消毒。便、尿中也含有滋养体，所以除了禁止猫进入猪舍，防鼠灭鼠外，也不要与其他动物接触，人大小便和吐痰均不要在猪的圈舍内进行。

剔除病变部分作工业用或销毁，其余部分高温处理出场。

（三）日本血吸虫病

日本血吸虫病是由日本血吸虫寄生于人、牛、羊等的门静脉系统引起的一种人畜共患的寄生虫病，俗称血吸虫病。由皮肤接触含尾蚴的水而感染，主要病变为肝脏与结肠由虫卵引起的肉芽肿。我国将其列为二类动物疫病。

1. 流行病学检疫

（1）易感动物　除牛、羊、猪、犬、马以外，还有家兔、沟鼠、大鼠、小鼠等。

（2）传染源　带虫的哺乳动物和人都是本病的传染源。中间宿主钉螺属湖北钉螺，只分布在淮河以南地区，无钉螺的地方，均不流行本病。

（3）传播途径　主要通过皮肤、黏膜与疫水接触受染。动物的感染与年龄、性别无关，只要接触含尾蚴的水，同样都能感染，但黄牛、犬等动物感染尾蚴后，虫体发育率高，粪便中排卵时间长，而在水牛和马中虫体发育率低，粪便中排卵时间短，虫体在水牛体内存活寿命较短，一般 2～3 年，但在黄牛体内寿命可达 10 多年，孕母畜可通过胎盘或感染胎儿。

（4）流行特点　由于钉螺活动和尾蚴逸出都受温度影响，因此本病感染又有明显的季节性，一般 5～10 月为感染期，冬季通常不发生自然感染。

2. 临诊检疫

牛感染日本血吸虫后，可呈现急性型和慢性型。

急性型：体温升到 40℃以上，呈不规则的间歇热。食欲减退，精神迟钝。急性感染 20d 后发生腹泻，转下痢，粪便夹杂有血液和黏稠团块。贫血、消瘦、无力，严重可引起死亡。

慢性型：吃草不正常，时好时差，精神较差，有的病牛腹泻，粪便带血，日渐消瘦，贫血，母牛不孕或流产，犊牛生长发育缓慢。

还有些牛症状不明显，而成为带虫牛。绵羊、山羊、猪和马症状较轻，多为慢性或带虫畜。

3. 病理剖检检疫

病畜尸体消瘦，贫血，皮下脂肪萎缩，肝脾肿大，被膜增厚呈灰白色，肝脏有沙粒状灰白颗粒（虫卵肉芽肿）。肠壁肥厚，浆膜面粗糙，并有淡黄色黄豆样结节，以直肠最为严重，黏膜形成瘢痕组织和乳头样结节，其内往往有虫卵。肠系膜淋巴结肿大，门静脉血管肥厚，在其内可能找到虫卵。

4. 实验室检疫

根据流行病学、临床症状和病理变化可做出初步诊断，确诊需进一步做实验室诊断。实验室诊断最适用的是粪便虫卵毛蚴孵化法。此外，也可以用血清学诊断。

（1）粪便虫卵毛蚴孵化法 取新鲜粪便 100g 左右，反复洗涤沉淀或尼龙筛兜内清洗后，将粪渣放在 22～26℃的条件下孵化数小时，用放大镜观察水中有无游动的毛蚴。

（2）粪便虫卵检查法 用反复水洗沉淀法，镜检粪渣中的虫卵或刮取直肠黏膜溃疡部位，压片镜检虫卵。

（3）环卵沉淀反应 以受检血清一滴置载玻片上，再加入冻干血吸虫卵 100 个，用盖玻片盖上并以蜡封，置 37℃温箱中培养 48h。取出置显微镜下观察，凡虫卵周围出现块状或索状的虫卵为阳性反应卵。阳性反应卵占全片虫卵的 2% 以上时，该血清判为阳性。

5. 检疫后处理

严格管理人畜粪便：不使新鲜粪便落入有水的地方，畜粪进行堆积发酵，不使用新鲜粪便做肥料，采取无害化处理。

安全用水：搞好饮水卫生，严禁家畜与疫水接触。

查螺灭螺：选择没有钉螺的地方放牧。消灭钉螺，可采用土埋、围垦及药物灭螺。灭螺药物有氯硝柳氨、茶子饼、石灰等。

安全放牧和安全防护：在多雨的年份和低洼易涝地区，可考虑定期或治疗性驱虫。定期驱虫的时间最好为 10～11 月份。所用药物为：①吡喹酮按 30mg/kg 体重，一次口服。② 硝硫氰胺（7505）按 2～3mg/kg 体重口服。

（四）旋毛虫病

旋毛虫病是由毛形科的旋毛形线虫（*Trichinella spiralis*）成虫寄生于肠管，幼虫寄生于横纹肌所引起的重要的人畜共患寄生虫病。我国将其列为二类动物疫病。

1. 流行病学检疫

（1）易感动物 宿主包括人、猪、犬、猫、鼠、熊、狐、狼、貂和黄鼠狼等 120多种哺乳动物，甚至连不吃肉的鲸也能感染旋毛虫。

（2）传染源 许多昆虫（如蝇蛆和步行虫）也能吞食动物尸体内的旋毛虫包囊，并能使包囊的感染力保持 6～8d，因而也能成为易感动物的感染源。

（3）传播途径 据调查，鼠旋毛虫的感染率较高，猪感染旋毛虫的主要来源是吞食老鼠。另外废肉水、生肉屑和其他动物尸体亦可能是猪感染旋毛虫的来源。据动物试验证明，从粪便中排出未被彻底消化的肌纤维，其中含有幼虫包囊，食入宿主粪便中的旋毛虫幼虫，也可引起感染。粪便感染的方式以宿主感染后 4h 所排粪便的感染力最强，经 24h 后粪便感染的机会则相当小。人群中也有发生这种传播方式的可能性。

（4）流行特点 旋毛虫病分布于世界各地。肌肉中包囊幼虫对外界环境的抵抗力很强，在−20℃时可保持生命力 57d；在腐败的肉里或尸体内可存活 100d 以上；盐渍或烟熏不能杀死肌肉深层的幼虫。腐败的动物尸体内因可长时间保存旋毛虫的感染力，往往成为其他动物的感染源。犬的活动范围更广，可以吃到多种动物的尸体，因而其旋毛虫的感染率远远大于猪。人感染旋毛虫病主要是嗜食生肉或肉品烹调不当，误食含有活的旋毛虫包囊而致。

2. 临诊检疫

猪和犬对旋毛虫有较强的耐受力，在临诊上几乎无任何可见的症状。据试验，一个人按每千克体重吞食 5 条旋毛虫即可致死，而猪要 10 条以上。猪感染时，肠型期对胃肠道的影响极小，常常不显示临诊症状。肌型期导致的病变在肌肉，可见肌细胞横纹消失、萎缩和有纤维增生等。

但当人感染大量旋毛虫时，则可出现严重的症状，肠型期主要表现为肠炎，有时可出现带血的腹泻，其病变为炎症、黏膜增厚、水肿、黏液增多和淤血性出血，少见溃疡。感染后 15d 左右，幼虫进入肌肉，出现肌型期症状，其发病特征为急性肌炎、发热和肌肉疼痛；同时出现吞咽、咀嚼、行走和呼吸困难；眼睑水肿、食欲缺乏、显著消瘦。如不及时治疗可因呼吸肌麻痹、心肌及其他脏器的病变和毒素的作用而引起死亡。

3. 病理剖检检疫

幼虫侵入肌肉时，肌肉急性发炎，表现为心肌细胞变性，组织充血和出血。后期，采取肌肉做活组织检查或死后肌肉检查发现肌肉表现为苍白色，切面上有针尖大小的白色结节，显微镜检查可以发现虫体包囊，包囊内有弯曲成折刀形的幼虫，外围有结缔组织形成的包囊。成虫侵入小肠上皮时，引起肠黏膜发炎，表现黏膜肥厚、水肿，炎性细胞浸润，渗出增加，肠腔内容物充满黏液，黏膜有出血斑，偶见溃疡出现。

4. 实验室检疫

目前所用的方法有目检法、压片镜检法或投影法、肌肉集样消化法、血清学方法、旋毛虫荧光染色法、变态反应等方法。全国生猪屠宰厂（场）大都采用目检法。大型肉联厂采用镜检法，也有采用以上两法相结合的方式，如有疑问再使用肌肉集样消化法。

目检法：检疫人员首先在屠猪开膛后的横膈肌采取不少于 25g，作为检疫肉样。先查看膈肌表面的脂肪及肌膜，将肌肉纵向拉平，仔细观察先看后者深层肌纤维，寻找可疑的小白点。同时顺肌纤维方向剖开横膈肌角观察，见有脂肪样小点或露滴状病灶，即做好标记镜检。按不同部位的 4 个侧面用医用剪刀顺着肌纤维各剪取似米粒状的 6 个小肉粒依次附贴于 2 块载玻片上，每块 12 粒，两块合计 24 粒以供镜检。

压片镜检法：将两块各有 12 粒肉样的载玻片合并为一，稍用力压扁后，置于放大 50～80 倍的显微镜或投影仪下观察；逐个检查 24 个肉样压片的每个视野。

肌肉集样消化法：程序为采样（横膈肌 25～30g）—捣碎—消化—集虫—镜检—复查—处理。具体操作方法如下：①每头猪采肉样不少于 25g，编号（与胴体编为同一号码）送旋毛虫检疫室。检疫员从每头猪肉样上剪取 19 小块，分别以 10、50、100 头为一组。②肉样捣碎：将一组肉样的检样置于组织捣碎，原则是要求在不绞碎虫体的前提下，尽量使肌肉组织被捣碎机捣碎。③消化：将消化液［含 0.7% 盐酸、1% 胃蛋白酶（活性 1：3000）和 0.85% 氯化钠］预热至（45＋2）℃与肉样按 30ml：1g 的比例加入搅拌器中。在 40～50℃温度中搅拌消化，30min 或同温下以 80 次 /min 振荡 60～70min。④集虫：离心沉淀。先在分液漏斗中沉淀 30min，放出 40ml 于离心管内 2000r/min 离心 10min，弃去 30ml 上清液，剩下 10ml 倒入平皿内，先用 50 目筛，除去粗渣，再用 100 目筛过滤。⑤镜检：使用 80 倍显微镜检查，如发现包囊虫体或钙化虫体，每组每次检出阳性达 50% 以上时，根据编号即固定可疑病猪采肉样，然后再行复查。⑥复查：采取膈肌和肋间肌等肉样,按上述程序方法检查。⑦处理:如确认是肌旋毛虫,即按法定要求做无害化处理。这种方法旋毛虫检出率高,但缺点是不能检出住肉孢子虫。因住肉孢子虫体与肉样肌纤维经消化后就不能检出了。

5. 检疫后处理

如果发现旋毛虫,应根据号码查对肉尸、内脏和头等按照 1959 年农业部、卫生部、对外贸易部、商业部联合颁布的《肉品卫生检验试行规程》统一进行处理。

宰后检验在 24 个肉片标本内,发现包囊或钙化的旋毛虫不超过 5 个者,横纹肌和心脏高温处理后出场;超过 5 个以上者,横纹肌和心脏做工业用或销毁。

上述两种情况的皮下及肌肉间脂肪可炼食用油,体腔内脂肪不受限制出场。

肠可供制肠衣,其他内脏不受限制出场。

(五)棘球蚴病

棘球蚴病也称包虫病,是由棘球绦虫的幼虫棘球蚴引起的一种人畜共患寄生虫病。牛、羊、猪、野生动物和人均可感染,但以绵羊和牛受害最重。人的感染是因误食有棘球蚴的生肉或未煮熟肉而发生。

1. 临诊检疫

绵羊、牛、猪,每年早春可见大批死亡。特征是营养障碍、消瘦、发育不良、衰弱、呼吸困难。宰后检验可见肝、肺、脾、脑和全身组织中,包囊大小不一,小的豆粒大,大的如人头,或单个存在或成堆寄生,用手触摸稍坚硬而又有波动感,与周围组织没有明显界限,常使寄生部位凹凸不平。包囊壁不透明的,厚而坚韧,切开包囊有黄白色液体流出,液体内有许多砂砾状白色颗粒。

2. 检疫处理

严重感染者,整个胴体和内脏作工业用或销毁;病变轻微者,剔除病变部分销毁,其余部分高温处理后出场。

实训

布鲁菌的实验室检疫

【实训目的】掌握布鲁菌病的细菌学、血清学诊断及变态反应等检疫方法。

家畜布鲁菌病的检疫,即通过流行病学调查、临诊检查、细菌学检查、血清学诊断及变态反应等方法,检出畜群中的患畜。实验诊断的材料可采取胎儿、胎衣、阴道分泌物、乳汁、血液、血清、动物尸体及马脓肿中的脓汁等。

一、细菌学检查

(一)染色检查

病料以绒毛叶渗出液、胎儿的胃内容物及肺脏、阴道分泌物及脓肿中的脓汁,以及培养物等制成抹片,除用革兰氏染色法染色外,应用鉴别染色法进行显微镜检查。布鲁菌为球杆菌,(0.5~0.7)μm×(0.6~1.5)μm,无鞭毛,不产生芽孢,不呈两极浓染,病料抹片呈密集菌丛,成对或单个排列,短链较少,革兰氏染色阴性。它虽然不是抗酸性细菌，但可抵抗脱色用的弱酸，如0.5%乙酸。这种特性结合布鲁菌鉴别染色技术用于诊断有一定实际意义。下面将列出两种较常用方法。

1. 改良 Ziehl-Neelsen 氏法

该法适于作胎膜和流产胎儿内容物染色之用。流产数日内取阴道拭子制作抹片，也可用此法染色。

具体方法如下：①抹片晾干，在火焰上固定。②用 Ziehl-Neelsen 石炭酸复红原液的1：10稀释液染10～15min（原液为碱性复红1g，溶于10ml无水乙醇中，加入5%石炭酸溶液90ml）。③水洗后，用0.5%乙酸脱色15～30s。④充分水洗后，用1%美蓝复染20～60s。⑤水洗、干燥、镜检。

布鲁菌染成红色，背景为蓝色。在胎膜抹片中经常看到布鲁菌在染成蓝色的组织细胞中集结成团。此法对诊断绵羊地方流行性流产、胎儿弯杆菌及其他传染病也有价值。用此法染色时，胎儿弯杆菌和衣原体也染成红色，但可以从形态上区别。

2. 改良 Koster 氏法

具体方法如下：①抹片自然干燥，用火焰固定。②用新配制的番红和氢氧化钾混合液（番红饱和水溶液2份与1mol/L氢氧化钾5份混合）染1min。③水洗后，用0.1%硫酸脱色10s（或在10～20s内用0.1%硫酸处理两次）。④水洗后，用1%美蓝复染3s。布鲁菌呈橘红色，背景为蓝色。

（二）培养

布鲁菌在普通培养基上虽可生长，但更适宜的是肝汤培养基，有些菌株需要有血清或吐温40（Tween40）才能生长，所以血清葡萄糖琼脂或吐温葡萄糖琼脂被认为是较好的常规培养基。此外，有的以胰蛋白胨（tryptose）琼脂、胰蛋白酶消化大豆（trypticase-soy）琼脂及 Albimi Brucella agar（ABA）为最常用的基础培养基。在这些常用培养基内每100ml中加入放线酮（cycloheximide）10mg，杆菌肽（bacitracin）2500单位，乙种多黏菌素（polymyxin B）600单位及乙基紫最终浓度80万分之一。也可在常用培养基内加入结晶紫（最终浓度为70万分之一至20万分之一），或乙基紫80万分之一制成选择培养基。

未经污染的材料接种于血清琼脂或肝汤琼脂上进行培养。为了抑制杂菌生长，特别是有可能被污染的材料接种于选择培养基上。同时接种两份，一份置于含有10%CO_2的密封容器中，以利在初分离时，需要CO_2的布鲁菌生长。

（三）动物试验

在试验动物中，豚鼠用于布鲁菌的分离检查为最适宜。将布鲁菌注射于豚鼠皮下或腹腔后，将发生慢性疾病，表现脾大、肝与肾有炎性坏死小病灶。注射3～4周已能在脾和淋巴结中找到细菌。小鼠、家兔、大鼠也用作试验动物。病料内含菌量少而能检出的可靠方法就是接种豚鼠。如果病料污染较轻，可接种于豚鼠腹腔内，如果病料系乳汁或腐败组织，可做皮下或肌肉注射。接种乳汁时，取20ml乳样离心，将其沉淀物和乳皮层混合，接种两只豚鼠，每只接种一半混合物。每种病料至少接种豚鼠两只，一只在接种后 3 周剖杀，另一只在 6 周剖杀。剖杀前须采血作凝集反应，滴度 1∶5 以上者为阳性。剖检豚鼠时，须注意肉眼可见病灶，如淋巴结肿大，肝的坏死灶，脾大或发生结节，睾丸及附睾脓肿，四肢关节肿胀等。脾和接种部位的淋巴结及其他有病灶的组织均应剪碎，接种于不含抑菌染料或抗生素的固体培养基上。最好用血清葡萄糖琼脂。若剖杀前的血清凝集反应为阳性，即使剖检时的培养为阴性，也可诊断为布鲁菌病。

二、血清学诊断

应用血清学方法检出血清中有抗体存在，则说明被检动物为布鲁菌病患畜。动物感染布鲁菌以后首先出现的是凝集抗体，再过一段时间才出现补体结合抗体，最后产生变态反应性。补体结合反应有高度特异性，其阳性反应与感染的符合率，比血清凝集试验与感染的符合率高。此种方法用来鉴别注苗后和自然感染所引起的血清学反应很有价值，如 4~8 个月犊牛注射 19 号菌苗，山羊注射 Rev1 号菌苗，经过 6 个月后补体结合反应为阴性，而血清凝集反应仍为阳性或可疑。

我国的家畜布鲁菌病检疫应用的方法主要是凝集试验、补体结合试验及变态反应试验。

1. 试管凝集反应

反应按 GB/T 18646—2002《动物布鲁氏菌病诊断技术》进行。

（1）材料准备　抗原：由制标单位提供，按说明书使用。

被检血清：必须新鲜，无明显蛋白质凝固，无溶血现象和腐败气味。

阳性血清和阴性血清：由兽医生物药品厂生产供应。

稀释液：0.5% 石炭酸生理盐水，用化学纯石炭酸与氯化钠配制，经高压灭菌后备用。

检疫羊用稀释液：用含 0.5% 石炭酸的 10% 氯化钠溶液。

凝集试管、试管架、吸管及温箱。

（2）操作步骤　按常规方法采血分离血清。

被检血清稀释度：一般情况，牛、马和骆驼用 1∶50、1∶100、1∶200 和 1∶400 四个稀释度；猪、山羊、绵羊和狗用 1∶25、1∶50、1∶100 和 1∶200 四个稀释度。大规模检疫时也可用两个稀释度，即牛、马和骆驼用 1∶50 和 1∶100；猪、羊、狗用 1∶25 和 1∶50。

稀释血清和加入抗原的方法：以羊、猪为例，每份被检血清用 5 支小试管（8~10ml），第 1 管加入稀释液 2.3ml，第 2 管不加，第 3、4、5 管各加入 0.5ml，用 1ml 吸管取被检血清 0.2ml，加入第 1 管中，混匀（一般吸吹 3~4 次）。吸取混合液分别加入第 2 管和第 3 管各 0.5ml，将第 3 管混匀，吸 0.5ml 加入第 4 管，第 4 管混匀吸取 0.5ml 加入第 5 管，第 5 管混匀后弃去 0.5ml。如此稀释后从第 2 管起，血清稀释度分别为 1∶12.5、1∶25、1∶50 和 1∶100。然后将 1∶20 稀释的抗原由第 2 管起，每管加入 0.5ml，血清最终稀释度由第 2 管起依次为 1∶25、

1∶50、1∶100 和 1∶200。

牛、马和骆驼的血清稀释和加抗原的方法与前述一致，不同的仅第 1 管加稀释液 2.4ml 及被检血清 0.1ml。加抗原后从第 2 管到第 5 管血清稀释度依次为 1∶50、1∶100、1∶200 和 1∶400。

每次试验须做 3 种对照，阴性血清对照的稀释与受检血清相同，阳性血清对照须将血清稀释到其原有滴度，其他步骤同上。抗原对照按 1∶20 稀释的抗原液 0.5ml，再加 0.5ml 稀释液，观察抗原是否有自凝现象。

每次试验须制备比浊管，作为判定结果的依据，配制方法即先将 20 倍稀释抗原加等量稀释液作 2 倍稀释，然后按表 1-1 比例配制。

表 1-1　比浊管配制方法

管号	抗原稀释液 /ml	试验用稀释液 /ml	清亮度 /%	标记
1	0.0	1.0	100	＋＋＋＋
2	0.25	0.75	75	＋＋＋
3	0.5	0.5	50	＋＋
4	0.75	0.25	25	＋
5	1.0	0.0	0	－

全部试管充分振荡后，置 37～38℃温箱中，22～24h 后用比浊管对照检查记录结果。出现 50% 以上凝集的最高稀释度就是这份血清的凝集价，因此 50% 亮度的比浊管很重要。

（3）结果判定　牛、马和骆驼血清凝集价为 1∶100 以上，猪、羊和狗 1∶50 以上者，判为阳性。牛、马和骆驼血清凝集价为 1∶50，猪、羊和狗为 1∶25 者判为可疑，可疑反应的家畜经 3～4 周重检，牛、羊重检时仍为可疑，判为阳性。猪和马重检时仍为可疑，但农场中未出现阳性反应及无临诊症状的家畜，判为阴性。

鉴于猪血清常有个别出现非特异性凝集反应，在试验时须结合流行病学判定结果。如果出现个别弱阳性（如凝集价为 1∶200～1∶100），但猪群中均无临诊症状（流产、关节炎、睾丸炎），可以考虑此种反应为非特异性，经 3～4 周可采血重检。

2. 平板凝集反应

反应按 WS 268—2007《布鲁氏菌病诊断标准》进行。

（1）操作步骤　最好用平板凝集试验箱。无此设备可用清洁玻璃板，划成 4cm² 方格，横排 5 格，纵排可以数列，每一横排第一格写血清号码，用 0.2ml 移液器将血清以 0.08ml、0.04ml、0.02ml、0.01ml 分别依次加于每排 4 小方格内，吸管须稍倾斜并接触玻璃板，然后以抗原滴至垂直于每格血清上滴加 1 滴平板抗原（1 滴等于 0.03ml，如为自制滴管，须事先测定准确），或用 0.2ml 移液器每格加 0.03ml。用牙签或细金属棒将血清抗原混合均匀。一份血清用一根牙签，以 0.01、0.02、0.03 和 0.04 的顺序混合。混合完毕将玻板均匀加温约 300℃左右（无凝集反应箱可使用灯泡或酒精火焰），5～8min 按下列标准记录反应结果：

＋＋＋＋：出现大凝集片或小粒状物，液体完全透明，即 100% 凝集。

＋＋＋：有明显凝集片和颗粒，液体几乎完全透明，即75%凝集。

＋＋：有可见凝集片和颗粒，液体不甚透明，即50%凝集。

＋：仅仅可以看见颗粒，液体浑浊，即25%凝集。

－：液体均匀浑浊，无凝集现象。

平板凝集反应的血清量0.08ml、0.04ml、0.02ml和0.01ml，加入抗原后，其效价相当于试管凝集价的1∶25、1∶50、1∶100和1∶200。

每次平板凝集试验须以阴、阳性血清做对照。

（2）结果判定　判定标准与试管凝集反应相同。只是血清凝集价的格内分别换成0.08（1∶25）、0.04（1∶50）、0.02（1∶100）和0.01（1∶200）。

3. 虎红平板凝集试验

这种试验是快速玻片凝集反应。抗原是布鲁菌加虎红制成。它可与试管凝集及补体结合反应效果相比，且在犊牛菌苗接种后不久，以此抗原做试验就呈现阴性反应，对区别菌苗接种与动物感染有帮助。

（1）材料准备　布鲁菌虎红平板试验抗原由制标单位提供，可按说明书使用，阴、阳性血清同于试管凝集反应的阴阳性血清。

（2）操作步骤　被检血清和布鲁菌虎红平板凝集抗原各0.03ml滴于玻璃板的方格内，每份血清各用一支火柴棒混合均匀。在室温（20℃）4～10min内记录反应结果。同时以阳、阴性血清做对照。

（3）结果判定　在阳性血清及阴性血清试验结果正确的对照下，被检血清出现任何程度的凝集现象均判为阳性，完全不凝集的判为阴性，无可疑反应。

4. 全乳环状反应

这是用乳汁进行的凝集反应，命名为流产布鲁氏菌环状试验（abortus bang ring tast, ABR）。环状反应用于乳牛及乳山羊布鲁菌病检疫，以监视无病畜群有无本病感染。也可用于个体动物的辅助诊断。可从畜群乳桶中取样，也可从个别动物乳头取样。按GB/T 18646—2002《动物布鲁氏菌病诊断技术》进行。

（1）材料准备　抗原：由制标单位提供，按说明书使用。全乳环状反应抗原有两种，一种为苏木紫染色抗原，呈蓝色；另一种是四氮唑染色抗原，呈红色。

被检乳汁：须为新鲜全脂乳；凡腐败、变酸和冻结的不适于本试验用（夏季采集的乳汁应于当天内检验，如保存于2℃时，7d内仍可使用）。患乳房炎及其他乳房疾病的乳汁、初乳，脱脂乳及煮沸乳汁也不能做环状反应用。

（2）操作步骤　取新鲜全乳1ml加入灭菌小试管中，加入抗原1滴（约0.05ml）充分振荡混合，置37～38℃水浴中60min，小心取出试管，勿使振荡，立即进行判定。

（3）判定标准　判定时不论哪种抗原，均按乳脂的颜色和乳柱的颜色进行判定。

强阳性反应（＋＋＋）：乳柱上层的乳脂形成明显红色或蓝色环带，乳柱呈白色，分界清楚。

　　阳性反应（＋＋）：乳脂层的环带虽呈红色或蓝色，但不如"＋＋＋"显著，乳柱微红色或蓝色。

　　弱阳性反应（＋）：乳脂层环带颜色较浅，但比乳柱颜色略深。

　　疑似反应（±）：乳脂层环带不甚明显，并与乳柱分界模糊，乳柱带有红色或蓝色。

　　阴性反应（－）：乳柱上层无任何变化，乳柱呈均匀浑浊的红色或蓝色。

5. 补体结合反应

反应按《动物布鲁氏菌病诊断技术》进行。

（1）材料准备　　溶血素、补体、绵羊红细胞（2.5%）：来源同于一般补反试验。抗原和阴、阳性血清，由制标单位提供，按说明书使用。试验所用稀释液用0.85%生理盐水。

被检血清及阴、阳性血清：在试验时用生理盐水1∶10稀释，按下列畜别血清灭能温度灭能30min：羊、马血清58～59℃，驴、骡血清63～64℃，牛、猪血清56～57℃，骆驼54℃。

溶血素及补体效价的滴定，与一般补反试验相同。溶血素使用两个工作量，补体使用1个工作量。布鲁菌补反抗原滴定与鼻疽菌补反抗原滴定在术式上相同，而布鲁菌补反抗原实际使用的稀释度应比滴定的效价浓25%，如滴定的效价为1∶150，实际使用时应做1∶112.5稀释；如滴定效价为1∶100时，则做1∶75稀释使用。

（2）被检血清的正式试验　　将稀释好经灭能的受检血清加入2支三分管内，每管0.5ml。其中一管加工作量抗原0.5ml，另一支加稀释液0.5ml，每管均加0.5ml的工作量补体，振荡混匀。置37～38℃水浴20min，取出后放于室温（22～25℃），再向每管中各加入0.5ml 2单位的溶血素和0.5ml 2.5%红细胞悬液。充分振荡混匀。再置37～38℃水浴20min，之后取出立即进行第一次判定。

要求不加抗原的阳性血清对照管、阴性血清对照管及抗原对照管呈完全溶血反应。静置12h后做第二次判定，第二次判定时要求溶血素对照管、补体对照管呈完全不溶血反应。此时即可对被检血清进行判断。被检血清不加抗原管应是完全溶血，而加抗原管的判定按表1-2记录结果。

表1-2　标准比色管配制方法及反应判定标准

溶血程度/%	0	10	20	30	40	50	60	70	80	90	100
溶血溶液/ml	0	0.25	0.5	0.75	1.0	1.25	1.5	1.75	2.0	2.25	2.5
2.5%红细胞/ml	0.5	0.45	0.4	0.35	0.3	0.25	0.2	0.15	0.1	0.05	0
生理盐水/ml	2.0	1.8	1.6	1.4	1.2	1.0	0.8	0.6	0.4	0.2	0
判定符号	＋＋＋＋	＋＋＋＋	＋＋＋	＋＋＋	＋＋＋	＋＋	＋＋	＋＋	＋	＋	
判定标准	阳　性					疑　似				阴　性	

6. 变态反应试验

本试验是用不同类型的抗原进行布鲁菌病诊断的方法之一。布鲁菌水解素是变态反应试验的一种抗原，这种抗原专供绵羊和山羊检查布鲁菌病之用。

（1）操作步骤　　使用细针头，将水解素注射于绵羊或山羊的尾褶壁部或肘关节无毛处的皮内，注射剂量 0.2ml。注射前应将注射部位用酒精棉消毒。如注射正确，在注射部形成绿豆大小的硬包。注射一只后，针头应用酒精棉消毒，然后再注射另一只。

（2）结果判定　　注射后 24h 和 48h 各观察反应一次（肉眼观察和触诊检查）。若两次观察反应结果不符时，以反应最强的一次作为判定的依据。判定标准如下。

强阳性反应（＋＋＋）：注射部位有明显不同程度肿胀和发红（硬肿或水肿），不用触诊，一望而知。

阳性反应（＋＋）：肿胀程度虽不如上述现象明显，但也容易看出。

弱阳性反应（＋）：肿胀程度也不显著，有时须靠触诊才能发现。

疑似反应（±）：肿胀程度似不明显，通常须与另一侧皱褶相比较。

阴性反应（－）：注射部位无任何变化。

检疫后应将结果通知畜主，通知单样式如表 1-3 所示：

表 1-3　布鲁菌病检疫结果通知单

畜主		送检日期		检疫日期		编号
		送检人		通知日期		
畜别	畜号	凝集试验				补反		变态反应	判定	备注
		1：25	1：50	1：100	1：200	1：5	1：10			
检疫机关						检验人				

阳性牲畜，应立即移入阳性畜群进行隔离，可疑牲畜须于注射后 30d 进行第二次复检，如仍为疑似反应，则按阳性牲畜处理，如为阴性则视为健畜。

（尹卫卫　陈龙斌　张召兴　石玉祥

张艳英　张　平　韩　杰　张　莉）

第二章 养殖领域防疫检疫技术

第一节 养殖场防疫条件

养殖场要进行养殖业生产经营，必须取得《动物防疫条件合格证》，否则就不能从事养殖业生产。《中华人民共和国动物防疫法》（简称《动物防疫法》）和《中华人民共和国畜牧法》（简称《畜牧法》）明确规定，规模养殖场必须取得《动物防疫条件合格证》。2010 年，农业部颁布实施《动物防疫条件审查办法》（农业部令 2010 年第 7 号），对规模养殖场提出了动物防疫要求，旨在进一步规范防疫条件，有效控制动物疫病的发生和传播。

养殖场申请办理《动物防疫条件合格证》主要有五类情况：一是凭《动物防疫条件合格证》向工商行政管理部门进行登记注册，办理《个体工商户营业执照》；二是享受国家的优惠政策扶持；三是养殖占地需要畜牧部门出具相关证明；四是申请银行信贷；五是跨省调运动物的，需要审查养殖场《动物防疫条件合格证》。为了规范动物防疫条件审查，有效预防控制动物疫病，维护公共卫生安全，养殖场应当符合以下规定的动物防疫条件，取得《动物防疫条件合格证》。

根据《动物防疫条件审查办法》要求，养殖场（小区）必须符合选址、布局、设施设备等方面的条件。

一、选址

《动物防疫条件审查办法》第 5 条相关规定：饲养场（养殖小区）选址距离生活饮用水源地、动物屠宰加工场所、动物和动物产品集贸市场 500m 以上；距离种畜禽场 1000m 以上；距离动物诊疗场所 200m 以上；动物饲养场（养殖小区）之间距离不少于 500m；距离动物隔离场所、无害化处理场所 3000m 以上；距离人口集中区域及公路、铁路等主要交通干线 500m 以上。这是建场的基本条件，凡符合条件的准予建场；不符合条件的不允许建场或另觅场地，已建场的应拆除或作为非养殖生产场所。具体要求如下：

1. 选址

应坐落在周边集镇或居民点的下风向，北方一般刮西北风，下风向就是村落的东南方向。禁止在生活饮用水源保护区、风景名胜区、自然保护区内建场。

2. 地形地势

地形要平坦、规则、开阔，场地可稍有缓坡。建筑物宜选择向阳避风、地势高燥、通风良好的坡地，不宜选择北坡、山口地带或山坳里。

3. 土壤质地

要求土地坚实，毛细管作用弱，吸湿性、导热性小，质地均匀，透水透气性和抗压性强，以沙壤土地最为理想。

4. 场地面积

根据发放《动物防疫条件合格证》的规模要求，生猪年出栏 500 头、肉牛 50 头、肉鸡 5000 只以上，奶牛存栏 20 头、蛋鸡 2000 只以上的养殖场，养殖场面积应满足养殖生产的需要。

5. 水源电力

必须保证水源充足，水质符合生活饮用水标准，取用方便。选择距离电源较近的地方，村委给予一定的支持，以确保获得足够的比较稳定的电力。

6. 交通运输

要求交通比较方便，便于投入品及其畜禽进出。

二、布局

养殖场布局合理，会给以后养殖场的生产管理、动物防疫措施的实施带来便利。布局不合理，会给生产生活、饲养管理、疫病防治带来不便，甚至制造麻烦，造成经济损失。

必须结合其各功能区的风向、位置来确定布局是否符合动物防疫条件。按照《动物防疫条件审查办法》第 6 条规定，养殖场总体布局一般分为几个功能区，即办公区和生活区、生产辅助区、生产区和隔离区。生活区位于养殖场的上风向，保证良好的卫生条件，便于与外界联系；生产区与生活办公区分开，并有隔离设施；生产辅助区位于管理与生活区的下风向、生产区的上风向，包括饲料仓库、饲料加工车间、药房等。生产区是养殖场的主体，应与生活区、生产辅助区、隔离区严格隔离，生产区设立独立的围墙，生产区入口处设置更衣消毒室，各养殖栋舍出入口处设置消毒池或者消毒垫，生产区内清洁道、污染道分设，生产区内各养殖栋舍之间距离在 5m 以上或者有隔离设施；隔离区位于养殖场的下风向，分为引种隔离舍和患病动物隔离舍，与粪污通道相通。场区周围建有围墙；场区出入口处设置与门同宽，长 4m，深 0.3m 以上的消毒池。禽类饲养场（小区）内的孵化间与养殖区之间应当设置隔离设施，并配备种蛋熏蒸消毒设施，孵化间的流程应当单向，不得交叉或者回流；种畜场还应当设置单独的动物精液、卵胚胎采集等区域。

三、设施设备

兽医部门对养殖场进行设施检查时，主要检查场内消毒设备、采光和通风设施设备、建筑材料、防疫设备、无害化处理和污水污物处理设施设备、动物隔离舍和患病动物隔离舍等设施设备是否符合《动物防疫条件审查办法》第 7 条规定场区入口处配置消毒设备；生产区有良好的采光、通风设施设备；圈舍地面和墙壁选用适宜材料，以便清洗消毒；配备疫苗冷冻（冷藏）设备、消毒和诊疗等防疫设备的兽医室，或者有兽医机构为其提供相应服务；有与生产规模相适应的无害化处理、污水污物处理设施设备，主要有病死动物处理池（或焚尸炉）、粪便推挤发酵场、污水处理设施设备；有相对独立的引入动物隔离舍和患病动物隔离舍。具备以上设施，养殖场才能进行有序生产，保障动物疫病防控措施到位。

四、从业人员

《动物防疫条件审查办法》第 8 条规定，动物养殖场、养殖小区应当有与其养殖规模相适应的职业兽医或者乡村兽医。患有相关人畜共患传染病的人员不得从事饲养工作。

五、制度档案的建立

《动物防疫条件审查办法》第9条规定，养殖场、养殖小区应当按规定建立生产、免疫、用药、饲料使用、检疫申报、检疫情况、免疫检测、疫情报告、消毒、无害化处理、畜禽标识等制度及养殖档案。要求养殖场各种制度必须上墙，养殖档案各种记录必须完整规范，前后一致，具有逻辑性。种畜禽场还应当按国家规定，建立动物疫病的净化制度；应建立养殖档案，完整规范地记录养殖场的免疫程序、生产、投入品、消毒、免疫、诊疗、监测、病死动物无害化处理等情况，所有记录应保存2年以上。生猪必须加施畜禽标识，并录入免疫等相关信息，详细内容见第八节。

六、种畜禽场防疫条件

除符合以上5个方面要求外，种畜禽场防疫条件比其他养殖场的要求更高、制度更严格、设施更完备。也就是说，种畜禽场的动物防疫条件审查应更加严谨，管理更加严格。比如种畜禽要距离生活饮用水源地、动物饲养场、居民区及公路、铁路等主要交通干线1000m以上，无害化处理场所距离养殖场、动物诊疗场所、生活饮用水源地3000m以上。

第二节　养殖场防疫制度

一、养殖场防疫制度

1）自觉遵守《动物防疫法》、《畜牧法》、《畜禽标识和养殖档案管理办法》等法律法规，坚持"预防为主，防治结合，防重于治"原则，预防动物疫病发生，提高养殖效益。

2）养殖场（小区）配备与养殖规模相适应的畜牧兽医技术人员，建设符合动物防疫条件并依法申领《动物防疫条件合格证》。

3）养殖场（小区）法人为动物防疫工作主要责任人，负责组织落实动物防疫各项制度，定期做好场内环境清洁、消毒、灭鼠、灭蝇等工作，履行动物疫病综合防控职责。

4）提倡自繁自养，商品畜禽实行全进全出或分单元全进全出制饲养管理。

5）实行封闭性管理，生产区内禁养其他动物。定期对生产区、栏舍、用具等进行严格消毒。禁止无关人员、动物、车辆随意进出，对进出人员、车辆要严格消毒。

6）严格按规定做好强制免疫、消毒、病死畜禽无害化处理、检疫、调运备案、隔离观察、疫情报告、疫苗使用管理、疫病监测等防控工作。

7）严格按规定建立和规范填写防疫档案、免疫证（卡），加施免疫标识。各类档案记录应真实、完整、整洁并有相关人员签名。养殖档案和防疫档案保存时间：商品猪、禽为2年，牛为20年，羊为10年，种畜禽长期保存。

8）接受市畜牧水产局、市动物卫生监督所、乡镇畜牧兽医站和挂牌兽医的依法监管和抽样监测。

二、动物免疫制度

1）严格执行政府强制免疫计划和实施方案，严格按规定做好强制免疫病种及其他疫病的免疫工作，确保免疫密度和质量达到国家规定标准。

2）遵守国家关于生物安全管理规定，使用来自于合法渠道的合格疫苗产品。

3）严格按规定和疫苗说明书分类保管、储藏、规范管理疫苗。失效、废弃或残余疫苗及使用过的疫苗瓶一律按规定无害化处理，不乱丢弃疫苗及疫苗包装物。

4）落实养殖场（小区）按程序自主实施免疫制度，按需领用免费的国家强制免疫疫苗。领用前，应向当地乡镇（街道）畜牧兽医站报告畜禽种类、饲养规模、疫苗品种及用量等，经审核后方能领取疫苗。

5）建立疫苗出入库制度，严格按照要求贮运疫苗，确保疫苗的有效性。

6）严格按免疫操作规程、免疫程序实施免疫，确保免疫途径、部位、剂量等正确，确保有效性。疫苗接种及反应处置由取得合法资质的兽医进行或在其指导下进行。认真做好免疫各环节的消毒工作，防止带毒或交叉感染。

7）按照国家关于免疫标识管理的规定，疫苗接种后，在应当加施标识畜禽的指定部位加施标识。

8）定期对主要病种进行免疫抗体监测，及时改进免疫计划，完善免疫程序，落实补免措施，确保防疫质量，使养殖场的免疫工作更科学、更实效。

9）按规定做好免疫记录，填写免疫证（卡）。

10）接受市动物卫生监督机构或挂牌兽医的监管。

11）免疫接种人员按国家规定做好个人防护。

三、养殖场用药制度

1）场内预防性或治疗性用药，必须由兽医决定，其他人员不得擅自使用。

2）兽医使用兽药必须遵守国家相关法律法规，不得使用非法产品。

3）必须遵守国家关于休药期的规定，未满休药期的家禽不得出售、屠宰，不得用于食品消费。

4）树立合理科学的用药观念，不乱用药。

5）不擅自改变给药途径、投药方法及使用时间等。

6）做好用药记录，包括：动物品种、年龄、性别、用药时间、药品名称、生产厂家、批号、剂量、用药原因、疗程、反应及休药期。必要时应付医嘱：用药动物种类、休药期及医嘱等。

7）做好添加剂、药物等材料的采购和保管记录。

四、检疫申报制度

1）养殖场的畜禽在出售或迁移时，提前向当地县动物卫生监督机构或其派出的报检点申报检疫，并取得动物检疫合格证明。

2）养殖场的畜禽迁移出所在县（市）外，应将畜禽运至指定地点，向当地县（市）动物卫生监督机构或派出的换证处申报，并取得《出县境动物检疫合格证明》。

3）自宰自食畜禽，在屠宰前向当地县（市）动物卫生监督机构或者派出的报检点申报检疫，经检疫合格后，方可屠宰、食用。

4）引进种用畜禽，在引进之前，须向当地县（市）动物卫生监督机构申报备案并办理审批手续，依法批准后方可引入。引入后按规定进行隔离、观察、加免，期满后经检疫合格再合群。

5）跨省引进商品畜禽，在引进前须向当地县（市）动物卫生监督机构申报备案，引入后按规定进行隔离、观察、加免，期满后经检疫合格再合群。

第三节　养殖场消毒

利用物理、化学或生物学方法杀灭或清除外界环境中的病原体，从而切断其传播途径、防止疫病的流行叫做消毒，它一般不包含对非病原微生物及芽孢、孢子的杀灭。消毒是传染病防治工作中的重要环节，是切断传染病传播途径的有效措施之一，借以阻止和控制传染的发生。

根据消毒的目的，可分为以下3种情况。

（1）预防性消毒　结合平时的饲养管理对畜舍、场地、用具和饮水等进行定期消毒，以达到预防一般传染病的目的。

（2）随时消毒　在发生传染病时，为了及时消灭刚从病畜体内排出的病原体而采取的消毒措施。

（3）终末消毒　在病畜解除隔离、痊愈或死亡后，或者在疫区解除封锁之前，对可能残留的病原体所进行的全面彻底的大规模消毒。

规范养殖场须制定饲养人员、畜舍、带畜消毒用具、周围环境消毒、发生疫病的消毒、预防性消毒等各种制度及按规范的程序和技术进行消毒。

在养殖场大门口设车辆出入的消毒池，生产区入口和各栋畜舍门口各设与门同宽的消毒池，池中装入消毒液。保证车辆、人员出入都能进行消毒。

（一）人员消毒

工作人员进入生产区净道和畜禽舍要经过洗澡、更衣、紫外线消毒。养殖场一般谢绝参观，严格控制外来人员，必须进入生产区时，要洗澡，换场区工作服和工作鞋，并遵守场内防疫制度，按指定路线行走。进入养殖场的人员，必须在场门口更换靴鞋，并在消毒池内进行消毒。场门口设消毒池，用2%～3%火碱溶液（氢氧化钠）消毒，3d更换一次。

有条件的养殖场，在生产区入口设置消毒室，在消毒室内洗澡、更换衣物，穿戴清洁消毒好的工作服、帽和靴经消毒池后进入生产区。消毒室经常保持干净、整洁。工作服、工作靴和更衣室定期洗刷消毒，每立方米空间用42ml福尔马林熏蒸消毒20min。工作人员在接触畜群、饲料、种蛋等之前必须洗手，并用1：1000的新洁尔灭溶液浸泡消毒3～5min。

（二）环境消毒

1）畜禽舍周围环境每2～3周用2%火碱消毒或撒生石灰一次，场周围及场内污水池、排粪坑、下水道出口，每月用漂白粉消毒一次。

2）每隔 1～2 周，用 2%～3% 火碱溶液喷洒消毒道路；用 2%～3% 火碱或 3%～5% 甲醛或 0.5% 过氧乙酸喷洒消毒场地。被病畜禽的排泄物和分泌物污染的地面土壤，可用 5%～10% 漂白粉溶液、百毒杀或 10% 氢氧化钠溶液消毒。

3）停放过芽孢所致传染病（如霍乱、炭疽、气肿疽等）病畜禽尸体的场所，或者是此种病畜禽倒毙的地方，应严格加以消毒，首先用 10%～20% 漂白粉乳剂或 5%～10% 优氯净喷洒地面，然后将表层土壤掘起 30cm 左右，撒上干漂白粉并与土混合，将此表土运出掩埋。在运输时应用不漏土的车以免沿途漏撒，如无条件将表土运出，则应加大漂白粉的用量（1m^2 面积加漂白粉 5kg），将漂白粉与土混合，加水湿润后原地压平。

（三）畜禽舍消毒

每批畜禽调出后要彻底清扫干净，用高压水枪冲洗，然后进行喷雾消毒或熏蒸消毒。据试验，采用清扫方法，可以使畜禽舍内的细菌减少 21.5%，如果清扫后再用清水冲洗，则畜禽舍内细菌数可减少 54%～60%。清扫、冲洗后再用药物喷雾消毒，畜禽舍内的细菌数即可减少 90%。

用化学消毒液消毒时，消毒液的用量一般是以畜禽舍内每平方米面积用 1～1.5L 药液。消毒时，先喷洒地面，然后墙壁，先由离门远处开始，喷完墙壁后再喷天花板，最后再开门窗通风，用清水刷洗饲槽，将消毒药味除去。在进行畜禽舍消毒时，也应将附近场院及病畜禽污染的地方和物品同时进行消毒。

1. 畜禽舍的预防消毒

在一般情况下，畜禽舍应每年进行两次（春秋各一次）预防消毒。在进行畜禽舍预防消毒的同时，凡是畜禽停留过的处所都需进行消毒。在采取"全进全出"管理方法的机械化养养殖场，应在每次全出后进行消毒。产房的消毒在产仔结束后再进行一次。

畜禽舍的预防消毒，也可用气体熏蒸消毒，所用药品是福尔马林和高锰酸钾。方法是按照畜禽舍面积计算所需用的药品量。一般 1m^3 空气用福尔马林 40ml，先将高锰酸钾倒入消毒器皿，然后将福尔马林倒入器皿中，将门关闭。畜禽舍（或其他畜舍）的室温不应低于正常的室温（8～15℃）将畜禽舍门窗紧闭。其后将高锰酸钾倒入，用木棒搅拌，经几秒钟即见有浅蓝色刺激眼鼻的气体蒸发出来，此时应迅速离开畜禽舍，将门关闭。经过 12～24h 后方可将门窗打开通风。

2. 畜禽舍的临时消毒和终末消毒

发生各种传染病而进行临时消毒及终末消毒时，用来消毒的消毒剂随疫病的种类不同而异。一般肠道菌、病毒性疾病，可选用 5% 漂白粉或 1%～2% 氢氧化钠热溶液。但如发生细菌芽孢引起的传染病（如炭疽、气肿疽等）时，则需使用 10%～20% 漂白粉乳、1%～2% 氢氧化钠热溶液或其他强力消毒剂。在消毒畜禽的同时，在病畜禽舍、隔离舍的出入口处应放置设有消毒液的麻袋片或草垫。

（四）带畜禽消毒

1. 一般性带畜禽消毒

常用的药物有 0.2%～0.3% 过氧乙酸，每立方米空间用药 20～40ml，也可用 0.2% 次氯酸钠溶液或 0.1% 新洁尔灭溶液。0.5% 以下浓度的过氧乙酸对人畜无害，为了减少对工作人员的刺激，在消毒时可佩戴口罩。

本消毒方法全年均可使用，一般情况下每周消毒1～2次，春秋疫情常发，每周消毒3次，在有疫情发生时，每天消毒1～2次。带畜禽消毒时可以将3～5种消毒药交替使用。

2. 鸡鸭体保健消毒

鸡鸭育雏前10d，在进行常规消毒的同时，每天对鸡进行药物保健，在每晚上7点，用预防支原体等呼吸道病的药物进行喷雾，雾化要好，不要将雏苗喷湿，在喷前要将育雏升温。这种给药方式，对雏苗影响较小，而效果往往比饮水给药要好。带禽消毒可每2d一次，宜在早上8点进行。

3. 猪体保健消毒

妊娠母猪在分娩前5d，最好用热毛巾对全身皮肤进行清洁，然后用0.1%高锰酸钾水擦洗全身，在临产前3d再消毒1次，重点要擦洗会阴部和乳头，保证仔畜禽在出生后和哺乳期间免受病原微生物的感染。

哺乳期母猪的乳房要定期清洗和消毒，一般每隔7d消毒1次，严重发病的可按照污染养殖场的状况进行消毒处理。

新生仔猪，在分娩后用热毛巾对全身皮肤进行擦洗，要保证舍内温度（舍温在25℃以上），然后用0.1%高锰酸钾水擦洗全身，再用毛巾擦干。

（五）用具消毒

定期对保温箱、补料槽、饲料车、料箱、针管等进行消毒。一般先将用具冲洗干净后，用0.1%新洁尔灭或0.2%～0.5%过氧乙酸消毒，然后在密闭的室内进行熏蒸。注射器、针头、金属器械，煮沸消毒30min左右。

（六）粪便的消毒

患传染病和寄生虫病的病禽病畜、粪便的消毒方法有多种，如焚烧法、化学药品消毒法、掩埋法和生物热消毒法等。实践中最常用的是生物热消毒法，此法能使非芽孢病原微生物污染的粪便变为无害，且不丧失肥料的应用价值。

（七）垫料消毒

对于养殖场的垫料，可以通过阳光照射的方法进行。这是一种最经济、最简单的方法，将垫草等放在烈日下，曝晒2～3h，能杀灭多种病原微生物。对于少量的垫草，直接用紫外线等照射1～2h，可以杀灭大部分微生物。

进行养殖场消毒，必须注意以下注意事项。

1）合理选择消毒方法、消毒剂，科学制定消毒计划和程序，严格按照消毒规程实施消毒，并做好人员防护。

2）生产区出入口设与门同宽，长至少4m，深0.3m以上的消毒池，各养殖栋舍出入口设置消毒池或者消毒垫。适时更换池（垫）水、池（垫）药，保持有效药液容量和浓度。

3）生产区入口处设置更衣消毒室。所有人员必须经更衣、对手消毒，经过消毒池和消毒室后才能进入生产区。工作服、胶鞋等要专人使用并定期清洗消毒，不得带出。

4）进入生产区车辆必须彻底消毒，同时应对随车人员、物品进行严格消毒。

5）定期或适时对圈舍、场地、用具及周围环境（包括污水池、排粪沟、下水道出口等）进行清扫、冲洗和消毒，必要时带畜禽消毒，保持清洁卫生。同时要做好饲用器具、诊疗器械等的消毒工作。

6）畜禽周转舍、台、磅秤及周围环境每售一批畜禽后大消毒一次。圈舍空置1周后方可再饲养。

7）畜禽发生一般性疫病或突然死亡时，应立即对所在圈舍进行局部强化消毒，规范死亡畜禽的消毒及无害化处理。

8）所有生产资料进入生产区都必须严格执行消毒制度。

9）按规定做好本场（小区）消毒记录。

第四节　国家强制免疫病种的免疫

国家动物疫病实行预防为主的方针，目前对高致病性禽流感、口蹄疫、高致病性猪蓝耳病、猪瘟4种国家规定的一类动物疫病实行免费强制免疫政策，群体免疫密度常年维持在90%以上，其中应免畜禽免疫密度要达到100%，免疫抗体合格率全年保持在70%以上。

西藏、新疆、新疆生产建设兵团等对羊实施小反刍兽疫免疫，群体免疫密度常年维持在90%以上，其中应免羊免疫密度要达到100%。每年春季、秋季开展两次集中强制免疫，平时根据补栏情况随时补免。规模饲养场户在兽医部门指导下由本场技术人员进行，农户分散饲养的畜禽由村级动物防疫员进行。

附1：高致病性禽流感免疫方案

一、要求

对所有鸡、水禽（鸭、鹅）进行高致病性禽流感强制免疫。对人工饲养的鹌鹑、鸽子等，参考鸡的相应免疫程序进行免疫。

对进口国有要求且防疫条件好的出口企业，以及提供研究和疫苗生产用途的家禽，报经省级兽医主管部门批准后，可以不实施免疫。

二、免疫程序

规模养殖场可按下述推荐免疫程序进行免疫，对散养家禽在春秋两季各实施一次集中免疫，每月对新补栏的家禽要及时补免。

1. 种鸡、蛋鸡免疫　　雏鸡7～14日龄时，用H5N1亚型禽流感灭活疫苗或禽流感-新城疫重组二联活疫苗（rLH5-6株）进行初免；3～4周后再进行一次加强免疫；开产前再用H5N1亚型禽流感灭活疫苗进行加强免疫，以后根据免疫抗体检测结果，每隔4～6个月用H5N1亚型禽流感灭活疫苗免疫一次。

2. 商品代肉鸡免疫　　7～14日龄时，用H5N1亚型禽流感灭活疫苗免疫一次。或者，7～14日龄时，用禽流感-新城疫重组二联活疫苗（rLH5-6株）免疫；2周后，用禽流感-新城疫重组二联活疫苗（rLH5-6株）加强免疫一次。

饲养周期超过70日龄的，参照蛋鸡免疫程序免疫。

3. 种鸭、蛋鸭、种鹅、蛋鹅免疫　　雏鸭或雏鹅14～21日龄时，用H5N1亚型禽流感灭活疫苗进行初免；间隔3～4周，再用H5N1亚型禽流感灭活疫苗进行一次加强免疫。以后根据免疫抗体检测结果，每隔 4～6 个月用 H5N1 亚型禽流感灭活疫苗免疫一次。

4. 商品肉鸭、肉鹅免疫　　肉鸭 7～10 日龄时，用 H5N1 亚型禽流感灭活疫苗进行一次免疫即可。

肉鹅 7～10 日龄时，用 H5N1 亚型禽流感灭活疫苗进行初免；3～4 周后，再用 H5N1 亚型禽流感灭活疫苗进行一次加强免疫。

5. 散养禽免疫　　春秋两季用 H5N1 亚型禽流感灭活疫苗各进行一次集中全面免疫，每月定期补免。

6. 鹌鹑、鸽子等其他禽类免疫　　根据饲养用途，参考鸡的相应免疫程序进行免疫。

三、不同风险区域的免疫

北京、天津、河北、山西、内蒙古、辽宁（含大连）、上海、江苏、浙江（含宁波）、安徽、山东（含青岛）、河南、陕西、甘肃、宁夏 15 个省（自治区、直辖市）和 3 个计划单列市使用重组禽流感病毒 H5 亚型二价灭活疫苗（Re-6 株＋Re-4 株）或选择使用重组禽流感病毒灭活疫苗（H5N1 亚型，Re-6 株）、重组禽流感病毒灭活疫苗（H5N1 亚型，Re-4 株）对鸡进行免疫。水禽仍使用重组禽流感病毒灭活疫苗（H5N1 亚型，Re-6 株）进行免疫。其他省份、新疆生产建设兵团和 2 个计划单列市使用重组禽流感病毒灭活疫苗（H5N1 亚型，Re-6 株）对家禽进行免疫。对监测出 Re-4 毒株的地区，可使用 Re-4 株疫苗进行免疫，报农业部备案；对未监测出 Re-4 株而要求使用 Re-4 株疫苗的，必须由省级兽医主管部门进行书面申请，经农业部批准后方可使用 Re-4 株疫苗进行免疫。

四、紧急免疫

发生疫情时，要根据受威胁区家禽免疫抗体监测情况，对受威胁区域的所有家禽进行一次加强免疫；边境地区受到境外疫情威胁时，要对距边境 30km 范围内所有家禽进行一次加强免疫。最近 1 个月内已免疫的家禽可以不进行加强免疫。

五、禽流感二价灭活疫苗免疫

禽流感二价灭活疫苗（H5N1 Re-6 株＋H9N2 Re-2 株）的使用同 H5N1 亚型禽流感灭活疫苗。

六、使用疫苗种类

重组禽流感病毒 H5 亚型二价灭活疫苗（Re-6 株＋Re-4 株）、重组禽流感病毒灭活疫苗（H5N1 亚型，Re-4 株）、重组禽流感病毒灭活疫苗（H5N1 亚型，Re-6 株）、禽流感二价灭活疫苗（H5N1 Re-6 株＋H9N2 Re-2 株）和禽流感 - 新城疫重组二联活疫苗（rLH5-6 株）。

七、免疫方法

各种疫苗免疫接种方法及剂量按相关产品说明书规定操作。

八、免疫效果监测

1. 检测方法　　血凝抑制试验。

2. 免疫效果判定

活疫苗的免疫效果判定：商品代肉雏鸡第二次免疫 14d 后，进行免疫效果监测。鸡群免疫抗体转阳率≥50% 判定为合格。

灭活疫苗的免疫效果判定：家禽免疫后 21d 进行免疫效果监测。禽流感抗体血凝抑制试验抗体效价≥24 判定为合格。

存栏禽群免疫抗体合格率≥70% 判定为合格。

附 2：口蹄疫免疫方案

对所有猪进行 O 型口蹄疫强制免疫；对所有牛、羊、骆驼、鹿进行 O 型和亚洲 I 型口蹄疫强制免疫；对所有奶牛和种公牛进行 A 型口蹄疫强制免疫；对广西、云南、西藏、新疆和新疆生产建设兵团边境地区的牛、羊进行 A 型口蹄疫强制免疫。

规模养殖场按下述推荐免疫程序进行免疫，散养家畜在春秋两季各实施一次集中免疫，对新补栏的家畜要及时免疫。

一、规模养殖家畜和种畜免疫

仔猪、羔羊：28～35 日龄时进行初免。

犊牛：90 日龄左右进行初免。

所有新生家畜初免后，间隔 1 个月后进行一次加强免疫，以后每隔 4～6 个月免疫一次。

二、散养家畜免疫

春秋两季对所有易感家畜进行一次集中免疫，每月定期补免。有条件的地方可参照规模养殖家畜和种畜的免疫程序进行免疫。

三、紧急免疫

发生疫情时，对疫区、受威胁区域的全部易感家畜进行一次加强免疫。边境地区受到境外疫情威胁时，要对距边境线 30km 以内的所有易感家畜进行一次加强免疫。最近 1 个月内已免疫的家畜可以不进行加强免疫。

四、使用疫苗种类

牛、羊、骆驼和鹿：口蹄疫 O 型 - 亚洲 I 型二价灭活疫苗、口蹄疫 O 型 -A 型二价灭活疫苗和口蹄疫 A 型灭活疫苗、口蹄疫 O 型 -A 型 - 亚洲 I 型三价灭活疫苗。

猪：口蹄疫 O 型灭活类疫苗、口蹄疫 O 型合成肽疫苗（双抗原）。

空衣壳复合型疫苗在批准范围内使用。

五、免疫方法

各种疫苗免疫接种方法及剂量按相关产品说明书规定操作。

六、免疫效果监测

猪免疫 28d 后，其他畜 21d 后，进行免疫效果监测。

亚洲 I 型口蹄疫：液相阻断 ELISA。抗体效价≥26 判定为合格。

O 型口蹄疫：灭活类疫苗采用正向间接血凝试验、液相阻断 ELISA，合成肽疫苗采用 VP1（病毒蛋白）结构蛋白 ELISA。灭活类疫苗抗体正向间接血凝试验的抗体效价≥25 判定为合格，液相阻断 ELISA 的抗体效价≥26 判定为合格；合成肽疫苗 VP1 结构蛋白抗体 ELISA 的抗体效价≥25 判定为合格。

A 型口蹄疫：液相阻断 ELISA。抗体效价≥26 判定为合格。

存栏家畜免疫抗体合格率≥70% 判定为合格。

附 3：高致病性猪蓝耳病免疫方案

对所有猪进行高致病性猪蓝耳病强制免疫。为便于鉴别不同制苗毒株，各地要采取有效措施，做到一个县区域内只使用一种高致病性猪蓝耳病活疫苗进行免疫。

规模养殖场按下述推荐免疫程序进行免疫，散养猪在春秋两季各实施一次集中免疫，对新补栏的猪要及时免疫。

1. 规模养猪场免疫

商品猪：使用活疫苗于断奶前后初免，4 个月后免疫 1 次；或者使用灭活苗于断奶后初免，可根据实际情况在初免后 1 个月加强免疫 1 次。

种母猪：使用活疫苗或灭活疫苗进行免疫。150 日龄前免疫程序同商品猪；以后每次配种前加强免疫 1 次。

种公猪：使用灭活疫苗进行免疫。70 日龄前免疫程序同商品猪，以后每隔 4～6 个月加强免疫 1 次。

2. 散养猪免疫　　春秋两季对所有猪进行一次集中免疫，每月定期补免。有条件的地方可参照规模养猪场的免疫程序进行免疫。

发生疫情时，对疫区、受威胁区域的所有健康猪使用活疫苗进行一次加强免疫。最近 1 个月内已免疫的猪可以不进行加强免疫。

高致病性猪蓝耳病活疫苗、高致病性猪蓝耳病灭活疫苗。

活疫苗免疫 28d 后，进行免疫效果监测。高致病性猪蓝耳病 ELISA 抗体检测阳性判为合格。存栏猪免疫抗体合格率≥70% 判定为合格。

附 4：猪瘟免疫方案

对所有猪进行猪瘟强制免疫。

商品猪：25～35 日龄初免，60～70 日龄加强免疫一次。

种公猪：25～35 日龄初免，60～70 日龄加强免疫一次，以后每 6 个月免疫一次。

种母猪：25～35 日龄初免，60～70 日龄加强免疫一次，以后每次配种前免疫一次。

每年春秋两季集中免疫，每月定期补免。

发生疫情时对疫区和受威胁地区所有健康猪进行一次加强免疫。最近 1 个月内已免疫的猪可以不进行加强免疫。

猪瘟活疫苗（政府采购专用）和传代细胞源猪瘟活疫苗。

免疫 21d 后，进行免疫效果监测。

猪瘟抗体阻断 ELISA 检测抗体阳性判定为合格，猪瘟抗体间接 ELISA 检测抗体阳性判定为合格，猪瘟抗体正向间接血凝试验抗体效价≥25 判定为合格。

存栏猪抗体合格率≥70% 判定为合格。

附 5：小反刍兽疫免疫方案

根据风险评估结果，对西藏、新疆、新疆生产建设兵团等受威胁地区羊进行小反刍兽疫强制免疫。

新生羔羊 1 月龄以后免疫一次，对本年未免疫羊和超过 3 年免疫保护期的羊进行免疫。

发生疫情时对疫区和受威胁地区所有健康羊进行一次加强免疫。最近 1 个月内已免疫的羊可以不进行加强免疫。

小反刍兽疫活疫苗。

疫苗免疫接种方法及剂量按相关产品说明书规定操作。

第五节　国家强制免疫病种的监测

一、动物疫情监测的概述

动物疫情监测实质是采用流行病学调查、临床诊断、采样检测等相结合的方法调查了解动物疫情的行为，即通过系统、完整、连续和规则地观察一种疫病在一地或各地的分布动态，调查其影响因子，获取疫病发生现状和规律，及时采取正确防治对策和措施。

我国幅员辽阔，动物饲养量大，饲养水平参差不齐，动物疫情监控难度大。为做好动物疫情监控工作，中国政府颁布了《中华人民共和国动物防疫法》《重大动物疫情应急条例》《重大动物疫情应急预案》《中华人民共和国野生动物保护法》《病原微生物实验室生物安全管理条例》《中华人民共和国进出境动植物检疫法》《动物免疫标识管理办法》《动物检疫管理办法》《动物疫情报告管理办法》等法律法规及部分动物疫病防检方面的技术规范，建立了各级国家动物检防疫体系。为进一步科学、全面、准确地开展动物疫情测报工作，2002 年国家颁布了《国家动物疫情测报体系管理规范》，对动物疫情监测对象、方式、报告、管理等都做了严格规定。目前，我国已基本建成完整的动物疫情监测体系，主要包括国家疫情直报系统、省级动物疫病预防与控制中心、地方动物疫情测报站、边境动物疫情测报站，负责监测动物疫情，一旦发现疫情，直接向国家动物疫病预防与控制中心报告。

国家疫情层级报告系统：各地兽医行政主管部门组织动物疫情监测工作，发现疫情后，由县、乡逐级上报到国家动物疫病预防与控制中心。

动物疫情专业实验室报告系统：国家参考实验室、区域性专业实验室及科研院校的动物疫病专业实验室协助收集动物疫情信息，一旦发现疫情，直接向农业部和国家动物疫病预防控制中心报告。

二、监测内容

监测是科学、系统、长期地对动物疫病发生和发展情况、养殖环境、社会环境及自然环境进行监视与检测工作。

1. 自然环境

通过对气象、传播媒介分布、养殖场/户周边自然环境的调查和检测，收集相关数据，用以判断相关疫病发生风险。

2. 社会环境

收集社会生产和消费习惯、动物和动物产品调运趋势与方向、与养殖场/户有关人员的活动状况和规律等方面的数据，了解相关社会发展信息，用以判断疫病传播和扩散风险。

3. 经济环境

收集经济发展状况、畜牧业生产、养殖方式、动物和动物产品进出口及市场交易价格数据，用以判断疫病风险。

4. 免疫情况和抗体水平

收集免疫密度、免疫工作实施情况和动物群体抗体水平数据，用以分析动物疫病传播和扩散风险。

5. 感染状况

通过实验室检测、调查等方式，了解感染情况和疫病发生情况。

三、监测程序

1. 任务下达

国家相关部门每年根据上一年疫情流行情况下达监测任务，动物防疫监督机构应当根据国家和本省动物疫情监测计划与监测对象的规定，定期对本地区的易感动物进行疫情监测和免疫效果监测。

2. 监测方案的制订

根据国家和本省的计划及本地区疫情流行情况，一般每年进行 2 次实验室监测，每月进行 1 次流行病学调查。每县（市、区）每次监测 3 个乡，每乡 2 个村，每村 20 户，每个乡抽查具规模猪场、羊场、牛场、禽场各 1 个。重点对种禽场、规模饲养场，以及疑似患病动物和历史上曾经发生过疑似病例或周边地区流行疑似病例动物进行采样监测，按规定做好样品记录、保存、送检。种用、乳用动物饲养单位与个人应当按照国家和本省制定的动物疫病监测、净化计划实施监测、净化，达到国家和省级规定标准后方可向社会提供商品动物和动物产品。

3. 流行病学调查

流行病学调查是了解动物病原存在状况、动物抗体实际水平的最好方式，也是最基本方式。调查前，必须拟订调查计划，明确目标，依目标决定调查种类、范围和对象。根据目的、方法和用途，流行病学调查可分为多种类型，如现况调查、暴发调查、前瞻性调查和回顾性调查等。

4. 样品采集

病理学检查和实验室检测需要采样。

5. 实验室检测

实验室检测一般包括血清学检测、分子生物学检测、微生物鉴定（病原分离、病毒性诊断）、动物实验等。从实验室获得的数据是监测过程中最准确的依据之一，因此，相关实验室要配备足够的技术力量和仪器，才能发挥实用效果。

6. 监测数据处理

对各种监测数据进行收集、逻辑核对，并将其录入省级和国家相关系统，统计整理，而后进行监测数据分析，形成分析报告。

监测结果有七大分析技术：统计学分析、疫情预测、风险分析和预警、分子流行病学分析、空间信息分析、决策分析和荟萃分析。其中，计算式分析（统计学分析）可通过疫病频率的计算、差异显著分析等数学方式进行结果分析。疫病频率的计算包括：发病率、累计发病率、患病率、死亡率、病死率等的计算。国家相关部门在形成报告后及时将监测数据信息向省级、县市相关部门进行反馈，并提出指导性建议，以便采取适当措施。

附：2015 年国家动物疫病监测与流行病学调查计划

一、总体要求

按照《国家中长期动物疫病防治规划（2012—2020 年）》（以下简称《规划》）的目标要求，国家重点开展口蹄疫、高致病性禽流感、布鲁氏菌病、马鼻疽、马传贫等优先防治病种，血吸虫病、包虫病等人畜共患病，以及非洲猪瘟、疯牛病等重点防范外来动物疫病的监测工作（疯牛病监测计划另行下发）。本计划涉及的其他动物疫病病种，各地应按照国家动物疫病防治指导意见做好监测工作。

各地要认真组织开展动物疫病监测与流行病学调查工作，全面掌握口蹄疫、高致病性禽流感、布鲁氏菌病等优先防治动物疫病分布状况和流行态势，做好马传贫达标验收和马鼻疽无疫认证。国家设立固定监测点，对固定监测点，增加高致病性猪蓝耳病、猪瘟、猪伪狂犬病、新城疫等动物疫病的监测工作。固定监测点实施方案另行下发。推进种畜禽场主要动物疫病监测净化与评估。加强动物疫情风险分析评估，密切关注外来动物疫病、新发病监测预警和应急处置工作，科学研判防控形势，为防控决策提供科学依据。加强动物疫病区域化管理，推动无疫区和生物安全隔离区建设。

二、基本原则

（一）主动监测与被动监测相结合。各地要继续做好动物疫病的主动监测，科学设计监测实施方案，主动获取科学真实的监测数据；同时，要进一步加强被动监测，强化对各地自下而上发现并上报监测信息的汇总分析。逐步探索将动物诊疗单位和养殖企业执业兽医诊断报告信息纳入动物疫病监测信息系统。根据各区域动物疫病流行特点，有针对性地开展监测分析，提高数据采集、分析和报告的科学性、系统性和有效性。

（二）病原监测与抗体监测相结合。国家和省级监测以病原学监测为主，鼓励有条件的地市和县级动物疫病预防控制机构开展病原学监测。中央下达经费重点用于开展口蹄疫（A型、亚洲Ⅰ型、O型）、高致病性禽流感的病原学监测和布鲁氏菌病的血清学监测。加强固定监测点的定点监测，鼓励有条件的省份开展布鲁菌病病原学监测，及时掌握病原分布状况，分析疫病流行趋势。同时，各省要做好重大动物疫病免疫抗体监测，掌握群体免疫状况。

（三）常规监测与定点监测相结合。各地应根据本辖区动物疫病流行特点、防控现状和畜牧业生产情况，开展常规监测与流行病学调查工作。持续开展定点监测与流行病学调查工作，为掌握具有地理分布的监测调查数据，科学研判疫情态势，实施《规划》和疫病扑灭计划提供基础依据。

（四）专项调查与紧急调查相结合。各地要持续监视动物养殖、流通、屠宰加工环节的动物疫病流行风险因素变化情况，及时了解基本流行病学信息，开展专项流行病学调查，定期分析疫病发生与流行风险。一旦出现下列情形，要及时开展紧急监测和流行病学调查工作。一是疑似或确认发生口蹄疫等重大动物疫情、非洲猪瘟等外来疫病病例、牛肺疫等已消灭疫病或新发疫病病例；二是猪瘟等疫病流行特征出现明显变化；三是部分地区（场户）较短时间内出现较大数量动物发病或不明原因死亡，且蔓延较快疫病。通过开展追踪调查，科学研判疫病流行和扩散趋势，提高早期预警预报和应急处置能力。必要时，国家将适时组织开展市场链调查相关工作。

（五）疫病监测与净化评估相结合。加大对种畜禽场疫病监测力度，鼓励、支持、引导具备条件的种畜禽场和规模养殖场主动开展主要动物疫病监测净化工作，对相关养殖企业开展评估分析。省级动物疫病预防控制机构要加强对相关养殖企业的技术指导和服务。

三、任务分工

（一）农业部兽医局主管全国动物疫病监测与流行病学调查工作，负责组织制修订国家动物疫病监测与流行病学调查计划，及时发布监测与流行病学调查结果，组织做好动物疫病检测诊断制品质量监管。

（二）中国动物疫病预防控制中心、中国兽医药品监察所、中国动物卫生与流行病学中心、国家兽医参考实验室和专业实验室要按照职责分工，密切配合，共同实施本计划。

中国动物疫病预防控制中心要按照本计划要求，统一组织各省级动物疫病预防控制机构、国家兽医参考实验室和相关专业实验室开展全国动物疫病监测工作，制定监测工作实施方案（包括固定监测点监测方案），指导各省开展规模养殖场动物疫病监测净化与评估工作，组织开展全国种畜禽场监测工作，以及全国监测技术培训和考核评价工作。及时完成监测结果汇总、分析和上报。定期开展监测信息的分析评估、疫病形势会商和疫情预警工作。发生突发动物疫情时，及时开展紧急监测诊断工作。

中国兽医药品监察所要按照本计划要求，组织实施口蹄疫、高致病性禽流感、布鲁菌病等优先防治疫病疫苗质量监管和疫苗质量评价工作，并组织开展相关诊断制品标准化和质量监管工作。

中国动物卫生与流行病学中心要按照本计划要求，制定流行病学调查实施方案，组织协调各分中心、各有关单位和相关兽医实验室，开展动物疫病流行病学调查，以及外来动物疫病监测与流行病学调查工作。

禽流感、口蹄疫、疯牛病等国家兽医参考实验室，布鲁菌病、猪瘟、新城疫、结核病等农业部指定兽医专业实验室按照任务分工，做好疫病监测诊断与相关研究工作，配合各省做好动物疫病监测与流行病学调查工作，及时向农业部兽医局提出相关防控政策建议。

——国家禽流感参考实验室，负责禽流感病原学监测和分子流行病学比较分析，跟踪病毒变异情况，开展禽流感疫情检测诊断与阳性样品的复核确诊、病原分析和技术研究储备。重点做好家禽野禽界面、重点湖区湿地的监测工作，必要时，配合省级开展市场链调查工作。禽流感专业实验室（中国动物卫生与流行病学中心、扬州大学、华南农业大学）分别负责重点地区市场链调查、长三角和珠三角地区家禽野禽界面禽流感监测工作。

——国家口蹄疫参考实验室，要加强口蹄疫病原学监测和分子流行病学比较分析，跟踪病毒变异情况。继续开展口蹄疫疫情复核确诊、病原分析、其他血清型防控技术的研究储备。重点对部分省份生猪屠宰场、免疫无口蹄疫区及相关地区开展监测、开展猪 A 型口蹄疫感染状况专项监测。继续实施全国亚洲 I 型口蹄疫免疫退出监测评价工作。云南省热带亚热带动物病毒病重点实验室（云南省畜牧兽医科学院）负责我国与越南、缅甸、老挝等国接壤的边境地区的口蹄疫监测与流行病学调查工作。

——国家疯牛病参考实验室、疯牛病专业实验室（中国农业大学），主要承担疯牛病、羊痒病的监测诊断技术研发与储备、监测、风险评估和相关技术培训。

——其他兽医专业实验室，主要承担专项疫病监测诊断及相关技术研发与储备。

（三）各省（自治区、直辖市）畜牧兽医主管部门依据本计划，结合本省动物养殖情况、流通模式、动物疫病流行特点和自然环境等因素，制定本辖区动物疫病监测与流行病学调查计划，重点做好"3＋2"病种（口蹄疫、高致病性禽流感、布鲁菌病、马鼻疽、马传贫）监测工作。固定监测点还要做好高致病性猪蓝耳病、猪瘟、猪伪狂犬病、新城疫等主要疫病感染情况的监测工作。加强 H7N9 流感和小反刍兽疫监测，兼顾其他流行疫病的监测，及时分析疫情发展趋势，为早期预警和应急处置提供技术支持。省级动物疫病预防控制机构负责组织实施，并指导本辖区国家动物疫情测报站和边境动物疫情监测站（以下简称"两站"）做好动物疫病监测与流行病学调查工作。

（四）无规定动物疫病区和生物安全隔离区所在地县级以上畜牧兽医主管部门要按国家计划要求，切实做好无规定动物疫病区的监测与流行病学调查工作。申请评估免疫或非免疫无疫区所在地的监测与流行病学调查工作，依据无规定动物疫病区评估管理办法和有关标准执行。同时，农业部将制定下发种畜禽场疫病净化指导意见，制定相关规范和标准；各有关单位要积极推动种源净化工作，支持引导企业开展疫病净化工作。

各省级动物疫病预防控制机构应与国家兽医参考实验室、专业实验室密切配合，积极开展监测与流行病学调查工作，发现阳性样品应及时送国家兽医参考实验室、专业实验室进行复核确诊和病原分离鉴定，及时掌握病原变异情况。

要建立健全监测采样各项管理制度，兽医技术人员在采样时要规范填写采样记录单和问卷调查表，确保记录真实、准确、可追溯。市、县级动物疫病预防控制机构向省级动物疫病预防控制机构送检样品时必须同时上报采样记录单和问卷调查表，省级动物疫病预防控制机构接收送检样品时要认真查验采样记录单，并按规定保存。送检、接收样品要逐级履行登记、审核、签字、盖章制度。

四、监测结果上报和信息反馈

各省级畜牧兽医主管部门要切实加强动物疫病监测与流行病学调查信息的管理、强化信息共享。

（一）国内疫病监测与流行病学调查结果报送

1. 各省级动物疫病预防控制机构通过"全国动物疫病监测和疫情信息系统"，按要求将动物疫病监测结果和疫情信息报送至中国动物疫病预防控制中心。各省级动物疫病预防控制机构每半年报送一次监测分析报告至中国动物疫病预防控制中心，每半年报送一次流行病学调查报告至中国动物卫生与流行病学中心。

2. "两站"按照国家计划和"两站"管理规范要求，重点对禽流感、口蹄疫、布鲁氏菌病等优先防治疫病开展监测与流行病学调查工作，做好相关信息网络直报工作，并按要求定期向省级动物疫病预防控制机构和中国动物卫生与流行病学中心报送畜牧业生产、屠宰加工、畜禽价格、养禽场免疫情况等流行病学信息；在 7 月 15 日前和翌年 1 月 15 日前，分别将上半年、全年监测与流行病学调查结果和工作总结报至中国动物疫病预防控制中心、中国动物卫生与流行病学中心和本省级动物疫病预防控制机构。

3. 国家兽医参考实验室和相关专业实验室每季度向农业部兽医局报送一次动物疫病监测与流行病学调查分析报告。对发现口蹄疫、高致病性禽流感监测阳性和 H7N9 等新发病或检出病原，应按规定及时上报。各有关实验室要按要求通过"全国动物疫病监测和疫情信息系统"上传相关疫病监测信息，实现数据共享。每月 30/31 日前通过网络报送本月监测与流行病学调查分析结果，并及时抄送中国动物卫生与流行病学中心和样品来源省份的省级动物疫病预防控制机构。

4. 中国动物疫病预防控制中心应在每月 20 日前将上月全国动物疫病监测分析报告报至农业部兽医局。每季度第一个月 20 日前将上季度全国动物疫病监测分析报告报至农业部兽医局，同时抄送或通过网络系统通报中国动物卫生与流行病学中心。

中国动物卫生与流行病学中心每季度第一个月 10 日前将上季度全国主要动物疫病流行病学调查进展和专项流行病学调查报告报至农业部兽医局，同时抄送或通过网络系统通报中国动物疫病预防控制中心。

5. 发生口蹄疫、禽流感等重大动物疫情时，省级动物疫病预防控制机构应立即开展紧急监测与流行病学调查，并在解除疫区封锁后，将流行病学调查表、现场调查评估报告及省级专家组审核意见报农业部兽医局，并抄送中国动物疫病预防控制中心和中国动物卫生与流行病学中心。

（二）外来疫病监测结果报送

1. "两站"和各相关专业实验室，在每季度第一个月 20 日前将上季度的外来动物疫病监测结果报送至中国动物卫生与流行病学中心和相关省级动物疫病预防控制机构。

2. "两站"在 7 月 15 日前和翌年 1 月 15 日前，分别将上半年、全年外来动物疫病监测结果和工作总结报至中国动物卫生与流行病学中心和本省级动物疫病预防控制机构。

3. 中国动物卫生与流行病学中心应在每月 20 日前将上月全国外来动物疫病监测结果汇总分析报告报至农业部兽医局，并抄送中国动物疫病预防控制中心。

（三）病原学监测阳性结果的报告与处置

各地要科学对待病原学监测阳性结果的报告，在监测中发现 H5 及 H7 亚型禽流感、口蹄疫病原学阳性的，要以快报形式报农业部兽医局，并通过"全国动物疫病监测和疫情信息系统"报送至中国动物疫病预防控制中心，同时将阳性样品送国家兽医参考实验室或由参考实验室派人取样进行确诊和分析，对确诊阳性畜禽及同群畜禽按有关规定处理。

对其他病种，按农业部有关规定和相关动物疫病防治技术规范要求，及时上报、送检和处置。

（四）监测信息反馈

国家兽医参考实验室和专业实验室、中国动物疫病预防控制中心、中国动物卫生与流行病学中心、地方各级动物疫病预防控制机构，在按规定做好监测信息上报的同时，要将监测结果及时反馈给相关的采样场点，确保各采样场点及时掌握畜禽健康状况。

五、保障措施

各级畜牧兽医主管部门要切实加强组织领导，明确责任，强化监督检查，保质保量完成各项工作任务。

农业部兽医局将根据各地、各有关单位对本计划的执行情况、特别是疫情上报、信息上报、监测阳性结果上报、阳性样品送检情况，结合开展"加强重大动物疫病防控"延伸绩效管理，开展监测与流行病学调查工作评价，逐步建立工作考评机制，创新工作制度。各地、各有关单位动物疫病监测与流行病学调查工作完成情况，将直接与第二年度中央财政下拨经费挂钩。

国家监测与流行病学调查计划所需经费纳入中央财政预算。各省计划所需经费应纳入地方财政预算。各级畜牧兽医主管部门要做好经费预决算工作，配合有关部门，加强专项经费监督管理，推动相关项目实施。

实 训

畜禽养殖场防疫计划的制订

【实训目的】让学生了解畜禽养殖场开展防疫工作的方针和基本原则及制定防疫计划的意义，理解掌握制订畜禽养殖场防疫计划的方法。

畜禽养殖场防疫计划主要针对传染病和寄生虫病的预防的检疫及控制、遗留疫情的扑灭等工作。防疫计划内容主要涉及以下几个方面。

1. 基本情况

畜禽养殖场防疫计划的制订应以其自身的基本情况为依据。应详细描述养殖场所在地区与流行病学有关的自然概况，包括地理、地形、植被、动物种类和数量、气候条件及气象学资料等；养殖场所在地区的社会、经济因素；养殖场养殖环境条件及饲养管理方式，既往病史，对养殖场所在地区疫情的估计等。

为了获得详细资料，需要搜集和阅读养殖场所在地区以往的有关畜禽疫病的统计资料、疫病流行特点等。有必要进行现场调查，深入地分析养殖场有哪些利于某些疫病发生和传播的自然因素及社会因素，充分考虑到克服这些因素的可能性。

2. 制定预防接种计划表

预防接种计划见表 2-1。

表 2-1　××××年预防接种计划表

单位名称：

疫苗名称	单位	畜别	应接种数/头或只	计划接种数/头或只				
				第一季	第二季	第三季	第四季	合计

制表人 _____　　　审核人 _____　　　　　　　年　　月　　日

3. 制定诊断性检疫计划

诊断性检疫计划见表 2-2。

表 2-2　××××年诊断性检疫计划表

单位名称：

诊断检疫疫病名称	单位	畜别	应检疫数/头或只	计划检疫数/头或只				
				第一季	第二季	第三季	第四季	合计

制表人 _____　　审核人 _____　　　　　　　　　　年　月　日

4. 制定普通药械使用计划

普通药械使用计划见表 2-3。在计划使用的药械时，应坚持经济有效原则，尽量避免使用贵重而不易获得的药械。

表 2-3　××××年普通药械使用计划表

单位名称：

药械名称	用途	单位	现有量	需补充数	要求规格	代用规格	需要时间	备注

制表人 _____　　审核人 _____　　　　　　　　　　年　月　日

5. 制定生物制品和抗生素使用计划

生物制品和抗生素使用计划见表 2-4。

表 2-4　××××年生物制剂、抗生素计划表

单位名称：

药剂名称	计算单位	全年需用量					库存情况		需要补充量					附注
		第一季	第二季	第三季	第四季	合计	数量	失效期	第一季	第二季	第三季	第四季	合计	

制表人 _____　　审核人 _____　　　　　　　　　　年　月　日

6. 经费预算

畜禽养殖场防疫计划的制订必须充分考虑生产活动和疫病的季节性及财政开支情况，开支项目分季列表来表示。养殖场本单位先讨论修订畜禽养殖场防疫计划后，报请上级审核批准。

7. 兽医监督和兽医卫生措施计划

包括除了动物预防接种、动物检疫以外，以消灭现有疫情及预防出现新疫情为目的的一系列措施的实施计划，加强对畜禽养殖场的兽医卫生监督。诸如推行家畜防疫卡片制度的计划、防疫培训计划、畜禽及其产品买卖运输时的消毒和检疫计划，实施预防消毒和驱虫、灭鼠的计划等。

在编制计划中，首先应充分考虑到养殖场现有兽医人员的力量及其技术水平。如果养殖场的技术力量有限时，应当把急需而又有把握按计划实施的措施列为重点，其余项目可配合重点工作来实施。其次还要适当考虑应用新技术的可能性。应选用效果良好而又符合经济原则的新技术防疫，但不可脱离养殖场的实际情况盲目去追求新技术的应用和推广。

第六节　投入品使用的控制

生产过程中所使用的任何资源都是投入品。畜牧业投入品是指在畜禽及畜禽产品生产过程中使用或添加的物质，包括兽药、饲料等生产资料产品和畜牧业工程设施设备等工程物资产品。这里所讲的畜牧业投入品是指关系到畜禽产品质量安全的兽药、饲料等重要生产资料。它涉及畜牧业生产全过程的各个方面、各个环节。

所谓畜牧业投入品质量控制，是指为避免兽药、饲料等生产资料本身具有的各种有害物质或无害物质投入畜牧业生产过程中，由于使用技术、方法、管理措施等因素直接或间接对农产品质量安全产生危害而采取的各种控制措施。它是一种动态的综合概念。

一、控制对象

养殖投入品包括在畜禽养殖过程中投入的饲料、饲料添加剂、药品、疫苗等。

二、饲料、营养性饲料添加剂和一般性饲料添加剂使用准则

1. 感官要求
色、嗅、味和组织形态特征正常，无异味、异臭。未受农药或某些病原体污染，符合 GB 13078—2001《饲料卫生标准》。

2. 营养性饲料添加剂和一般性饲料添加剂
应是农业部公布的《允许使用的饲料添加剂品种目录（2013）》所规定的品种和取得生产产品批准文号的新饲料添加剂品种。应选择正规企业生产的，并遵照饲料标签所规定的用法和用量。

三、药物及药物饲料添加剂使用准则

按照农业部发布的《饲料药物添加剂使用规范》执行，在预防、诊疗中合理用药，禁止滥用抗生素。

四、配合饲料、浓缩饲料和添加剂预混合饲料使用准则

添加剂预混合饲料中有害物质及微生物允许量要严格执行《饲料药物添加剂使用规范》。

五、生物制品的使用规范

1）生物制品使用取得兽药许可证的生产企业生产的并有国家批准文号的产品。

2）明确装量、稀释液、剂量、使用方法、注意事项，严格按说明书要求使用。

3）预防注射过程应严格消毒，使用一次性注射器，或注射器严格消毒后使用，针头应逐头更换。

4）使用抗病血清，应正确诊断，早期治疗。血清应先少量注射，半小时后无过敏反应，再按规定使用，如发生过敏反应及时注射肾上腺素急救。

5）兽医防疫人员在使用疫苗的过程中应注意自身的防护，特别是使用人畜共患病疫苗及活疫苗时，尤应谨慎小心，严格遵守操作规范，及时做好自身的消毒、清洗工作。废弃的针管、针头、生物制品容器都应作无害化处理。

六、建立养殖品投入的监管网络

1. 建立监管体系

由政府相关部门组织进行养殖投入品定期检查，并在养殖场安装监控系统并定期检查瘦肉精、氯霉素等违禁物，会同质监、动物卫生监督、生物制品监管部门联合检查，建立了畜禽出场、屠宰、检疫与违禁品检测联动机制。

养殖场建立养殖投入品的管理制度，指定专人负责，实行场长负责制，对进、出场的每一批猪实行投入品的检测，合格后才可以进入流通市场。

2. 监管的措施

养殖投入品由技术部门制定采购方案，业务部统一负责采购，检验部门负责检查验收，生产部门负责储藏、发放和登记记录。

所购养殖投入品要符合《无公害食品畜禽饲料和饲料添加剂使用准则》（NY 5032—2006）的各项要求。检验部门对采购入场的投入品进行质量检验，合格的进入生产部门，不合格的与业务部门联系作出相应的处理，并上报至养殖场负责人。

出场前由检验部门进行检验，合格的报质量监测部门审核复检，并由动物卫生监督部门检疫、监督，达标后进入流通市场。不合格的禁止流入流通区域，并报主管部门进行处理。

对养殖各环节投入的饲料、饲料添加剂、保健草本植物/化学品、疫苗、消毒用石灰、食盐、养殖用水的质量及使用标准规范进行控制，确保投入品使用安全。

为了进一步规范养殖行为，确保畜禽投入品的可追溯性，从而保障畜禽产品的安全，畜禽投入品应按以下要求使用。

1）饲料添加剂、预混料、生物制品、生化制品的采购、使用，应在兽医的监督指导下进行。

2）严格按照国家有关规定合理使用兽药及饲料添加剂，严禁采购、使用未经兽药药政部门批准的或过期、失效的产品。

3）实施处方用药，处方内容包括：药用名称、剂量、使用方法、使用频率、用药目的，处方需经过监管的职业兽医签字审核，确保不使用禁用药和成分不明的药物，领药者凭用药处方领药、使用，并接受动物防疫机构的检查和指导。

4）加强对生产环境、水质、饲料、用药等生产环节有害物质残留的管理和监控，通过定期接受政府部门的抽检、送检或有条件的自检等方式，严格控制或杜绝违禁物品、有毒有害物质和药物残留。

5）投入品仓库专仓专用、专人专管。仓库内不得堆放其他杂物，药品按剂量或用途及储存要求分类存放，陈列药品的货柜或橱子应保持清洁和干燥。地面必须保持整洁，非相关人员不得进入。仓库内严禁放置任何药品和有害物质。

6）采购的药品和疫苗必须是有 GMP 批文，符合国家认证厂家生产的药品、疫苗；不从无兽药经营许可证的销售单位购买，不购买禁用药、无批准文号、无成分的药品，防止购入劣质投入品。

7）建立完善的投入品购进、使用记录，购进记录包括：名称、规格（剂型）、数量、有效期、使用日期、使用人员、使用去向。拌料用的药品或添加剂，需在执业兽医的指导下使用，并做好记录，严格遵守停药期和休药期。药品的使用应做到先进先出，后进后出，防止人为造成过期失效。

投入品购进、使用记录必须真实有效，保存时间不得少于两年。

第七节　疫 病 处 置

为了保障动物产品安全，保护人民身体健康，控制动物疫病，消灭疫源，规范规模场无害化处理工作，保障养殖业生产安全，应按《中华人民共和国动物防疫法》《病死及死因不明动物处置办法（试行）》规定执行。

1）任何单位和个人发现病死或死因不明动物时，应当立即报告村级兽医防疫员或责任区官方兽医，并做好临时看管工作。

2）凡从事动物疫情监测、检验检疫、疫病研究与诊疗以及动物饲养、屠宰、经营、隔离、运输等活动的单位和个人，发现染疫动物或疑似染疫的，应当立即向当地兽医主管部门、动物卫生监督机构报告，并采取隔离等控制措施，防治疫情扩散。

3）养殖场的畜禽发生疫病死亡或死亡证明时必须坚持"四不一处理"原则：即不随意宰杀、不出售和转运、不丢弃、不加工和食用，进行彻底的无害化处理。

4）养殖场发现有动物疫情时，必须立即报告场长，商请采取控制和治疗措施。发现疑似重大动物疫病时，要求 2h 内向当地兽医主管部门报告，请求协助处理。

5）养殖场必须配有专业兽医人员，发现病畜时，应及时加以隔离，对病畜实行专人管护和医治。对病畜停留过的地方和污染的环境、用具等进行消毒。发现疑似传染病时，禁止畜禽进出养殖场，并限制人员流动。

6）能确定死亡原因的，对非动物疫病引起死亡的动物，应在村级兽医防疫员指导下进行无害化处理，用密封性良好的塑料袋、饲料袋或容器装运到辖区内，无害化处理池、坑、井进行无害化处理、消毒，注意加强运输环节的消毒工作和防止病菌扩散。

7）对病死，但不能确定死亡病因的，或突发病畜死亡时，应将其尸体完整地保存下来，在疫病确诊前，不得长距离移动或随意急宰，应逐级上报至县动物卫生监督所，经过初步诊断，应在官方兽医监督下进行无害化处理。

8）对发病快、死亡率高等重大动物疫情，要按规定及时上报，对死亡动物及发病动物在官方兽医指导下进行解剖诊断，乡镇政府采取临时性的控制措施，等待上级畜牧兽医局和动物卫生监督机构及农业部指定的实验室进行确诊。一旦确诊为重大动物疫病，则按照《突发重大动物疫病应急预案》的要求，配合做好封锁、隔离、扑杀、消毒、深埋或焚烧等无害化处理工作。

9）无害化处理记录，对畜主、地址、联系电话、畜禽存栏数量、临床表现、病理剖解、死因、体重及处理方法、时间等进行详细的记录、记载。无害化处理要有完整的记载记录，死亡现场、无害化处理现场拍照留存，官方兽医和相关人员在记录表上签字。

10）无害化处理完后，必须彻底对其圈舍、用具、道路等进行消毒，防止病原传播。

11）养殖场和监督部门要看管好掩埋地，应设立明显的标志，当土开裂或下陷时，应及时填土，防止液体渗漏和野犬刨出动物尸体。

12）参与无害化处理的人员，必须穿戴工作服、帽、统靴；处理后，处理人员必须彻底洗手消毒，所用的物品必须消毒或焚烧销毁。在无害化处理过程中及疫病流行期间要注意个人防护，防止人畜共患病传染给人。

常见动物疫病的检疫与处理详见第一章第四节，动物重大疫病的应急处理方法详见《重大动物疫情应急条例》。

第八节　建立养殖档案

畜禽养殖场档案是畜牧法强制执行的一项养殖行为，养殖场养殖档案的建立与管理是实施重大动物疫病和畜禽产品质量安全可追溯的重要途径，也是规范动物养殖的一项重要措施，是动物卫生监管的重要内容。2015年12月29日正式实施的《中华人民共和国畜牧法》修正版第四十一条和《畜禽标识和养殖档案管理办法》第十八条明确了畜禽养殖场建立养殖档案的具体内容，而第六十六条中规定了畜禽养殖场未建立档案的处罚措施。有效建立养殖档案能进一步规范对养殖场（户）监管，掌握畜禽存栏、出栏与死亡、分娩、配种、免疫、投入品、兽药使用等情况，确保免疫密度达到100%，有效防控重大动物疫病，依法科学使用饲料、兽药，切实保障畜禽产品质量和安全，总结分析养殖成功的经验和失败的教训都具有十分重要的意义。

养殖档案主要包括以下内容。

1. 封皮的填写

封皮包括单位名称、畜禽养殖代码、动物防疫合格证编号、畜禽养殖种类和启用时间等。

2. 目录

养殖档案应设立目录，便于记录与查阅。

3. 畜禽养殖场（小区）基本情况表的填写

基本情况包括畜禽养殖代码、养殖品种、养殖规模（如填写存栏量或出栏量）、养殖场、区负责人、通讯地址、邮政编码、联系电话等情况和养殖场、小区有关情况简介（建场时间、占地面积、生产区面积、栏舍面积、职工总人数、技术人员人数等）。

4. 畜禽养殖场平面图

1）按照上北下南左西右东的规定绘制。

2）按照统一的比例尺绘出场、舍及主要设施的面积、位置，能够体现出各个功能区和粪污处理区等。

5. 免疫程序

养殖场有免疫程序的经审核合格后，再填写；没有程序的，按照养殖场（小区）统一制定的程序填写。包括启用日期，变更免疫程序的应记录变更后的程序及启用日期。

6. 生产记录

圈舍多的养殖企业，每个圈舍占一页，不够的根据需要可加附页。

（1）圈舍号　填写畜禽饲养的圈、舍、栏的编号或名称，不分圈、舍、栏的此栏不填。

（2）引种记录　进场日期、品种、引种数量、供种畜禽场名称、联系方式、检疫合格证明编号、隔离天数、并群日期、跨省调种审批表编号、监管单位代表签名。监管单位为县级动物卫生监督所，监管单位代表为官方兽医。

（3）变动日期　填写出生、调入、调出、死亡和淘汰的日期。

（4）畜禽调入　填写从外部（包括外圈、舍、栏）调入的数量，从场（小区）外调入的应在备注栏注明动物检疫合格证明编号，并将检疫证明原件粘贴在记录背面。

（5）调出去向　要能识别到具体的单位，需要在备注栏注明死亡和淘汰的原因。

（6）存栏数　填写存栏总数，为上次存栏数和变动数量（出生＋调入－调出－死亡－淘汰）之和。对于蛋鸡和奶牛的饲养者，畜禽（产品）调出（出售）栏为鸡蛋、牛奶的销出数量和销售去向。

7. 投入品购进记录

（1）投入品　主要指饲料、兽药、疫苗、消毒剂等。

（2）规格　对预混料、浓缩料而言是指在配合饲料中的添加比例。

（3）饲料添加剂、药物饲料添加剂、兽药、消毒剂　一般是指主成分的含量浓度或效价单位。养殖场自加工的饲料在生产厂家栏填写自加工，在备注栏写明成分。

购买投入品时，如果直接从生产企业购买，必须索要生产企业的《生产许可证》、《营业执照》和质量认证证书及发票等；如果从销售商处购买，必须索要销售商《经营许可证》、《营业执照》和质量认证证书及发票等。

8. 饲料、饲料添加剂和兽药使用记录

（1）养殖场自加工饲料的　生产厂家栏填写自加工。

（2）在外购饲料或自加工饲料中添加使用了饲料药物添加剂的　应写明饲料药物添加剂的通用名称、生产厂家、批号或生产日期、操作员、其他需记录事项、休药期和停止使用日期。

（3）停止使用日期、使用总量　待该批投入品全部使用完毕或停止使用后填写。

如果使用饲料不变品牌或型号，只填写一次即可；如果中途改变生产企业或型号，改变时再填写。

9. 消毒记录

（1）消毒对象　填写圈舍、出入通道、附属设施等场所，也可以是人员、衣物、车辆、器具。

（2）消毒剂名称　填写消毒剂的通用名称。

（3）用药浓度　填写消毒剂的使用浓度（应参照消毒剂的使用说明）。

（4）消毒方法　填写熏蒸、喷洒、浸泡、紫外线照射、焚烧等。

日常消毒原则上是一周两次，但是在防疫前24h和防疫后48h内严格禁止。

10. 免疫记录

主要记录疫苗名称、免疫日期、生产厂家、批号、失效日期、栏舍号、畜禽日龄、存栏数量、免疫数量、免疫剂量、免疫方法、未免数量、未免原因、操作员、防疫员签名。免疫方法包括气雾、饮水、拌料、注射、刺种、点眼、滴鼻等。非国家强制免疫的病种，防疫员签名一栏不用填写。

备注是记录本次免疫中未免疫动物的耳标号。

填写本项记录时，原则上按照免疫程序填写，程序不合理时，可适当调整。

11. 预防用药和诊断记录

预防用药和诊断记录包括动物发病日期、栏舍号、发病数量、病名、畜禽标识编码、用药名称、治疗结果、诊疗人员、其他需记录事项。

（1）畜禽标识编码 填写15位畜禽标识编码中的标识顺序号，猪、牛、羊以外的畜禽养殖场此栏不填。

（2）用药名称 填写兽药的通用名称。

（3）休药期 按照兽药说明书标注或农业部文件规定填写。

（4）用药方法 填写口服、肌内注射、静脉注射等。

（5）诊疗结果 填写康复、淘汰或死亡。

（6）诊疗人员 送外诊断的填写做出诊疗结果的单位或执业兽医的姓名，本场兽医诊疗的要本人签字。

对于死亡的畜禽要写出无害化处理记录——第15项；对于休药期内活畜禽和生鲜蛋奶产品应写出处理记录——第12项。

12. 生产畜禽休药期内活畜禽和生鲜蛋奶产品处理记录

（1）产品数量 只填写蛋或奶的总量，活畜禽不填写此项。

（2）处理方式 活畜禽包括康复回群、向外销售、焚烧、掩埋等，蛋奶产品包括向外销售、自场利用、掩埋等。当活畜禽或蛋奶产品不能够一次处理完毕时，每处理一次记录一次。

注：初乳及其他不宜食用的蛋奶产品的处理也可以采用此表记录，只填写相关栏目即可。

13. 生鲜蛋奶生产记录

（1）生产畜禽数量 是指处于产蛋期或产奶期的畜禽数量。

（2）生鲜蛋奶生产数量、合格产品数量、不合格产品数量 分别填写鲜蛋的数量或鲜蛋、生鲜牛奶的重量。

（3）记录人员 可以是饲养人员，也可以是拣蛋人员或挤奶人员。

注：生鲜蛋奶产品的入库也可以采用此表记录，只填写相关栏目即可。

14. 防疫监测记录

记录采样日期、栏舍号、采样数量、监测病种、监测单位、监测结果、处理情况，其他需记录项目。处理情况应根据免疫抗体检测结果填写重新免疫或扑杀。

（1）监测项目 填写具体的内容，如布鲁菌病监测、口蹄疫免疫抗体监测等。

（2）监测单位 动物防疫检测部门监测的填写实施监测的单位名称，企业自行监测的填写自行监测，企业委托社会检测机构监测的填写受委托机构的名称。

（3）监测结果　　填写阴性、阳性、抗体效价等。

（4）处理情况　　填写根据监测结果对畜禽采取的处理方法，如针对结核病监测阳性牛的处理情况，可填写为对阳性牛全部予以扑杀；针对抗体效价低于正常保护水平的处理情况，可填写为对畜禽进行重新免疫。

（5）记录人　　为本场兽医。

15. 无害化处理记录

有日期、栏舍号、畜禽日龄、发病数、死亡数、发病死亡主要原因、畜禽标识编码、无害化处理对象、处理方法、处理数量、处理原因、处理单位（或人员）。

（1）处理对象　　填写病死畜禽、胎衣、诊疗废物、粪便，以及其他废弃物。

（2）处理数量　　填写同批次处理的病死畜禽的数量，或处理的胎衣、诊疗废物、粪便、其他废弃物的重量。

（3）处理原因　　填写病死畜禽的染疫、正常死亡、死因不明。

（4）处理方法　　填写《畜禽病害肉尸及其产品无害化处理规程》GB 16548—2006规定的无害化处理方法，如高温、焚烧、掩埋等。

（5）处理单位（或人员）　　委托无害化处理场实施的填写处理单位名称，由该厂自行实施的由实施无害化处理的人员签字。

注："11. 预防用药和诊断记录"有死亡或传染病的必须填写此项。

16. 活畜禽和生鲜蛋奶产品销售记录

（1）畜禽日龄　　适用于活畜禽。

（2）销售数量　　适用于生鲜蛋奶产品。每发生一次销售行为，记录一次。

17. 技术培训记录

每培训一次记录一次。

注：技术培训的讲义或资料、考核试题、考核试卷、成绩单等资料可以与此表一起建档，也可以单独建档。

第九节　检 疫 申 报

根据《中华人民共和国动物防疫法》第四十二条规定，屠宰、出售或者运输动物及出售或者运输产品前，货主应当按照国务院畜牧兽医行政主管部门的规定向当地动物卫生监督机构申报检疫。为进一步落实动物检疫申报制度，规范动物检疫申报点建设和管理，提高动物及动物产品检疫率，根据《中华人民共和国动物防疫法》和《动物检疫管理办法》规定，2010 年 11 月 2 日农业部制定了《动物检疫申报点建设管理规范》。

一、规模养殖场动物检疫申报制度

1）为有效防控动物疫病，维护公共卫生安全，规模养殖场的动物在离开养殖场前必须实行产地检疫申报。申报检疫的动物必须经强制免疫和佩戴动物标识后，方可申报。

2）申报方式：在申报点填写检疫申报单。

3）养殖场申报人申报检疫时，应提供申报人姓名（或养殖场名称）、地址、报检动物种类、数量、约定检疫时间、用途、去向、联系电话等信息，同时还应提供养殖档案。

4）养殖场应在规定的时间内进行申报检疫：①出售、运输动物产品和供屠宰、继续饲养的动物，提前 3d 进行申报检疫；②出售、运输乳用、种用动物及其精液、卵、胚胎、种蛋，以及参加展览、演出和比赛的动物，提前 15d 申报检疫；③合法捕获野生动物的，捕获后 3d 内向捕获地申报检疫；④屠宰动物的，提前 6h 申报检疫，急宰的，随时申报。

5）养殖场申报检疫时，必须填写检疫申报单。电话申报的，在现场补填检疫申报单。

6）决定受理的检疫申报，检疫人员应出具检疫申报受理单。不予受理的，应说明理由。

7）申报人虚假报检，应承担相应的责任。

8）申报产地检疫数是项目申报核定出栏数的重要依据。

9）违反上述规定将按《动物防疫法》的有关规定接受处罚。

规模养殖场的动物经乡镇（办事处）畜牧兽医站检疫人员检疫合格后方可出场。运输动物的车辆装载前和卸载后应清洗消毒，并取得动物运载工具消毒证明。货主凭动物产地检疫证明和消毒证明运输、经营，调离产地的须凭动物产地检疫证明到乡镇兽医站或县兽医卫生监督检验所换取动物出县境检疫证明。未经检疫的动物禁止调离本场，检疫不合格的动物实行隔离观察、治疗。

二、申报流程

动物检疫申报工作流程见图 2-1，养殖场可据此申报。

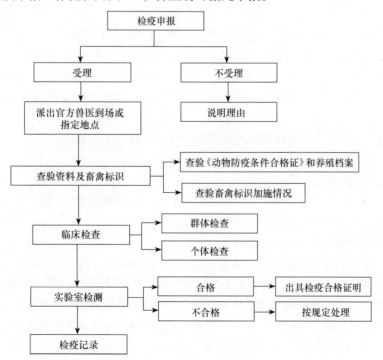

图 2-1　动物检疫申报流程

> **实 训**

疫苗的种类、保存、运送和使用

【实训目的】让学生了解疫苗的种类、保存、运送和使用方法。

一、种类

根据抗原性质可分为灭活疫苗、弱毒活疫苗、亚单位疫苗、工程疫苗、核酸疫苗和转基因植物可饲疫苗；根据疫苗功效则可分为预防性疫苗和治疗性疫苗。

1. 灭活疫苗

将分离培养的病原微生物（多数为强毒株）用适当的化学试剂将其灭活但保留其免疫原性，与不同的佐剂混合后乳化制成灭活疫苗。目前，用于制备灭活疫苗的佐剂有矿物油佐剂和氢氧化铝佐剂。前者多用于病毒性疫苗。

灭活疫苗的优点是安全性强，疫苗毒株无毒力返强的危险；多数疫苗的免疫接种效果不受仔猪母源抗体水平高低的干扰；贮存条件方面，一般需冷藏保存，不能冷冻。其缺点是需要免疫次数多，接种后局部反应略大，甚至出现接种部位污染，可引起局部炎症脓肿，影响接种效果，也降低局部的肉品品质。

2. 弱毒活疫苗

疫苗种类指将毒力下降或毒力完全丧失的病原微生物，与牛奶、明胶等佐剂混合后经过低温冻干后形成的疏松状制剂。严格意义上，此类疫苗不包含采用基因工程方法对基因组改变后引起致病性改变的微生物制备的弱毒疫苗。

活疫苗的优点有以下几点。

1）免疫途径多样：可通过肌内注射、滴鼻、口服等途径免疫。

2）刺激产生黏膜免疫：除肌内注射外，滴鼻和口服途径免疫后可刺激机体产生局部分泌型 IgA，形成黏膜免疫，在预防呼吸道感染和消化道感染中具有独特的作用，这是灭活疫苗无法比拟的，如沙门菌口服可以刺激机体肠道局部黏膜免疫。

3）免疫后可刺激产生体液免疫和细胞免疫，免疫效果较为确实。

4）免疫次数少于灭活疫苗。

5）接种后局部反应低。

缺点：受母源抗体的影响，如猪瘟活疫苗等；受抗菌药物的影响，如仔猪副伤寒弱毒疫苗；活疫苗运输保存条件严格，需冷冻条件。

3. 基因工程疫苗

利用分子生物学手段改造病原微生物的基因，获得毒力下降、丧失的突变株或构建以弱毒株为载体、表达外源基因的重组毒（菌）株，并利用它们作为疫苗毒株制备疫苗，包括基因缺失活疫苗和基因工程活载体疫苗。该疫苗与常规弱毒疫苗相比，主要区别在于后者采用常规技术，而非分子生物学技术，来致弱病原微生物，不确定其毒力致弱的分子机制。

4. 核酸疫苗

核酸疫苗产生于 20 世纪 80 年代。将病原微生物或寄生虫基因组中编码免疫原性蛋白的基因克隆到真核表达载体中制备重组质粒，这种质粒直接导入动物体内，利用宿主体内的转录翻译系统，合成该蛋白质，刺激机体产生相应的细胞免疫和体液抗体，因而称之为 DNA 疫苗。DNA 疫苗可以用大肠杆菌大量制备，成本较低。针对细菌病、病毒病和寄生虫病的 DNA 疫苗报道较多。但基于是否整合到宿主染色体等安全性考虑，核酸疫苗多处于实验研究阶段，尚未大量应用。RNA 疫苗是近几年才出现的一种核酸疫苗，主要在人类医学中，作为 RNA 类药物，用于抗肿瘤研究。在动物疫苗领域尚未见 RNA 疫苗的应用报道。

5. 亚单位疫苗与合成肽疫苗

利用物理化学方法提纯病原微生物中具免疫原性的组分，或者利用基因工程表达该组分，纯化后加入佐剂而制成。猪传染性胸膜肺炎的亚单位疫苗中含有毒素Ⅰ、毒素Ⅱ、毒素Ⅲ和外膜蛋白等，能提供对所有 15 个血清型的交叉保护力。我国使用的口蹄疫合成肽疫苗，是利用人工方法合成口蹄疫病毒 VP1 蛋白中具有较强免疫原性的抗原片段，加入佐剂制成。该疫苗的优点是抗原组分单一，纯度高，免疫反应强，不良反应低；能迅速针对新出现变异毒株研制其合成肽疫苗。但是，其成本较高。

6. 转基因植物可饲疫苗

将病原微生物中编码免疫蛋白的基因插入植物基因组中，获得表达病原微生物免疫原性的植物，再从植物中提纯蛋白质用于注射动物或将植物直接饲喂动物，产生免疫力。用于表达免疫原性基因的植物主要有马铃薯、玉米、蔬菜、番茄、烟草和香蕉等，称为转基因可饲疫苗（ediable vaccine）。

二、疫苗保存、运送

1. 运输前须妥善包装，防止碰破流失

运输途中避免高温和日光直射，应在低温条件下运送。大量运输时使用冷藏车，少量时装入盛有冰块的广口保温瓶内运送。但对灭活苗在寒冷季节要防止冻结。

2. 保存

购买的疫苗应尽快使用。距使用时间较短者（1～2d）置于 2～15℃阴暗、干燥的环境，如地窖、冰箱冷藏室；量少者也可保存于盛有冰块的广口冷藏瓶中。需要较长时间保存者，弱毒苗保存于冰箱冷冻室（0℃以下）冻结保存，灭活苗保存于冰箱冷藏室。注意防止过期。

三、疫苗使用

1）制定合理的免疫程序，避免母源抗体干扰。不同疫苗接种之间至少间隔 1 周。不同疫苗同时混合使用，要先做小范围的观察，如无不良反应，再大群使用。

2）建立在正确的流行病学调查基础上，有针对性选择所需疫苗，不可盲从。对于多血清型菌株感染，应选择与当地流行菌株血清型一致的疫苗，免疫效果要确实。

3）免疫接种前，检察动物是否健康；对使用的疫苗进行仔细检查。瓶签上的说明（名称、批号、用法、用量、有效期）必须清楚，瓶子与瓶塞无裂缝破损，瓶内的色泽性状正常。

4）按疫苗的使用说明进行免疫接种。细菌活疫苗使用前后不可同时使用抗生素或有抗菌活性的中草药。

5）剩余或残留疫苗液的处理。已经打开瓶塞或稀释过的疫苗，必须当天用完，未用完的疫苗经加热处理后废弃，以防污染环境。吸入注射器内未用完的疫苗应注入专用空瓶内同前处理。

6）疫苗使用后，要做好生产记录，使疫苗效果评估更加准确和科学。

（欧长波　张艳英　石玉祥）

第三章 流通领域防疫检疫技术

第一节 运载工具消毒

动物及动物产品运载工具消毒是指货主或承运人在装前或卸后，按照《中华人民共和国动物防疫法》有关规定及相关检疫管理办法，应对运载动物的车辆、运载工具及时进行清扫、冲刷、消毒，并对动物垫料、排泄物及时进行无害化处理。

一、运载工具消毒的意义

1. 动物运载工具消毒不规范导致动物传染病的远距离传播

由于货主或承运人消毒意识不强，动物卫生监督不到位，屠宰加工场和货主或承运人不按规定对动物运载工具进行消毒或消毒不规范，运载工具重复使用，到处流窜收购动物、卸载动物，垫料、排泄物不经消毒和无害化处理而就地乱弃，污染装卸环境造成动物疫病的传播，造成养殖业的重大损失。

2. 动物疫病反复发生和持续散发，威胁养殖业健康发展

随着市场经济的日益活跃，动物的调入和调出频繁，如果动物运载工具不消毒或消毒不严格、不规范，必然污染动物输出地和输入地养殖环境，引发动物传染病，且因动物频繁反复交叉运输，导致动物疫病反复发生和持续散发，难于控制和扑灭，给养殖业发展带来巨大隐患。

3. 随着动物运输而输入新的动物疫病，动物疫病的诊断、防制等难度加大

动物远距离运输，即使动物检疫到位，但运载工具不消毒，随着动物远距离调运，也易引入输入性动物传染病，使输入地动物疫病更加复杂，给防控工作带来巨大压力，极易造成养殖业的巨大损失。

二、运载工具消毒的要求

1. 对动物、动物产品货主或承运人的要求

（1）自觉申请消毒　　动物及动物产品在装前卸后，及时向动物检疫监督机构申请运载工具消毒。

（2）按规定交费　　按照国务院财政、物价行政管理部门的规定交纳检疫费用。

2. 对动物卫生监督机构的要求

1）加强教育，增强责任，提高认识。各级动物防疫部门应加强对内部执法人员进行宣传、教育和管理。制定完善的管理办法和奖惩制度，增强其责任感和使命感。

2）坚持装车前报检制度，对未经彻底消毒的车辆不允许装车，对已装车的，坚决要求其卸车消毒，否则不允许启运。

3）认真做好卸货后车辆的冲洗消毒，对未消毒的，坚决不予放行。

3. 对消毒准备的要求

1）消毒药物要选择针对特定病原、效果较好，且对车辆、畜体无腐蚀性或较轻的作为规范化的运载工具消毒品种。

2）消毒工具应选择喷雾器或机动喷雾器，除对车厢地板、四壁、顶部喷洒外，还应对车厢外表及轮胎进行喷洒。

3）消毒药液的浓度及用量是达到消毒效果的关键。在实践中所以发生经消毒后仍然发病的情况，除消毒药物品种选择不妥外，一般多为消毒药液用量不足所致。

三、运载工具消毒监督的实施程序

1. 提出申请

由经营动物、动物产品的货主或承运人在其动物、动物产品发生移动之前，依照有关规定向所在地动物防疫监督机构提出运载工具消毒申请的过程。申请可通过口头或书面提出，内容含货主、承运单位、运载工具名称及号码、启运地点、到达地点等。

2. 实施清洁消毒

（1）装运前的清洁消毒　　未曾装运过动物及其产品的运载工具，应进行清扫除污，用水冲洗后即可装运。但为了安全还是用消毒药液进行喷洒消毒为好。

运输过动物及其产品的运载工具，应先查验有无运载工具消毒证明。如有该证明，进行清扫后即可装运；如无运载工具消毒证明，则应先喷洒消毒药液，经一定时间后，进行清扫洗刷，再用符合要求的消毒药液进行喷洒消毒后，才能装运。

需要运输的动物产品，其外包装须经过消毒后才能装运。一般采用 0.1% 的碘制剂或 0.4% 的新洁尔灭进行外包装喷洒消毒。但应注意不要喷洒过湿，以利装运。

（2）卸后的清洁消毒　　装运过健康动物及其未加工过的动物产品的运载工具，应首先进行清扫，然后用 70℃ 的热水洗刷或用消毒药进行喷洒消毒。

运载过患一般传染病的动物及其未加工的动物产品的运载工具，除进行彻底清扫外，应用含有 2% 活性氯的漂白粉或 0.5% 过氧乙酸或 4% 氢氧化钠溶液或 0.1% 的碘溶液等药物进行喷雾消毒。

运载过一类动物传染病或疑似一类动物传染病及病原微生物抵抗力强的患病动物（如炭疽等芽孢菌感染者）及染疫动物产品的车、船，应先用消毒药液喷洒消毒，然后彻底清扫，再用含有 5% 活性氯的漂白粉或 4% 甲醛溶液或 0.5% 过氧乙酸消毒药液喷洒，每平方米需消毒药液 0.5kg。消毒后半小时，再用热水喷洗车、船内外，最后用上述消毒液再消毒一次，每平方米用药 1kg。

清除的粪便、垫草和垃圾经喷洒消毒后，堆积发酵或焚烧。

注意事项：①车辆外部先由车顶开始，然后依序对车厢四边消毒。②需要特别注意车辆的车箱、车箍、挡泥板及底部的消毒。③车辆内部由车厢顶开始往下消毒，需要彻底消毒车厢顶部、内壁、分隔板及地面。④需要特别注意上下货斜坡、货物升降架及栅门的消毒。⑤要确定车辆腹侧储物箱中所有已清洁的设备如铲子、刷子等皆已喷洒过或浸泡过消毒液。⑥归还消毒设备前。要先消毒车辆腹侧贮物箱内部的所有表面。⑦用浸有消毒液的干净毛巾或布擦拭消毒驾驶室的地面、脚踏垫及踏板。

3. 运载工具消毒后处理

动物防疫监督机构或其指定单位进行消毒后，由相关机构经检疫合格后，出具《动物及动物产品运载工具消毒证明》（图 3-1），当次运输有效。

动物及动物产品运载工具消毒证明

货主：　　　　　　　　　　　　　　　编号：

承运单位					
运载工具名称		运载工具号码			
启运地点		到达地点			
装运前业经	消毒	消毒单位（章）		年　月　日	
卸货后业经	消毒	消毒单位（章）		年　月　日	

第联　共二联

图 3-1　动物及动物产品运载工具消毒证明

第二节　动物产地检疫

一、动物产地检疫概述

动物产地检疫是指动物及其动物产品在离开饲养地、生产地或加工地之前进行的检疫，即到养殖场、养殖户或指定的地点检疫。

（一）产地检疫的意义

1）产地检疫，对贯彻和落实预防为主的方针有着极其重要的意义。可促进基层防疫工作的开展，实现以检促防、防检结合，做到患病动物不出村、不出户，病害动物产品不出厂、不出点，把动物疾病控制在最小的范围内，从饲养、生产的源头上做好动物疫病防控工作。

2）对于控制动物疫病通过流通领域进行远距离传播，具有重要作用。通过产地检疫能够及时发现患病动物，并及时采取措施，消灭传染源，切断传播途径防治患病动物及病害动物产品通过流通领域传播动物疫病，危害人体健康。

3）建立动物疫情和动物产品安全追溯制度，实施全过程控制等。由此可见，动物产地检疫是预防、控制和扑灭动物疫病的治本措施，是做好整个动物检疫工作的基础。

（二）产地检疫的分类

1. 产地常规检疫

产地常规检疫是对大型动物养殖场（户）饲养的动物按计划在饲养场内进行的定期检疫，目的在于及时发现传染源，淘汰阳性感染动物，达到逐步净化的目的。

2. 产地售前检疫

产地售前检疫是对畜禽养殖场或个人、动物产品加工单位或个人准备出售的畜禽、动物产品在出手前进行的检疫。

3. 产地隔离检疫

产地隔离检疫是对准备出口的畜禽未进入口岸前在产地隔离进行的检疫。国内异地调运种用畜禽，运前在原种畜禽养殖场进行的隔离检疫和产地引种饲养调回动物后进行的隔离观察亦属于产地隔离检疫。

（三）产地检疫的特点

1）动物产地检疫实施的时间是动物离开饲养地之前，是对生产者的规范。要求任何进入流通领域里的动物，必须具有动物检疫合格证明。执法效果是把动物疫情限制在产地的最小范围。

2）动物产地检疫的实施地点是产地，即养殖场、养殖户或指定的报检地点，是对防疫工作的规范。执法效果是为了能够核对、了解有关的动物防疫资料如免疫档案、《动物防疫条件合格证》、免疫标识、产地疫情等情况。

3）动物产地检疫的实施必须以检疫人员到场、到户、到点为标志，是对官方兽医的规范。因为检疫权是官方兽医的法定权利，不能委托，不能不作为，必须认真落实。执法效果是界定和区分是否按标准进行检疫，是否只出证不检疫、隔山出证等违法行为的依据。

（四）产地检疫的要求

1. 对动物、动物产品经营者的要求

（1）自觉报检　　动物产品、即将屠宰的动物在离开原产地之前 3d；育肥、役用动物在离开原产地之前 5d；种用、乳用动物在离开原产地之前 15～30d；因生产生活特殊，需要出售、调运和携带动物或者动物产品的，随报随检。农民个人自养、自宰、自食生猪等动物，在宰前同样要报检接受检疫。

（2）按规定交费　　按照国务院财政、物价行政管理部门的规定交纳检疫费用。

2. 对动物卫生监督机构的要求

1）做好产地售前检疫。

2）做好定期检疫。

3）做好引进检疫。

4）做好隔离检疫。

5）因地制宜，采取多种形式进行产地检疫。

6）做好产地检疫的统计与分析。

3. 对官方兽医的要求

1）承担辖区内动物、动物产品的检疫、消毒工作，并出具检疫合格证明，胴体加盖验讫印章或加封规定的检疫标志。

2）检疫中发现染疫动物、动物产品，应制止其流通。

3）实施检疫时，按照农业部《生猪产地检疫规程》等 4 个规程（农医发〔2010〕20号）和有关检疫规定执行，并对检疫结果负责。同时要做好各项记录。

4）按规定收取检疫费。动物卫生监督机构按照国务院财政、物价行政管理部门的规定收取检疫费用，不得加收其他费用，也不得重复收费。

5）不断提高自身素质。官方兽医要加强学习，不断提高自身的业务水平、政治素质和法律素质。县级以上兽医主管部门应当加强对官方兽医的培训、考核和管理。

（五）产地检疫的对象

猪：口蹄疫、猪瘟、高致病性猪蓝耳病、炭疽、猪丹毒、猪肺疫。

牛：口蹄疫、布鲁菌病、牛结核病、炭疽、牛传染性胸膜肺炎。

羊：口蹄疫、布鲁菌病、绵羊痘和山羊痘、小反刍兽疫、炭疽。

禽：高致病性禽流感、新城疫、鸡传染性喉气管炎、鸡传染性支气管炎、鸡传染性法氏囊病、马立克氏病、禽痘、鸭瘟、小鹅瘟、鸡白痢、鸡球虫病。

　　马属动物：马传染性贫血病、马流行性感冒、马鼻疽、马鼻腔肺炎。

　　鹿：口蹄疫、布鲁菌病、结核病。

　　骆驼：口蹄疫、布鲁菌病、结核病。

　　各省、自治区、直辖市可根据当地疫情情况酌情进行增减，对出境动物可根据贸易双方商定的应检病虫害进行产地检疫。

二、动物产地检疫程序

（一）产地检疫的实施程序

1. 申报受理

　　检疫申报是指经营动物、动物产品的单位和个人在其动物、动物产品发生移动之前，依照有关规定向所在地动物防疫监督机构提出检疫申报的过程。申报一般要提前进行，方式可电话口头提出，内容含动物种类、数量、起运地点、到达地点、运输方式和约定检疫时间等。动物卫生监督机构在接到申报后，根据当地相关动物疫情情况，决定是否予以受理。受理的，应当及时派出官方兽医到现场或到指定地点实施检疫；不予受理的，应说明理由（图3-2）。

动物检疫申报单

（一式二份由申报人填写）

No.

申报人：_____　　联系电话：_____

动物、动物产品种类：_____　　数量及单位：_____

来源：_____　　用途：_____

启运地点：_____

启运时间：_____　　到达地点：_____

本批动物、动物产品符合《动物防疫法》规定，特申报检疫。

　　　　　　　　　　　　　　　　　　　　　申报人签章：

　　　　　　　　　　　　　　　　　　　　　申报时间：　　年　　月　　日

动物检疫申报受理单

（一式二份由动物卫生监督所填写）

No.

处理意见：

　　□受理：本所拟于 _____ 年 _____ 月 _____ 日 _____ 时派人到 _____

（地点）实施检疫。

　　□不受理：理由 _____

_____

受理人：　　　　　　　　　　　　　　　　　　　联系电话：

　　　　　　　　　　　　　　　　　　　　　　　　　动物检疫专用章

图3-2　动物检疫申报单和申报受理单

2. 疫情调查

通过询问有关人员（畜主、饲养管理人员、防疫员等）和对检疫现场的实际观察，了解当地疫情及邻近地区的疫情动态，确定被检动物是否来自于疫区。有疫情的，中止检疫，视不同情况按照规定的疫情报告程序逐级上报。

3. 查验免疫档案和免疫耳标

向畜主索取动物的免疫档案，核实免疫档案的真伪，检查是否按国家或地方的规定进行免疫接种，并认真核对免疫有效期和查验免疫耳标，确定动物是否具备合格的免疫标识。

4. 临床健康检查

主要检查被检动物是否健康。动物产地检疫以临床感观检查为主，主要看动物静态、动态和饮食状态是否正常（包括动物群体精神状况、外貌、呼吸状态、运动状态、饮水饮食、反刍状态、排泄物状态等），对个别疑似患病动物需进行详细的个体检查。

5. 实验室检测

对怀疑患有《生猪产地检疫规程》规定疫病及临床检查发现其他异常情况的，应按相应疫病防治技术规范进行实验室检测。实验室检测须由省级动物卫生监督机构指定的具有资质的实验室承担，并出检测报告。省内调运的种猪、种用或乳用反刍动物、种禽或种蛋，可参照《跨省调运种用乳用动物产地检疫规程》和《跨省调运种禽产地检疫规程》进行实验室检测，提供相应检测报告。

6. 检疫收费

依法进行检疫需要收取费用的，其项目和标准按国务院财政部门、物价主管部门的规定执行。

7. 检疫的结果判定

检疫结果是动物产地检疫的出证条件。凡产地检疫的动物同时符合下述 4 个条件的，其检疫结果判定为合格。否则，其结果判定为不合格。判定条件如下：①动物必须来自非疫区或发生相关动物疫情的养殖场、养殖户。②动物具备合格的免疫档案及猪、牛、羊佩戴有合格的免疫耳标，并在免疫有效期内。③群体和个体临诊健康检查，结果合格。④种用、乳用、役用动物按规定的实验室检查项目检验，结果合格。

（二）产地检疫的处理

1. 经检疫合格的，出具《动物检疫合格证明》

1）被检动物跨省境出售或者运输的，出具《动物检疫合格证明》（动物 A）（图 3-3）。

2）被检动物在省内出售或者运输的，出具《动物检疫合格证明》（动物 B）。（图 3-4）。

出具检疫合格证明应当执行动物防疫证章填写及使用规范的规定。动物检疫合格证明有效期最长为 7d；赛马等特殊用途的动物检疫合格证明有效期为 15d。

2. 经检疫不合格的，出具《检疫处理通知单》（图 3-5），并按照有关规定处理

1）因动物来自疫区，即饲养地（场、户）为疫区而不合格的，禁止动物离开饲养产地，视不同疫病等情况，分别按《动物防疫法》等有关法律、法规处理。

动物检疫合格证明（动物 A）

编号：

货主		联系电话	
动物种类		数量及单位	
启运地点	省　市（州）　县（市、区）　乡（镇）　村 （养殖场、交易市场）		
到达地点	省　市（州）　县（市、区）　乡（镇） 村（养殖场、屠宰场、交易市场）		
用　途		承运人	联系电话
运载方式	□公路　□铁路　□水路　□航空	运载工具牌号	
运载工具消毒情况	装运前经＿＿＿＿＿＿＿＿消毒		
本批动物经检疫合格，应于＿＿＿＿日内到达有效。 　　　　　　　官方兽医签字：＿＿＿＿＿ 　　　　　　　签发日期：　年　月　日 　　　　　　　（动物卫生监督所检疫专用章）			
牲畜耳标号			
动物卫生监督 检查站签章			
备　注			

第二联　共二联

注：1. 本证书一式两联，第一联由动物卫生监督所留存，第二联随货同行。
　2. 跨省调运动物到达目的地后，货主或承运人应在 24h 内向输入地动物卫生监督机构报告。
　3. 牲畜耳标号只需填写后 3 位，可另附纸填写，需注明本检疫证明编号，同时加盖动物卫生监督机构检疫专用章。
　4. 动物卫生监督所联系电话：

图 3-3　动物检疫合格证明（动物 A）

动物检疫合格证明（动物 B）

编号：

货主		联系电话		
动物种类		数量及单位	用　途	
启运地点	市（州）　县（市、区）　乡（镇）　村 （养殖场、交易市场）			
到达地点	市（州）　县（市、区）　乡（镇）　村 （养殖场、屠宰场、交易市场）			
牲畜耳标号				
本批动物经检疫合格，应于当日内到达有效。 　　　　　　官方兽医签字：＿＿＿＿＿ 　　　　　　签发日期：　年　月　日 　　　　　　（动物卫生监督所检疫专用章）				

第二联　共二联

注：1. 本证书一式两联，第一联由动物卫生监督所留存，第二联随货同行。
　2. 本证书限省境内使用。
　3. 牲畜耳标号只需填写后 3 位，可另附纸填写，并注明本检疫证明编号，同时加盖动物卫生监督所检疫专用章。

图 3-4　动物检疫合格证明（动物 B）

检疫处理通知单

编号：

按照《中华人民共和国动物防疫法》和《动物检疫管理办法》有关规定，你（单位）的 _____

_____ 经检疫不合格，根据 _____

_____ 之规定，

决定进行如下处理：

一、_____

二、_____

三、_____

四、_____

动物卫生监督所（公章）

年　　月　　日

官方兽医（签名）：

当事人签收：

备注：1. 本通知单一式二份，一份交当事人，一份动物卫生监督所留存。

　　　2. 动物卫生监督所联系电话。

　　　3. 当事人联系电话。

图 3-5　检疫处理通知单

2）因被检疫动物没有按照国家和地方强制免疫接种项目要求免疫，无免疫档案、无免疫耳标或动物不在免疫有效期内的，按规定给以警告处理，补免后建立免疫标识，待产生坚强免疫力后再申报检疫。

3）若被检疫动物患一类、二类、三类疫病的，按《动物防疫法》等有关法律、法规处理；若被检疫动物患非国家规定的检疫对象的，不能让其离开产地，应留在原饲养产地进行防治。

4）种用、乳用、实验用、役用动物因规定的实验室检查项目检查结果不合格的，依患病情况，按《动物防疫法》及相关法规处理。

（三）检疫记录

1）检疫申报单：动物卫生监督机构须指导畜主填写检疫申报单。

2）检疫工作记录：官方兽医须填写检疫工作记录（图 3-6），详细登记畜主姓名、地址、检疫申报时间、检疫时间、检疫地点、检疫动物种类、数量及用途、检疫处理、检疫注明编号等，并由畜主签名。

3）检疫申报单和检疫工作记录应保存 12 个月以上。

三、动物产品产地检疫

根据 2008 年 1 月 1 日起施行的《中华人民共和国动物防疫法》的规定，动物产品，是指动物的肉、生皮、原毛、绒、脏器、脂、血液、精液、卵、胚胎、骨、蹄、头、角、筋及可能传播动物疫病的奶、蛋等。

动物检疫现场记录表

编号：

基本情况	现场检疫时间	年　月　日　时					
	现场检疫地点						
	货主姓名			货主联系电话			
	货主住址						
	检疫动物种类		用途			动物总数	
	动物饲养地详细地址						
查验材料与疫情调查	经强制免疫	□是 □否	免疫有效期	□在 □不在	养殖档案	□符合 □不符合	
	畜禽标识	□符合 □不符合	封锁区	□是 □否	养殖场疫情	□有 □无	
临床健康检查	饮食状态	□正常 □异常	呼吸状态	□正常 □异常	走动状态	□正常 □异常	
	精神状态	□正常 □异常	头部检查	□正常 □异常	四肢检查	□正常 □异常	
	体表或皮肤检查	□正常 □异常	体温测量	□正常 □异常	排泄物检查	□正常 □异常	
	其他项目检查						
检疫结果	检疫合格数		出具检疫证名称		检疫证号码		
	检疫不合格数		不合格原因		处理方式		
检疫人员签名		畜（货）主确认	我见证了以上检疫过程，情况属实！ 签名： 　　　　年　月　日　时				

图 3-6　动物检疫现场记录表

（一）实施程序

1. 申报受理

动物防疫监督机构接到申报后，必须填写报检记录，按约定时间派人到现场或指定地点实施检疫，在运输、出售前作出检疫结论，合格的出具相关检疫合格证明等。

2. 疫情调查

是否来自非疫区，或未发生相关动物疫情的养殖场、养殖户。

3. 供体健康检查

要求供体动物按规定进行了强制免疫，且在有效保护期内，无国家规定的动物疫病，供体有健康合格证明。

4. 特殊规定

1）肉类经检验合格，酮体上加盖合格的验讫印章或加封检疫标志。

2）种蛋经感官检查、灯光透视检查合格，且必须做沙门菌检验，结果应为阴性。种蛋需经消毒处理，包装箱消毒后加贴消毒封签或消毒标志。出场前可选用 1：1000 百毒杀、0.1% 碘液、1.5% 漂白粉等进行浸泡、喷雾消毒，或采用熏蒸消毒法。

3）精液、卵、胚胎的供体达到动物健康标准。采用 0.1% 新洁尔灭、0.1% 碘液浸泡或喷湿等方法，对外包装进行消毒后加贴统一规定使用的外包装消毒封签或消毒标志。

4）生皮、原毛、绒、骨、角等产品的原产地无规定疫情，并按照有关规定进行消毒。炭疽易感动物的生皮、原毛、绒等产品炭疽沉淀试验为阴性，或经环氧乙烷、过氧乙酸消毒合格。

5. 检疫收费

依法进行检疫需要收取费用的，其项目和标准按国务院财政部门、物价主管部门的规定执行。

6. 检疫结果判定

检疫结果是动物产地检疫的出证条件。凡产地检疫的动物产品符合条件的，其检疫结果判定为合格；否则，其结果判定为不合格。

（二）检疫处理

1. 经检疫合格的，由动物卫生监督机构出具《动物检疫合格证明》

1）被检动物产品跨省境出售或者运输的，出具《动物检疫合格证明》（产品 A）（图 3-7）。

动物检疫合格证明（产品 A）

编号：

货主		联系电话	
产品名称		数量及单位	
生产单位名称地址			
目的地	省　　　市（州）　　　县（市、区）		
承运人		联系电话	
运载方式	□公路　□铁路　□水路　□航空		
运载工具牌号		装运前经 ＿＿＿＿＿＿＿＿＿＿＿＿＿＿ 消毒	
本批动物产品经检疫合格，应于 ＿＿＿＿ 日内到达有效。 官方兽医签字：＿＿＿＿＿＿ 签发日期：　　年 月 日 （动物卫生监督所检疫专用章）			
动物卫生监督检查站签章			
备注			

第一联　共二联

注：1. 本证书一式两联，第一联随货同行，第二联由动物卫生监督所留存。

2. 动物卫生监督所联系电话：

图 3-7　动物检疫合格证明（产品 A）

2）被检动物产品在省内出售或者运输的，出具《动物检疫合格证明》（产品 B）

（图 3-8）。

动物检疫合格证明（产品 B）

编号：

货主		产品名称	
数量及单位		产地	
生产单位名称地址			
目的地			
检疫标志号			
备注			

第
一
联

本批动物产品经检疫合格，应于当日到达有效。

官方兽医签字：＿＿＿＿＿

签发日期：　　年　月　日

（动物卫生监督所检疫专用章）

共
二
联

注：1. 本证书一式两联，第一联由动物卫生监督所留存，第二联随货同行。

　　2. 本证书限省境内使用。

图 3-8　动物检疫合格证明

动物产品种类繁多，检疫证明的有效期应根据产品种类、用途、保存条件、运输距离及环境因素等综合考虑，但最长不得超过 30d。

2. 经检疫不合格的，出具《检疫处理通知单》，并按照有关规定处理

处理同动物产地检疫。

附 1：动物产地检疫的临床检查

（一）检查方法

1. 群体检查　从静态、动态和饮食状态等方面进行检查。主要检查动物群体精神状况、外貌、呼吸状态、运动状态、饮水饮食、反刍状态、排泄物状态等。

2. 个体检查　通过视诊、触诊和听诊等方法进行检查。

家畜主要检查个体精神状况、体温、呼吸、皮肤、被毛、可视黏膜、胸廓、腹部及体表淋巴结，排泄动作及排泄物性状等。

家禽主要检查个体精神状况、体温、呼吸、羽毛、天然孔、冠、髯、爪、粪、触摸嗉囊内容物性状等。

（二）检查内容

1. 生猪

1）出现发热、精神不振、食欲减退、流涎；蹄冠、蹄叉、蹄踵部出现水疱，水疱破裂后表面出血，形成暗红色烂斑，感染造成化脓、坏死、蹄壳脱落，卧地不起；鼻盘、口腔黏膜、舌、乳房出现水疱和糜烂等症状的，怀疑感染口蹄疫。

2）出现高热、倦怠、食欲缺乏、精神委顿、弓腰、腿软、行动缓慢；间有呕吐便秘腹泻交替；可视黏膜充血、出血或有不正常分泌物、发绀；鼻、唇、耳、下颌、四肢、腹下、外阴等多处皮肤点状出血，指压不褪色等症状的，怀疑感染猪瘟。

3）出现高热、眼结膜炎、眼睑水肿；咳嗽、气喘、呼吸困难；耳朵、四肢末梢和腹部皮肤发绀；偶见后躯无力、不能站立或共济失调等症状的，怀疑感染高致病性猪蓝耳病。

4）出现高热稽留、呕吐、结膜充血；粪便干硬呈粟状，附有黏液，下痢；皮肤有红斑、疹块，指压褪色等症状的，怀疑感染猪丹毒。

5）出现高热、呼吸困难，继而哮喘，口鼻流出泡沫或清液；颈下咽喉部急性肿大、变红、高热、坚硬；腹侧、耳根、四肢内侧皮肤出现红斑，指压褪色等症状的，怀疑感染猪肺疫。

6）咽喉、颈、肩胛、胸、腹、乳房及阴囊等局部皮肤出现红肿热痛，坚硬肿块，继而肿块变冷，无痛感，最后中央坏死形成溃疡；颈部、前胸出现急性红肿，呼吸困难、咽喉变窄，窒息死亡等症状的，怀疑感染炭疽。

2. 反刍动物

1）出现发热、精神不振、食欲减退、流涎；蹄冠、蹄叉、蹄踵部出现水疱，水疱破裂后表面出血，形成暗红色烂斑，感染造成化脓、坏死、蹄壳脱落，卧地不起；鼻盘、口腔黏膜、舌、乳房出现水疱和糜烂等症状的，怀疑感染口蹄疫。

2）孕畜出现流产、死胎或产弱胎，生殖道炎症、胎衣滞留，持续排出污灰色或棕红色恶露及乳房炎症状；公畜发生睾丸炎或关节炎、滑膜囊炎，偶见阴茎红肿，睾丸附睾肿大等症状的，怀疑感染布鲁菌病。

3）出现渐进性消瘦，咳嗽，个别可见顽固性腹泻，粪中混有黏液状脓汁；奶牛偶见乳房淋巴结肿大等症状的，怀疑感染结核病。

4）出现高热、呼吸增速、心跳加快；食欲废绝，偶见瘤胃膨胀，可视黏膜发绀，突然倒毙；天然孔出血、血凝不良呈煤焦油样、尸僵不全；体表、直肠、口腔黏膜等处发生炭疽痈等症状的，怀疑感染炭疽。

5）羊出现突然发热、呼吸困难或咳嗽，分泌黏脓性卡他性鼻液，口腔内膜充血、糜烂，齿龈出血，严重腹泻或下痢，母羊流产等症状的，怀疑感染小反刍兽疫。

6）羊出现体温升高、呼吸加快；皮肤、黏膜上出现痘疹，由红斑到丘疹，突出皮肤表面，遇化脓菌感染则形成脓疱继而破溃结痂等症状的，怀疑感染绵羊痘或山羊痘。

7）出现高热稽留、呼吸困难、鼻翼扩张、咳嗽；可视黏膜发绀，胸前和肉垂水肿；腹泻和便秘交替发生，厌食、消瘦、流涕或口流白沫等症状的，怀疑感染传染性胸膜炎。

3. 家禽

1）禽出现突然死亡、死亡率高；病禽极度沉郁，头部和眼睑部水肿，鸡冠发绀、脚鳞出血和神经紊乱；鸭、鹅等水禽出现明显神经症状、腹泻，角膜炎，甚至失明等症状的，怀疑感染高致病性禽流感。

2）出现体温升高、食欲减退、神经症状；缩颈闭眼、冠髯暗紫；呼吸困难；口腔和鼻腔分泌物增多，嗉囊肿胀；下痢；产蛋减少或停止；少数禽突然发病，无任何症状而死亡等症状的，怀疑感染新城疫。

3）出现呼吸困难、咳嗽；停止产蛋，或产薄壳蛋、畸形蛋、褪色蛋等症状的，怀疑感染鸡传染性支气管炎。

4）出现呼吸困难、伸颈呼吸，发出咯咯声或咳嗽声；咳出血凝块等症状的，怀疑感染鸡传染性喉气管炎。

5）出现下痢，排浅白色或淡绿色稀粪，肛门周围的羽毛被粪污染或沾污泥土；饮水减少、食欲减退；消瘦、畏寒；步态不稳、精神委顿、头下垂、眼睑闭合；羽毛无光泽症状的，怀疑感染鸡传染性法氏囊病。

6）出现食欲减退、消瘦、腹泻，体重迅速减轻，死亡率较高；运动失调、劈叉姿势；虹膜褪色、单侧或双眼灰白色混浊所致的白眼病或瞎眼；颈、背、翅、腿和尾部形成大小不一的结节及瘤状物等症状的，怀疑感染马立克氏病。

7）出现食欲减退或废绝、畏寒、尖叫；排乳白色稀薄黏腻粪便，肛门周围污秽；闭眼呆立、呼吸困难；偶见共济失调、运动失衡，肢体麻痹等神经症状的，怀疑感染鸡白痢。

8）出现体温升高；食欲减退或废绝、翅下垂、脚无力，共济失调、不能站立；眼流浆性或脓性分泌物，眼睑肿胀或头颈水肿；绿色下痢，衰竭虚脱等症状的，怀疑传染鸭瘟。

9）出现突然死亡；精神萎靡、倒地两脚划动，迅速死亡；厌食、嗉囊松软，内有大量液体和气体；排灰白或淡黄绿色混有气泡的稀粪；呼吸困难，鼻端流出浆性分泌物，喙端色泽变暗等症状的，怀疑感染小鹅瘟。

10）出现冠、肉髯和其他无羽毛部位发生大小不等的疣状块，皮肤增生性病变；口腔、食道、喉或气管黏膜出现白色节结或黄色白喉膜病变等症状的，怀疑感染禽痘。

11）出现精神沉郁、羽毛松乱、不喜活动、食欲减退、逐渐消瘦；泄殖腔周围羽毛被稀粪沾污；运动失调、足和翅发生轻瘫；嗉囊内充满液体，可视黏膜苍白；排水样稀粪、棕红色粪便、血便、间歇性下痢；群体均匀度差，产蛋下降等症状的，怀疑感染鸡球虫病。

4. 马属动物

1）出现发热、贫血、出血、黄疸、心脏衰弱、水肿和消瘦等症状的，怀疑感染马传染性贫血。

2）出现体温升高、精神沉郁；呼吸、脉搏加快；颌下淋巴结肿大；鼻孔一侧（有时两侧）流出浆液性或黏性鼻汁，可见鼻疽结节、溃疡、瘢痕等症状的，怀疑感染马鼻疽。

3）出现剧烈咳嗽，严重时发生痉挛性咳嗽；流浆液性鼻液，偶见黄白色脓性鼻液，结膜潮红肿胀，微黄染，流出浆液性乃至脓性分泌物；有的出现结膜浑浊；精神沉郁，食欲减退，体温达39.5~40℃；呼吸次数增加，脉搏增至每分钟60~80次；四肢或腹部水肿发生腱鞘炎；颌下淋巴结轻度肿胀等症状的，怀疑感染马流行性感冒。

4）出现体温升高，食欲减退；分泌大量浆液乃至黏脓性鼻液，鼻黏膜和眼结膜充血、颌下淋巴结肿胀，四肢腱鞘水肿，妊娠母马流产等症状的，怀疑感染马鼻腔肺炎。

附2：动物卫生监督证章标志填写和使用的基本要求

1）动物卫生监督证章标志的出具机构及人员必须是依法享有出证职权者，并经签字盖章方为有效。

2）严格按适用范围出具动物卫生证章标志，混用无效。

3）动物卫生监督证章标志涂改无效。

4）动物卫生监督证章标志所列项目要逐一填写，内容简明准确，字迹清晰。

5）不得将动物卫生监督证章标志填写不规范的责任转嫁给合法持证人。

6）动物卫生监督证章标志用蓝色或黑色钢笔、签字笔，或打印填写。

附3：《动物检疫合格证明》（动物A）

1. 样式　见图3-3。

2. 应用规范

（1）适用范围　用于跨省境出售或者运输动物。

（2）项目填写

货主：货主为个人的，填写个人姓名；货主为单位的，填写单位名称。

联系电话：填写移动电话，无移动电话的，填写固定电话。

动物种类：填写动物的名称，如猪、牛、羊、马、骡、驴、鸭、鸡、鹅、兔等。

数量及单位：数量和单位连写，不留空格。数量及单位以汉字填写，如叁头、肆只、陆匹、壹佰羽。

启运地点：养殖场、交易市场的动物填写生产地的省、市、县名和养殖场、交易市场名称；散养动物填写生产地的省、市、县、乡、村名。

到达地点：填写到达地的省、市、县名，以及养殖场、屠宰场、交易市场或乡镇、村名。

用途：视情况填写，如饲养、屠宰、种用、乳用、役用、宠用、试验、参展、演出、比赛等。

承运人：填写动物承运者的名称或姓名；公路运输的，填写车辆行驶证上法定车主名称或名字。联系电话：填写承运人的移动电话或固定电话。

运载方式：根据不同的运载方式，在相应的"□"内划"√"。

运载工具牌号：填写车辆牌照号及船舶、飞机的编号。

运载工具消毒情况：写明消毒药名称。

到达时效：视运抵到达地点所需时间填写，最长不得超过 5d，用汉字填写。

牲畜耳标号：由货主在申报检疫时提供，官方兽医实施现场检疫时进行核查。牲畜耳标号只需填写顺序号的后 3 位，可另附纸填写，并注明本检疫证明编号，同时加盖动物卫生监督所检疫专用章。

动物卫生监督检查站签章：由途经的每个动物卫生监督检查站签章，并签署日期。

签发日期：用简写汉字填写，如二〇一二年四月十六日。

备注：有需要说明的其他情况可在此栏填写。

附 4：《动物检疫合格证明》（动物 B）

1. 样式　　见图 3-4。

2. 应用规范

（1）适用范围　　用于省内出售或者运输动物。

（2）项目填写

货主：货主为个人的，填写个人姓名；货主为单位的，填写单位名称。

联系电话：填写移动电话，无移动电话的，填写固定电话。

动物种类：填写动物的名称，如猪、牛、羊、马、骡、驴、鸭、鸡、鹅、兔等。

数量及单位：数量和单位连写，不留空格。数量及单位以汉字填写，如叁头、肆只、陆匹、壹佰羽。

用途：视情况填写，如饲养、屠宰、种用、乳用、役用、宠用、试验、参展、演出、比赛等。

启运地点：养殖场、交易市场的动物填写生产地的市、县名和养殖场、交易市场名称；散养动物填写生产地的市、县、乡、村名。

到达地点：填写到达地的市、县名，以及养殖场、屠宰场、交易市场或乡镇、村名。

牲畜耳标号：由货主在申报检疫时提供，官方兽医实施现场检疫时进行核查。牲畜耳标号只需填写顺序号的后 3 位，可另附纸填写，并注明本检疫证明编号，同时加盖动物卫生监督检疫专用章。

签发日期：用简写汉字填写，如二〇一二年四月十六日。

附 5：《动物检疫合格证明》（产品 A）

1. 样式　　见图 3-7。

2. 应用规范

（1）适用范围　　用于跨省境出售或运输动物产品。

（2）项目填写

货主：货主为个人的，填写个人姓名；货主为单位的，填写单位名称。

联系电话：填写移动电话，无移动电话的，填写固定电话。

产品名称：填写动物产品的名称，如"猪肉"、"牛皮"、"羊毛"等，不得只填写为"肉""皮"、"毛"。

数量及单位：数量和单位连写，不留空格。数量及单位以汉字填写，如叁拾公斤[①]、伍拾张、陆佰枚。

生产单位名称地址：填写生产单位全称及生产场所详细地址。

目的地：填写到达地的省、市、县名。

承运人：填写动物承运者的名称或姓名；公路运输的，填写车辆行驶证上法定车主名称或名字。

联系电话：填写承运人的移动电话或固定电话。

运载方式：根据不同的运载方式，在相应的"□"内划"√"。

运载工具牌号：填写车辆牌照号及船舶、飞机的编号。

运载工具消毒情况：写明消毒药名称。

到达时效：视运抵到达地点所需时间填写，最长不得超过7d，用汉字填写。

动物卫生监督检查站签章：由途经的每个动物卫生监督检查站签章，并签署日期。

签发日期：用简写汉字填写，如二〇一二年四月十六日。

备注：有需要说明的其他情况可在此栏填写，如作为分销换证用，应在此注明原检疫证明号码及必要的基本信息。

附6：《动物检疫合格证明》（产品B）

1. 样式　　见图3-8。

2. 应用规范

（1）适用范围　　用于省内出售或运输动物产品。

（2）项目填写

货主：货主为个人的，填写个人姓名；货主为单位的，填写单位名称。

产品名称：填写动物产品的名称，如"猪肉"、"牛皮"、"羊毛"等，不得只填写为"肉"、"皮"、"毛"。

数量及单位：数量和单位连写，不留空格。数量及单位以汉字填写，如叁拾公斤、伍拾张、陆佰枚。

生产单位名称地址：填写生产单位全称及生产场所详细地址。

目的地：填写到达地的市、县名。

检疫标志号：对于"带皮猪肉产品"，填写检疫滚筒印章号码；其他动物产品按农业部有关规定执行。

备注：有需要说明的其他情况可在此栏填写，如作为分销换证用，应在此注明原检疫证明号码及必要的基本信息。

附7：检疫处理通知单

1. 样式　　见图3-5。

---

① 1公斤=1kg

2. 应用规范

（1）适用范围　　用于产地检疫、屠宰检疫发现不合格动物和动物产品的处理。

（2）项目填写

编号：年号加 6 位数字顺序号，以县为单位自行编制。

检疫处理通知单应载明货主的姓名或单位、动物和动物产品种类、名称、数量，数量应大写。写明无害化处理方法。引用国家有关法律法规应当具体到条、款、项。

附 8：检疫申报单

1. 样式　　见图 3-2。

2. 应用规范

（1）适用范围　　用于动物、动物产品的产地检疫、屠宰检疫申报。

（2）项目填写

货主：货主为个人的，填写个人姓名；货主为单位的，填写单位名称。

联系电话：填写移动电话，无移动电话的，填写固定电话。

动物和动物产品种类：写明动物和动物产品的名称，如"猪"、"牛"、"羊"等和"猪皮"、"羊毛"等。

数量及单位：数量及单位应以汉字填写，如叁头、肆只、陆匹、壹佰羽、贰佰张、伍仟公斤。

来源：填写生产经营单位或生产地乡镇名称。

启运地点：养殖场、交易市场的动物填写生产地的省、市、县名和养殖场、交易市场名称；散养动物填写生产地的省、市、县、乡、村名。

启运时间：动物和动物产品离开经营单位或生产地的时间。

到达地点：填写到达地的省、市、县名，以及养殖场、屠宰场、交易市场或乡镇名。

第三节　运输检疫监督

为了保护各省、自治区、直辖市免受动物疫病的侵入，防止动物疫病远距离跨地区传播和减少途病途亡，对动物、动物产品在公路、水路、铁路、航空等运输环节进行的监督检查称为运输动物防疫监督。

一、运输检疫监督的意义

由于运输过程中，动物集中、相互接触，感染疫病的机会增多。同时由饲养地变为运输，动物的生活环境突然改变，一些应激因素如挤压、驱赶等，造成抗病能力下降，极易暴发疫病。另外，随着现代化交通运输业的发展，虽然缩短了在途时间，减少途中损耗，但动物疫病的传播速度也加快了。因此，搞好运输动物检疫监督，及时查出不合格的动物、动物产品，对防控动物疫病远距离传播可以起到重要的把关作用，并能促进产地检疫工作的开展，也为市场检疫监督奠定了良好的基础。

二、运输检疫监督的要求

1. 动物、动物产品的产地检疫

需要出县境运输动物、动物产品的单位或个人，应向当地动物防疫监督机构提出申请检疫，说明运输目的地和运输动物、动物产品的种类、数量、用途等情况。动物防疫监督机构要根据国内疫情或目的地疫情，由当地县级以上动物防疫监督机构进行检疫，合格者出具《动物检疫合格证明》。

2. 凭检疫合格证明运输

经公路、铁路、水路、航空等运输途径运输动物、动物产品时，托运人必须提供有效的检疫合格证明，承运人必须凭《动物检疫合格证明》承运。动物防疫监督机构对动物、动物产品的运输，依法进行监督检查。对中转出境的动物、动物产品，承运人凭始发地动物防疫监督机构出具的检疫合格证明承运。

3. 运载工具的消毒

运输途中的消毒动物及其产品在运输过程中，经过道路交通运输检疫消毒站时，应进行过境消毒。过境消毒一般设立临时性检疫消毒站，负责对过往的动物及其产品的过境进行检疫监督和消毒工作。

对动物运输车辆的消毒：对运输动物的车辆一般实行带畜消毒。常用含有5%活性氯的漂白粉或4%的甲醛进行喷雾消毒。夏季，应首先用水冲洗，然后再喷洒消毒。应对整个车体进行全面的喷雾，包括车厢和轮胎。

对动物产品运输车辆的消毒：对有包装物的动物产品的运输车辆，应对外露包装和车厢进行喷雾消毒。对无外包装的散装车辆，应对整个运输车辆进行喷雾消毒。

喷雾消毒一般采用喷雾器喷雾，有条件的可建立喷淋设施进行喷雾消毒。对车辆轮胎的消毒，也可设立消毒池，使车辆经过消毒池的浸润达到消毒的目的。消毒池的长度应使车辆轮胎在消毒池内走上两圈以上为宜。并经常更换消毒药或加入一定量的消毒药。

动物防疫监督机构实施消毒合格后，出具《运载工具消毒证明》。

4. 运输途中的管理

运输途中不准宰杀、销售、抛弃染疫动物和病死动物及死因不明的动物。染疫和病死及死因不明的动物及产品、粪便、垫料、污物等必须在当地动物防疫监督机构监督下在指定地点进行无害化处理。运输途中，对动物进行冲洗、放牧、喂料，应当在当地动物防疫监督机构指定的场所进行。

三、运输检疫监督的实施程序

1. 索证验证

1）要求畜（货）主或承运人出示《动物检疫合格证明》或《动物产品检疫合格证明》和《动物及动物产品运载工具消毒证明》，仔细查验检疫证明、消毒证明是否合法，印章的加盖和证明的填写是否规范，证物是否相符等。

2）查验猪、牛、羊等活动物是否佩戴有合格的免疫耳标。

3）动物产品查验验讫印章或检疫标志。

2. 监督检查

1）按有关要求进行动物的临诊健康检查。

2）动物产品进行感官检查。

3）必要时，对疑似染疫的动物、动物产品进行重检，并采样送实验室进行实验室检查。

3. 补检

对无《动物检疫合格证明》或《动物产品检疫合格证明》的，应进行补检。

四、运输检疫监督的处理

1）对持有合法、有效动物检疫合格证明、佩带有合格免疫耳标或加盖有合格的验讫印章、证物相符、动物或动物产品无异常的予以放行。

2）发现动物、动物产品异常的，隔离（封存）留验；检查发现免疫耳标、检疫和消毒证明等不全或不符合要求的，要依法补检、补免、补消毒、补挂耳标；对转让、伪造或者变造检疫证明、检疫标志或者畜禽标识的，依照《中华人民共和国动物防疫法》第七十九条的规定予以处罚。

3）对需要实施补免的动物，作为易地饲养用的，可就地补免、佩带免疫耳标、填发免疫档案，并经临诊健康检查无异常情况后放行。即将屠宰的，一律退回产地补免、建立免疫档案，2周后才能重新报检、出售。对按规定需要补检或重检的动物，必须按照《畜禽产地检疫规范》和《动物检疫管理办法》规定的规程进行。

4）实施补消毒或者重新消毒的，必须按消毒规程进行，出具消毒证明，并在备注栏注明"监督检查——补消毒或重消毒"字样。

5）在监督检查过程中，需要抽检、采样、隔离（封存）、留验和无害化处理的，必须依法出具书面凭证，完备手续。

第四节　市场检疫监督

市场检疫监督是指对进入市场交易的动物、动物产品所进行的监督检查。其目的是及时发现并防止不合格的动物、动物产品进入市场流通，保护人体健康，促进贸易，防止疫病扩散。

一、市场检疫监督的意义

市场检疫监督的主要意义在于保护人、畜，促进贸易。市场是动物、动物产品集散地，集中时接触机会多，容易相互传播疫病，散离时又容易扩散疫病。同时市场又是一个多渠道经营的场所，货源复杂。搞好市场检疫监督，可以有效地防止未经检疫的动物、动物产品和染疫动物、病害肉尸的上市交易，形成良好的交易环境，使市场管理更加规范化、法制化。同时进一步促进产地检疫监督工作的开展和运输防疫监督工作的实施，使动物产地检疫监督、运输防疫监督和市场检疫监督环环相扣，保证消费者的肉类食品卫生安全，促进畜牧业经济发展和市场经济贸易。

二、市场检疫监督的分类

市场检疫监督包含着几种不同的情况。

1. 农贸集市市场检疫监督

在集镇市场上对出售的动物、动物产品进行的检疫称为农贸集市市场检疫。农村集市多是定期的，如隔日一集、三日一集等，亦有传统的庙会。活畜交易主要在农村集市。

2. 城市农贸市场检疫监督

对城市农副产品市场各经营摊点经营的动物、动物产品进行的检疫称为城市农贸市场检疫。城市农贸市场多是常年性的，活禽的交易主要在城市农贸市场。

3. 边境集贸市场检疫监督

对我国边民与邻国边民在我国边境正式开放的口岸市场交易的动物、动物产品进行的检疫称为边境集贸市场检疫。目前，我国许多边境省区正式开放的口岸市场，动物、动物产品交易量逐年增多，在促进当地经济发展的同时，畜禽疫病亦会传入我国，必须重视和加强边境集贸市场检疫监督，防止动物疫病的传入和传出。

除此之外，根据上市交易的动物、动物产品种类不同，有宠物市场检疫监督、牲畜交易市场检疫监督。牲畜交易市场检疫监督是指在省、市或县区较大的牲畜交易市场或地方传统的牲畜交易大会上对交易的动物进行检疫，还有专一性经营的肉类市场检疫监督、皮毛市场检疫监督等。

三、市场检疫监督的要求

1. 要有检疫证明

进入交易市场出售的家畜和畜禽产品，畜主或货主必须持有检疫证明、免疫注射证明，接受市场管理人员和检疫人员的验证检查，无证不得进入市场。当地农牧部门有权进行监督检查。家畜出售前，必须经当地农牧部门的畜禽防检机构或其委托的单位，按规定的检疫对象进行检疫，并出具检疫证明。凡无检疫证明，或检疫证明过期，或证物不符者，由动物检疫人员补检、补免、重检，合格后补发证明才可进行交易。凡出售的肉，出售者必须凭有效期内的检疫合格证明和胴体加盖的合格验讫印章上市，凡无证、无章者不准出售。

2. 禁止下列动物、动物产品进入市场

封锁疫区内与所发生动物疫病有关的；疫区内易感染的；依法应当检疫而未经检疫或者不合格的；染疫或者疑似染疫的；病死或者死因不明的；腐败变质、霉变或污秽不洁，混有异物和其他感官性状不良等不符合国家动物防疫规定的动物、动物产品。

3. 在指定地点进行交易

凡进行交易的动物、动物产品应在有关单位指定的地点进行交易，同时建立消毒制度及病死动物无害化处理制度，尤其是农村集市上活畜的交易。在交易前、交易后要进行清扫、消毒，保持清洁卫生。对粪便、垫草、污物采取堆积发酵等方法进行处理，病死动物按国家有关规定进行无害化处理，防止疫源扩散。

4. 建立检疫检验报告制度

任何市场检疫监督，都要建立检疫检验报告制度，定期向辖区内动物防疫监督机构报告检疫情况，以便及时掌握违章和疫情。

5. 检疫人员要坚守岗位

市场检疫监督，对检疫员除着装整洁等基本要求外，必须坚守岗位，秉公执法，做到不漏检，不人情检，才能保证百姓吃上"放心肉"、"安全肉"。

四、市场检疫监督的实施程序

1. 索证验证

1）进入市场的动物及其产品，畜（货）主必须持有相关《动物检疫合格证明》、《动物产品检疫合格证明》及《动物及动物产品运载工具消毒证明》，检疫人员应仔细查验检疫证件是否合法有效。检查动物、动物产品的种类、数量（重量）与检疫证明是否一致，核实证物是否相符。

2）查验猪、牛、羊等活动物是否佩带有合格的免疫耳标。

3）检查肉尸、内脏上有无验讫印章或验讫标志及检验刀痕，加盖的印章是否规范有效。

4）对长年在集贸市场上经营肉类的固定摊点，经营者首先应具备四证，即《动物防疫合格证》、《食品卫生合格证》、《营业执照》及本人的《健康检查合格证》。经营的肉类须有检疫证明。

2. 监督检查

1）对实物实施防疫监督，以感官检查为主，力求快速准确。活畜禽结合疫情调查、查验免疫耳标、观察畜禽全身状态如体格、营养、精神、姿势和测体温，确定动物是否健康。

2）鲜肉产品以视检为主结合剖检，重点检查病、死畜禽肉，尤其注意一类检疫对象的查出，检查肉的新鲜度，检查三腺摘除情况，必要时进行实验室检验。

3）其他动物产品因种类不同各有侧重。骨、蹄、角多数带有包装，要注意观察外包装是否完整、有无霉变等现象。皮毛、羽绒同样观察毛包、皮捆是否捆扎完好。皮张是否有"死皮"。

3. 补检和重检

对按规定需补检或重检的动物，必须按照《产地检疫规程》和《动物检疫管理办法》规定的规程进行。

五、市场检疫监督的处理

1）对持有有效检疫合格证明、动物佩戴合格免疫耳标和胴体、内脏上加盖有效验讫印章或验讫标志，且动物、动物产品符合检疫要求的，准许交易。

2）发现有禁止经营的动物、动物产品的，责令停止经营，立即采取措施收回已售出的动物、动物产品，没收违法所得和未出售的动物、动物产品；对收回和未出售的动物、动物产品予以销毁。

3）发现经营没有检疫证明的动物、动物产品的，责令停止经营，没收违法所得；对未出售的动物、动物产品依法进行补检。对补检合格的准许交易；不合格的动物、动物产品，由货主在官方兽医的监督下进行消毒和其他无害化处理。

4）对动物不符、证明过期的，责令其停止经营，按有关规定进行重检，对重检合格的准许交易。不合格的动物、动物产品隔离、封存，在官方兽医的监督下由货主进行无害化处理。

5）对转让、伪造或者变造检疫证明、检疫标志或者畜禽标识的，依照《中华人民共和国动物防疫法》第七十九条的规定予以处罚。

第五节　进出境检疫

一、进出境检疫概述

为防止动物传染病、寄生虫病及其他有害生物传入、传出国境，保护畜牧业生产和人体健康，促进对外经济贸易的发展，对进出境的动物、动物产品和其他检疫物及装载容器、包装物、运输工具，按规定实施检疫，称为进出境检疫或国境检疫，又称口岸检疫。

（一）进出境检疫的意义

1. 保护畜牧业生产

畜牧业生产在世界各国国民经济中占有非常重要的地位，采取一切有效措施保护本国畜牧业免受国外重大疫情的侵害，是每一个国家对动物、动物产品检疫的重大任务。

2. 促进经济贸易的发展

动物、动物产品贸易成交与否，关键要看动物及动物产品是否优质。尤其加入世界贸易组织（World Trade Organization，WTO）以来，给中国的动物检疫带来了新的机遇和挑战。

3. 保护人民身体健康

动物、动物产品与人们的生活密切相关，动物的许多疫病是人畜共患病，据不完全统计，全世界目前已证实的人畜共患病有250多种，1996年世界范围内引起的疯牛病及1997年至今频发的高致病性禽流感，因与人的健康有关而备受关注。所以说进出境动物、动物产品检疫对保护人民身体健康具有非常重要的现实意义。

4. 有效保护本国资源

为了加强国内动物资源保护，我国禁止受保护动物资源出境，包括良种动物、濒危动物、珍稀动物等。若是我国优良种畜禽，出境时应有畜牧兽医行政管理部门品种审批单；若是受保护动物资源、实验动物，还应有批准的出境许可证。

（二）进出境检疫的要求

1. 禁止进境物品

为了保护国家不受外来动物疫病侵袭，根据《中华人民共和国进出境动植物检疫法》（简称《进出境动植物检疫法》）的有关规定，禁止下列物品进境：动物病原体（包括菌种、毒种等）、害虫（对动物和动物产品有害的活虫）及其他有害生物（如有危险的病虫的中间宿主、媒介等）；动物疫情流行的国家和地区的有关动物、动物产品和其他检疫物；动物尸体等。因科研等特殊需要引进上述禁止进境物的，必须事先提出申请，经国家出入境检验检疫机关批准方可引入。

2. 进出境动物检疫的范围

1）进出境动物，指饲养、野生的活动物，如畜、禽、蛇、鱼、蜂等。

2）进出境演艺动物，特指入境用于表演、展览、竞技，而后须复出境的动物。

3）进出境宠物，特指由进境旅客随身携带入境的宠物犬或猫。

4）进出境动物产品，包括胚胎、精液、受精卵、种蛋及其他动物遗传物质；动物源性食品；非食用性动物产品，如毛、羽、绒、皮、骨、角、蹄、动物源性饲料及饲料添加剂、鱼粉、肉粉、骨粉等。

3. 建立严格检疫监督制度

国家动物检疫机关和口岸动物检疫机关对进出口动物、动物产品的生产、加工、存放过程，实行检疫监督制度。口岸动物检疫机关在港口、机场、车站、邮局执行检疫任务时，海关、交通、民航、铁路、邮电等有关部门应当配合。

4. 检疫人员要忠于职守

动物检疫机关检疫人员必须忠于职守、秉公执法。检疫人员依法执行公务，任何单位和个人不得阻挠。

（三）进出境检疫的依据

进出境动物检疫工作得以正常运行和发展并发挥其应有的作用，是以有关的检疫法规作根本保证的。目前涉及进出境动物检疫方面的法规有《中华人民共和国进出境动植物检疫法》《中华人民共和国进出境动植物检疫法实施条例》和《中华人民共和国动物防疫法》及有关的配套法规，如《中华人民共和国进境动物一、二类传染病、寄生虫病名录》《中华人民共和国禁止携带、邮寄进境的动植物及其产品名录》等。《进出境动植物检疫法》是中国动植物检疫的一个重要法律，它对动物检疫的目的、任务、制度、工作范围、工作方式及动检机关的设置和法律责任等作了明确的规定。《进出境动植物检疫法》和《动物防疫法》都是为了预防和消灭动物传染病、寄生虫病，保护畜牧业生产和人民身体健康而制定的。

二、进境检疫

（一）进境动物及遗传物质的检疫

1. 检疫审批

输入动物、动物遗传物质在贸易合同或协议之签订前，货主或其代理人应向国家检验检疫机关提出申请，办理检疫审批手续。国家检验检疫机构根据对申请材料的审核及输出国家的动物疫情、我国的有关检疫规定等情况，发给相关的《中华人民共和国动物进境检疫许可证》。

2. 报检

货主或其代理人应在大、中动物进境前30d，其他动物15d，向入境口岸和指运地检验检疫机构报检。报检时须出具有效的《中华人民共和国进境动植物检疫许可证》等文件，并如实填写报检单。无有效的进境动物检疫许可证，不得接受报检。如动物已抵达口岸的，视情况退回或销毁处理，并根据《中华人民共和国进出境动植物检疫法》的有关规定，进行处罚。

3. 现场检验检疫

输入动物、动物遗传物质抵达入境口岸时，动物检疫人员须登机（登轮、登车）进行现场检疫。

1）核查输出国官方检疫部门出具的有效动物检疫证书（正本），并查验证书所附有关检测结果报告是否与相关检疫条款一致，动物数量、品种是否与《中华人民共和国进境动物检疫许可证》相符。

2）查阅运行日志、货运单、贸易合同、发票、装箱单等，了解动物的启运时间、口岸、途径国家和地区，并与《中华人民共和国进境动植物检疫许可证》的有关要求进行核对。

3）登机（轮、车）清点动物数量、品种，并逐头进行临诊检查。

4）对入境运输工具停泊的场地、所有装卸工具、中转运输工具进行消毒处理，上下运输工具或者接近动物的人员接受检验检疫机构实施的防疫消毒。

5）经现场检疫合格的，签发《入境货物通关单》，同意卸离运输工具。派专人随押运动物到指定的隔离检疫场。现场检疫发现动物发生死亡或有一般可疑传染病临诊症状时，应做好现场检疫记录，隔离有传染病临诊症状的动物，对铺垫材料、剩余饲料、排泄物等作除害处理，对死亡动物进行剖检。根据需要采样送实验室进行诊断。现场检疫时，发现进境动物有一类疫病临诊症状的，必须立即封锁现场，采取紧急防疫措施，通知货主或其代理人停止卸运，并以最快的速度报告国家质检总局和地方人民政府。动物到港前或到港时，产地国家或地区突发动物疫情的，根据国家质检总局颁布的相关公告、禁令执行。

4. 隔离检疫

进境动物必须在入境口岸指定的地点进行隔离检疫。隔离检疫期，大、中动物为45d，小动物为30d，如需延长的，须报国家质检总局批准。所有装载动物的器具、铺垫材料、废弃物均须经消毒或无害化处理后，方可进出隔离场。动物在隔离期间，应进行详细的临诊检查，做好记录，并按有关要求进行实验室检测。

5. 检疫后处理

隔离期满，且实验室检验工作完成后，对动物做最后一次临诊检查，合格者由隔离场所在地检验检疫机构出具《入境货物检验检疫证明》，准予入境。对检疫不合格的动物，出具《检验检疫处理通知书》，货主或其代理人应在检验检疫机构监督和指导下，按要求采取销毁措施或作其他无害化处理。发现重大疫情的及时上报国家质检总局。

（二）进出境动物产品的检疫

1. 注册登记与检疫审批

生产、加工、存放进境动物产品的进口企业，须经所在地直属检验检疫机构对其企业的生产、加工、存放能力、防疫措施等进行考核，考核合格后，方可申请办理注册登记。然后根据有关程序和要求，办理《检疫许可证》的申请手续。

2. 报检

进口单位或其代理人必须向入境口岸局提供《入境货物报检单》、《检疫许可证》、输出国或地区官方检验检疫机构出具的检疫证书、贸易合同、产地证书、信用证、发票等申请报检，所提供的材料必须完整、真实、一致、有效。无输出国家或者地区官方检验检疫机构出具的有效检疫证书，或者未依法办理检疫审批手续的，口岸检验检疫机构可以作退回或者销毁处理；发现有变造、伪造单证的，应予以没收，并按有关规定处理。

3. 入境口岸现场查验

1）查询该批货物的启运时间、港口、途经国家或地区，查看运行日志。核对集装箱号与封识及所附单证是否一致；核对单证与货物的名称、数（重）量、产地、包装、唛头标志是否相符；查验有无腐败变质，容器、包装是否完好。

2）查验后符合要求的，允许卸离运输工具。发现散包、容器破裂的，由货主或者代理人负责整理完好，方可卸离运输工具。货物卸离运输工具后，须实施防疫消毒的应及时对运输工具的相关部位及装载货物的容器、包装外表、铺垫材料、污染场地等进行消毒处理。

3）现场查验合格的，出具《入境货物通关单》，调离到指运地检验检疫机构进行检验检疫并监督贮存、加工、使用，同时根据有关规定采取样品，送实验室检验检疫。现场查验不合格的，出具《检验检疫处理通知书》，作除害、退回或者销毁处理；经除害处理合格的，准予进境；凡属于禁止进口的、货证不符的一律作销毁或退回处理。

4. 运达地口岸检查

按《检疫许可证》和《入境货物通关单》等单证的内容，核对进境动物产品的名称、数量、重量、产地等，并按规定采样送实验室检验检疫；及时对运输工具的有关部位及装载货物的容器、包装外表、铺垫材料、污染场地等进行消毒处理。

5. 检疫后的处理

实验室检验检疫合格的，由检验检疫机构签发《入境货物检验检疫证明》；不合格的，出具《检验检疫处理通知书》，相关货物作除害、退回或者销毁处理。

三、出境检疫

（一）出境活动物检疫

出境活动物检疫是指对输出到境外的种用、肉用或演艺用等饲养或野生的活动物出境前的检疫。

1. 注册登记

出境动物饲养场或其代理人应向饲养场所在地直属检验检疫机构提出注册登记申请，提交《出境活动物检疫申请表》。申请注册的饲养场必须符合国家质量监督检验检疫总局发布的出境动物注册饲养场条件和动物卫生基本要求。

2. 检疫监督

1）对注册饲养场实行监督管理制度，定期或不定期检查注册饲养场的动物卫生防疫制度的落实情况、动物卫生状况、饲料及药物的使用等，并填写《出境动物注册饲养场管理手册》。

2）对注册饲养场实施疫情监测，建立疫情报告制度。发现重大疫情时，须立即采取紧急预防措施，并于 12d 内向国家质检总局报告。

3）对注册饲养场按《出境食用动物残留监控计划》开展药物残留监测。注册饲养场不得饲喂或存放国家和输入国家或者地区禁止使用的药物和动物促生长剂。对允许使用的药物和动物促生长剂，要遵守国家有关药物使用规定，特别是停药期的规定，并须将使用药物和动物促生长剂的名称、种类、使用时间、剂量、给药方式等填入管理手册。

4）注册饲养场免疫程序必须报检验检疫机构备案，严格按规定的程序进行免疫，严禁使用国家禁止使用的疫苗。

5）注册饲养场须保持良好的环境卫生，切实做好日常防疫消毒工作，定期消毒饲养场地和饲养用具，定期灭鼠、灭蚊蝇。进出注册饲养场的人员和车辆必须严格消毒。

3. 报检

货主或其代理人应提前向启运地检验检疫机构报检：要求来自注册饲养场的，须出示注册登记证、发票；不要求来自注册饲养场的，须出示县级以上农牧部门签发的动物检疫合格证明；输入国家或地区及贸易合同有特殊检疫要求的，应提供书面材料。经审核符合报检规定的，接受报检。否则，不予受理。

4. 隔离检疫

有隔离检疫要求的，按规定隔离期进行群体临诊健康检查，必要时，进行个体临诊检查。采样送实验室进行规定项目的实验室检验。检验检疫合格的，出具《动物卫生证书》、《出境货物通关单》或《出境货物换证凭单》，不合格的，不准出境。

5. 监装和运输监管

1）根据需要，对出境动物实行装运前检疫和监装制度。确认出境动物来自检验检疫机构注册饲养场并经隔离检疫合格的，临诊检查无任何传染病、寄生虫病症状和伤残；运输工具及装载器具经消毒处理，符合动物卫生要求；核定出境动物数量，必要时检查或加施检验检疫标识或封识。

2）出境大、中动物长途运输的押运必须由检验检疫机构培训考核合格的押运员负责。押运员须做好运输途中的饲养管理和防疫消毒工作，不得串车，不准沿途抛弃、出售或随意卸下病、残、死动物及其饲料、粪便、垫料等，要做好押运记录。运输途中发现重大疫情时应立即向启运地检验检疫机构和所在地动物卫生监督机构报告，同时采取必要的防疫措施。

3）出境动物抵达出境口岸时，押运员须向出境口岸检验检疫机构提交押运记录，途中所带物品和用具须在检验检疫机构监督下进行有效消毒处理。

6. 离境查验

离境口岸检验检疫机构须查验货主或其代理人提供的《动物卫生证书》和《出境货物换证凭单》或《出境货物通关单》，并实施临诊检查；核定出境动物数量，核对货证是否相符；查验检疫标识或封识等。查验合格的，准予出境；不合格的，不准出境。

（二）出境动物产品检疫

出境动物产品检疫是指对输出到国外、未经加工或虽经加工但仍有可能传播疫病的动物产品实施的检疫。生产、加工、存放动物产品的出口企业，应向所在地检验检疫机构申请办理注册登记。

1. 报检

货主或其代理人应在报关或装运前 7d 向产地检验检疫机关报检。对有特殊要求、检验检疫周期较长的，可视情况适当提前。所提供的报检单内容应完整、准确、真实，单证齐全、一致、有效。发现有变造、伪造单证的，应没收，并按有关规定处理；单证不全、无效的，不受理报检，待补齐有关单证后重新报检。

2. 现场核查

核查货物与报检资料是否相符，数量、重量、规格、批号、内外包装、标记、唛头与所提供资料是否一致；生产、加工、存放过程是否符合相关要求；厂检单、原料产地的县级以上农牧部门出具的动物产品检疫证明是否齐全；产品储藏情况是否符合规定，必要时对其生产、加工过程进行现场检查核实。

3. 抽样检查

根据标准或合同指定的要求抽样检查。抽样应具有代表性、典型性、随机性，抽样数量应符合相应的标准。对抽取的样品，检查其外观、色泽、弹性、组织状态、黏度、气味及其他相关项目的检验检疫。根据适用的标准和要求进行品质、理化、微生物、寄生虫等实验室检验检疫。

4. 出证

根据现场检验检疫、感官检验检疫和实验室检验检疫结果，进行综合判定。填写《出境货物检验检疫原始记录》，判定为合格的，出具《出境货物通关单》或《出境货物换证凭单》、《兽医卫生证书》等相关证书。判定为不合格的，不准出境。对经过消毒、除害及再加工、处理后合格的，准予出境；对无法进行消毒、除害处理或者再加工仍不合格的，不准出境，并出具《出境货物检验检疫不合格通知单》。

5. 离境口岸查验

凭《出境货物换证凭单》换发《出境货物通关单》，分批出境的，须在《出境货物换证凭单》上核销。按照出境货物口岸查验的相关规定查验。如果包装不符合要求，须更换包装；货证不符的，不准放行。

四、过境检疫

（一）过境检疫的概念与意义

过境检疫是指对载有动物、动物产品和其他检疫物的运输工具要通过我国国境时进行的动物检疫。过境检疫对防止动物疫病传入我国和传出国境都有重要的意义。过境的动物经检疫合格的，准予过境。境外动物、动物产品在事先得到批准的情况下，允许途经中华人民共和国国境运往第三国。动物产品必须以原包装过境，在我国境内换包装的，按入境产品处理。根据《中华人民共和国进出境动植物检疫法》及其实施条例，检验检疫机构对过境动物和动物产品依法实施检验检疫和全程监督管理。

（二）过境检疫的实施程序

1. 动物过境检疫

（1）审批 由申请动物过境的货主或其代理人填写《中华人民共和国动物过境检疫许可证申请表》，提出拟进境口岸、隔离场所、出境口岸、运输工具、运输路线等。国家出入境检验检疫局对申请表进行审核，并根据输出国动物疫情等决定是否同意动物过境。同意过境的，由国家出入境检验检疫局签发《中华人民共和国动物过境检疫许可证》，在许可证中提出必要的检疫和卫生要求。许可证发给货主一份，同时发给有关的口岸出入境检验检疫机关，国家质检总局留存一份。

（2）报检 过境动物的押运人或承运人持动物过境许可证及有关单证（货运单、输出国官方检疫部门出具的检疫证书、目的地国官方同意该批动物入境的证明等）向进境口岸出入境检验检疫机关报检。

（3）检疫与监管 动物抵达进境口岸时，由动检人员对动物进行临床检查，并监督将动物运往指定隔离场所隔离，根据许可证要求进行有关实验室检疫项目。经检疫合格的，准予过境。另外，根据具体情况可派动检人员押运动物至出境口岸。

2. 动物产品及其他检疫物过境检疫

与动物过境相比较，动物产品及其他检疫物的过境不需办理许可证。其报检、检疫及监管程序与动物基本相同。其检疫重点应放在现场检查外包装是否完好、加强消毒工作及过境期间的监管工作上。

3. 运输工具、装载容器、包装物等的检疫

在进境口岸由出入境检验检疫机关对运输工具、容器外包装、动物饲料和铺垫材料进行消毒或检疫处理。

（三）过境检疫的注意事项

1）过境期间不得乱抛废弃物。

2）过境期间过境物不得擅自开拆包装或者卸离运输工具。

3）运输工具和包装物、装载容器必须完好，否则应采取密封措施；无法采取密封措施的，不准过境。

4）只在进境口岸检疫，出境口岸不再检疫。

五、携带物及邮寄物检疫

（一）携带物、邮寄物检疫的概念与意义

携带物、邮寄物检疫是指携带物检疫和邮寄物检疫。携带物检疫是指对进入国境的旅客、交通员工携带的或托运的动物、动物产品和其他检疫物进行的动物检疫（旅检）。邮寄物检疫是指对邮寄入境的动物、动物产品和其他检疫物进行的动物检疫（邮检）。携带物、邮寄物检疫，对防止动物疫病传播，保护人体健康也有重要的意义。携带、邮寄物未经检疫或检疫不合格者，不许进境。

（二）携带物、邮寄物检疫的实施程序

1. 携带物进境的报检

携带禁止进境物和禁止邮寄的物品以外的动物、动物产品和其他检疫物进境的，在进境时向海关申报并接受口岸出入境检验检疫机关检疫。携带动物进镜的，必须持有输出国家或者地区政府动物检验检疫机关出具的检疫证书；携带犬、猫等宠物进境的，还必须有疫苗接种证书。

2. 携带物检疫

口岸出入境检验检疫机关可以在港口、机场、车站的旅客通道、行李提取处等现场进行检查，对可能携带动物、动物产品和其他检疫物而未申报的，可以进行查询并抽检其物品，必要时可以开包（箱）检查，经现场检疫合格的，当场放行；需要做实验室检疫或者隔离检疫的，由口岸出入境检验检疫机关签发截留凭证。截留检疫合格的，携带人持截留凭证向口岸出入境检验检疫机关领回；逾期不领回的，作自动放弃处理。

3. 邮寄物检疫

邮寄进境的动物、动物产品和其他检疫物，由口岸出入境检验检疫机关在国际邮件互换局实施检疫，必要时可以取回口岸出入境检验检疫机关检疫。经现场检疫合格的，由口岸出入境检验检疫机关加盖检疫放行章，交邮局运递。需要做实验室检疫或者隔离检疫的，口岸出入境检验检疫机关应当向邮局办理交接手续；检疫合格的，加盖检疫放

行章，交邮局运递。

4. 处理与放行

携带、邮寄进境的动物、动物产品和其他检疫物，经检疫合格后放行；经检疫不合格又无有效方法作除害处理的，作退回或者销毁处理，并签发《检疫处理通知单》交携带人、寄件人。

（三）携带物、邮寄物检疫的注意事项

1. 禁止携带、邮寄进境物不能进境

禁止携带、邮寄进境物包括动物、动物产品和其他检疫物。动物是指鸡、鸭、锦鸡、猫头鹰、鸽、鹌鹑、鸟、兔、大白鼠、小鼠、豚鼠、松鼠、花鼠、蛙、蛇、蜥蜴、鳄、蚯蚓、蜗牛、鱼、虾、蟹、猴、穿山甲、猞猁、蜜蜂、蚕等；动物产品是指精液、胚胎、受精卵、蚕卵、生肉类、腊肉、香肠、火腿、腌肉、熏肉、蛋、水生动物产品、鲜奶、乳清粉、皮张、鬃毛类、蹄骨角类、血液、血粉、油脂类、脏器等；其他检疫物是指菌种、毒种、虫种、细胞、血清、动物标本、动物尸体、动物废弃物及可能被病原体污染的物品。

2. 不能让受保护的动物资源出境

一般情况下，我国受保护动物资源，不许携带或邮寄出境。

3. 出境携带物、邮寄物的检疫依据

携带物或邮寄物出境时的检疫，可视具体情况而定。若物主有检疫要求的，由口岸出入境检验检疫机关实施检疫；若有双边协定的实施检疫。合格者出具检疫证明。

六、运输工具检疫

出入境交通工具是进出口货物运输的重要载体，伴随着运输的过程，可能会随之附着一些有害生物从一国传入他国。我国《中华人民共和国进出口商品检验法》、《进出境动植物检疫法》、《中华人民共和国国境卫生检疫法》、《食品卫生法》、《国际航行船舶出入境检验检疫管理办法》等有关法律法规规定，要对入境、出境和过境的交通工具实施卫生和动植物检验检疫。

（一）运输工具检疫的概念与意义

运输工具检疫是指对来自动物疫区的进境运输工具，所有进出境、过境装载动物、动物产品及其他检疫物的运输工具（包括集装箱）进行的检疫。运输工具作为传播动物疫情的载体，自《中华人民共和国进出境动植物检疫法》实施以来，已被列为专项的检疫内容，可以说是改革开放发展了动物检疫对运输工具的检疫工作。因此，运输工具检疫对于堵塞可能传播动物疫情的所有渠道，展示全方位执行出入境检验检疫的格局，全面贯彻实施《中华人民共和国进出境动植物检疫法》具有十分重要的意义。

（二）运输工具检疫的实施程序

1）来自动物疫区的船舶、飞机、火车抵达口岸时，由口岸出入境检验检疫机关实施检疫。检疫时可以登船、登机、登车实施现场检疫，并对可能隐藏病虫害的餐车、配餐间、厨房、储藏室、食品舱等动物产品存放、使用场所和泔水、动物性废弃物的存放场

所及集装箱箱体等区域或者部位实施检疫；必要时作防疫消毒处理。发现病虫害的，作熏蒸、消毒或者其他除害处理。

2）进境拆解的废旧船舶，由口岸出入境检验检疫机关实施检疫。发现病虫害的，作除害处理。

3）进境的车辆，由口岸出入境检验检疫机关作防疫消毒处理。

4）装载动物出境的运输工具，装载前应当在口岸出入境检验检疫机关监督下进行消毒处理。

5）装载动物产品和其他检疫物出境的运输工具，作除害处理后方可装运。

（三）运输工具检疫的注意事项

1）有关运输工具负责人应当接受检疫人员的询问并在询问记录上签字，提供运行日志和装载货物的情况，开启舱室接受检疫。

2）装运供应我国香港、澳门地区的动物的回空车辆，实施整车防疫消毒。

3）进境、过境运输工具在中国境内停留期间，交通员工和其他人员不得将所装载动物、动物产品和其他检疫物带离运输工具；需要带离的，应当向口岸出入境检验检疫机关报检。

4）来自动物疫区的进境运输工具经检疫或者经消毒处理合格后，运输工具负责人或者其代理人要求出证的，由口岸出入境检验检疫机关签发《运输工具检疫证书》或者《运输工具消毒证书》。

（刘 冬）

第四章

屠宰加工领域防疫检疫技术

第一节　屠宰加工防疫条件

屠宰加工企业是集中屠宰加工畜禽，为人类提供肉食、肉制品及其他副产品的场所。肉食品卫生和屠宰场所的环境卫生关系极为密切，如果卫生管理不当，将成为人、畜疫病的散播地、自然环境的污染源。随着我国肉类产量的增加和人民生活水平的提高，屠宰加工企业与人民生活的关系越来越密切，在公共卫生中的地位也日益重要。为了既保障肉食品的食用安全，又避免环境污染并做到有利于控制疫病传播，在新建屠宰加工企业时，必须按照我国有关规定做好厂（场）址的选择工作。

一、屠宰加工企业的选址和布局的卫生要求

（一）屠宰加工企业选址的卫生要求

1. 屠宰加工企业合理选址的意义

屠宰加工企业是肉用畜禽的集散地，在待宰畜禽运入和宰后的肉品、副产品送出的过程中，如果没有严格执行兽医卫生检验和进行严格的兽医卫生管理，屠宰加工企业就会成为人畜共患病和畜禽疫病的污染源和散播地。因为虽然在收购、入场和住场期间都已对屠宰畜禽进行了检疫，但只能检出那些临床症状明显和体温异常的病畜禽，而对那些处于潜伏期的体温反应和临床症状不明显的慢性病畜禽，绝大多数都不能检出，混在健康畜禽中进行屠宰加工。上述这些病畜禽及其宰后的胴体、脏器及工业用畜禽原料都携带有病原体，都有向外传播疫病的可能性。所以，在选择屠宰加工地址时，应该全面考虑各种因素，既要选择交通便利、水源充足、基本条件良好的地方，又要注意避开居民稠密、工矿企业多、有公共活动场所的及有较大养殖规模的地区，以免造成环境污染和疫病传播，这在公共卫生方面具有重要的意义。

2. 厂（场）址选择的基本卫生要求

1）我国规定，新建屠宰加工企业时，其地址和场区建筑设计须经当地城市规划部门及卫生机关的批准。少数民族地区，应尊重民族的风俗习惯，将生猪屠宰场和牛羊屠宰场分开建立。

2）屠宰加工企业的地点，应远离交通要道、居民区、医院、学校、水源及其他公共场所至少500m以上，并位于水源和居民点下游、下风向，以免污染居民区的水源、空气和环境。但应考虑交通便利问题，有利于屠宰畜禽的运入和畜禽产品的运出。

3）地势平坦，且有一定的坡度，以便于车辆运输和污水的排放。地下水位离地面的距离不得低于1.5m，以保持场地的干燥和清洁。

4）厂（场）内的道路、地面应为柏油或水泥，以减少尘土污染，便于清洗及消毒。为防止其他动物入内，场区周围应围有2m高的围墙。

5）在选址布局时还应考虑厂（场）区的环境绿化，以防止风尘和调节空气。

6）应有完善的供水与下水系统。水源要求清洁无污染，要求用自来水或深井水，禁止直接用江、河、湖的水，若无自来水或深井水，江水、河水须经净化，符合生活饮用水卫生标准后方可利用。下水系统必须通畅无阻，厂（场）区内不得积有污水。

7）厂（场）内必须设有无害化处理粪便、胃肠内容物的场所及设备。在设计时，必须要有粪便发酵处理场所。粪便、胃肠内容物必须经发酵处理后方可运出，以防止病原微生物扩散。屠宰污水须经无害化处理设施处理后，方可排放入公共下水道。

（二）屠宰加工企业总平面布局的卫生要求

1. 布局原则

屠宰加工企业总平面布局应本着既符合卫生要求，又方便生产、利于科学管理的原则。各车间和建筑物的配置应科学合理，既要相互连贯又要做到病健隔离，病健分宰，使原料、成品、副产品及废弃物的转运不致交叉相遇，以免造成污染和疫病病原扩散。

2. 合理分区

为便于管理及流水作业的卫生要求，整个布局可分为彼此隔离的 5 个区。

（1）宰前饲养管理区 即贮畜场，包括三圈一室，即宰前预检分类圈、饲养圈、候宰圈、兽医室。此区还应设置有卸载台和检疫栏。

（2）生产加工区 包括五间二室一库，即屠宰加工车间、副产品整理车间、分割车间、肉品和肉制品加工车间、生化制药车间、卫检办公室、化验室和冷库。

（3）病畜隔离及污水处理区 包括一圈二间一系统，即病畜隔离圈、急宰车间、化制车间及污水处理系统。

（4）动力区 包括一房两室，即锅炉房、供电室和制冷设备室等。

（5）行政生活区 办公室、宿舍、库房、车库、俱乐部、食堂等为一区，稍具规模的屠宰加工企业应另辟生活区，且应在生产加工区的上风点。

3. 卫生要求

以上各区之间应有明确的分区标志，尤其是宰前饲养管理区、生产加工区和病畜隔离及污水处理区，应以围墙隔离，设专门通道相连，并要有严密的消毒措施。生活区和生产车间应保持相应的距离。肉制品、生化制药、炼油等生产车间应远离饲养区。病畜隔离圈、急宰车间、化制间及污水处理场所应在生产加工区的下风点。锅炉房应临近使用蒸汽的车间及浴室，距食堂也不宜太远。各个建筑物之间的距离，应不影响彼此间的采光。

各厂区内人员的交往，原料（活畜等）、成品及废弃物的转运应分设专用的门户与通道，成品与原料的装卸站台也要分开，以减少污染的机会。所有出入口均应设置与门等宽的消毒池。

大型的肉类联合加工厂至少由两栋多层的大楼组成，即屠宰加工楼和肉食品加工楼。在两栋楼之间应设有架空轨道。中小型肉联厂或屠宰场因日屠宰量不大，加工流水线不长，因而生产加工车间一般为单层设置，但卫生要求与大型肉类联合加工厂相同。

二、屠宰加工企业主要部门和系统

屠宰加工企业的主要部门和系统包括畜禽宰前饲养管理场、病畜禽隔离圈、候宰圈、屠宰加工车间、分割车间、急宰车间、化制车间、供水系统及污水处理系统等。

（一）宰前饲养管理场

宰前饲养管理场，是对屠畜禽实施宰前检疫、宰前休息管理和宰前停饲管理的场所。宰前饲养管理场储备畜禽的数量，应以日屠宰量和各种屠畜禽接受宰前检疫、宰前休息管理与宰前停饲管理所需要的时间来计算，以能保证每天屠宰的需要量为原则，容量一般为日屠宰量的 2～3 倍。

为了做好畜禽宰前检疫、宰前休息管理和宰前停饲管理工作，对宰前饲养管理场提出如下卫生要求：

1）宰前饲养管理场应自成独立的系统，与生产区相隔离，并保持一定的距离。

2）应设有畜禽卸载台、地秤、供宰前检疫和检测体温用的分群圈（栏）和预检圈、病畜隔离圈、健畜圈、供宰前停食管理的候宰圈，以及饲料加工调制车间等。

3）所有建筑和生产用地的地面应以不渗水的材料建成，并保持适当的坡度，以便排水和消毒。地面要防滑，以免人、畜滑倒跌伤。

4）宰前饲养管理场的圈舍应采用小而分立的形式，防止疫病传染。应具有足够的光线和良好的通风，完善的上、下水系统及良好的饮水装置。圈内还应有饲槽和消毒清洁用具及圆底的排水沟。在我国北方有保暖设施，寒冷季节圈温不应底于 4℃。每头屠畜所需面积：牛为 1.5～3m^2，羊为 0.5～0.7m^2，猪为 0.6～0.9m^2。

5）场内所有圈舍，必须每天清除粪便，定期进行消毒。粪便应及时送到堆粪场进行无害处理。

6）应设有车辆清洗、消毒场，备有高压喷水龙头、洗涮工具与消毒药剂。

7）应设有兽医工作室，建立完整的兽医卫生管理制度。

（二）病畜隔离圈

病畜隔离圈是供收养宰前检疫中剔出的病畜，尤其是为疑有传染病的畜禽而设置的隔离饲养场，其容量不应少于宰前饲养管理场总畜量的 1%。在建筑的使用上应有更加严格的卫生要求。病畜隔离圈的用具、设备、运输工具等必须专用。工人也需专职，不得与其他车间随意来往。隔离圈应具有不渗水的地面和墙壁，墙角和柱角呈半圆形，易于清洗和消毒，应设专门的粪便处理池，粪尿须经消毒后方可运出或排入排水沟。出入口应设消毒池，并要有密闭的便于消毒的尸体运输工具。

（三）候宰圈

候宰圈是供屠畜禽等候屠宰、施行宰前停饲管理的专用场所，应与屠宰加工车间相毗邻。候宰圈的大小应以能圈养一天屠宰加工所需的畜禽数量为准。候宰圈由若干小圈组成，所有地面应不渗水，墙壁光滑，易于冲洗、消毒。圈舍应通风良好，不设饲槽，提供充足的饮水。候宰圈邻近屠宰加工车间的一端，应设淋浴室，用于屠畜禽的宰前淋浴净体。

（四）急宰车间

急宰车间是屠宰各种病畜的场所。它的位置一般在病畜隔离圈的近邻，设计上要适用于各种畜禽的急宰，并便于清洗消毒。

急宰车间的卫生要求除与病畜隔离圈相同外，还应设有专用的更衣室、淋浴室、污水池和粪便处理池。整个车间的污水必须经严格消毒方可排出。急宰车间应设置兽医卫生检验室和无害化处理、化制等卫生处理设施。

急宰车间应配备专职人员，必须具有良好的卫生条件与人身防护设施。各种器械、设备、用具应专用，经常消毒，防止疫病扩散。急宰间的污水和废弃物的处理必须符合卫生要求。

（五）屠宰加工车间

屠宰加工车间是自畜禽致昏放血到加工成肉片的场所，是肉联厂或屠宰场最重要的车间，也是卫检人员履行其职责的主要场所，其卫生状况对肉及其制品的质量影响极大。因此，严格执行屠宰车间的兽医卫生监督制度，是保证肉品原料卫生的重要环节。

1. 建筑设施的卫生要求

1）车间内墙面应用不透水的材料建成。在离地 2m（屠宰室为 3m）以上的墙壁上，应用白色瓷砖铺砌墙裙，以便洗刷和消毒。

2）车间地面最好用水泥纹砖铺盖，并形成 1～2° 的倾斜度，以便于排水。地面应无裂缝，无凹陷，避免积留污物和污水。

3）地角、墙角、顶角必须设计成弧形，并应有防鼠设施。

4）天花板的高度在宰牛车间垂直放血处不低于 6m，其他部分不低于 4.5m。顶棚或吊顶的表面应平整、防潮、防灰尘集聚，其表面使用涂层时，应涂刷便于清洗、消毒并不易脱落的无毒浅色涂料。

5）门窗应用密闭性能好、不变形的材料制作。内窗台宜设计成向下倾斜 45° 斜坡或采用无窗台构造，使其不能放置物品。窗户与地面面积的比例为 1:6～1:4，以保证车间有充足的光线。室内光照要均匀、柔和、充足。屠宰加工作业场所的照明设施应齐备，屠宰和分割车间工作场所照度不应小于 75lx，屠宰操作面照度不应小于 150lx，分割操作面照度不应小于 200lx，检验操作面照度不应小于 300lx。人工照明时，应选择日光灯，不应使用有色灯和高压水银灯，更不能用煤油灯或汽油灯，因为在这些光线下不好辨别肉品色泽，有碍病理变化的判定，尤其是煤油灯、汽油灯还会给肉附加一种不良的气味。

6）在兽医检验点应设有操作台，并备有冷、热水和刀具消毒设备。

7）楼梯及扶手、栏板均应做成整体式，面层应采用不渗水材料制作。楼梯与电梯应便于清洗消毒。

8）特殊投屠宰设施。屠宰供应少数民族食用的畜类产品的屠宰厂（场），要尊重民族风俗习惯。

2. 传送装置的卫生要求

1）要求采用架空轨道，使屠体的整个加工过程在悬挂状态下进行，既可减少污染，又能节省劳动力。

① 猪屠宰悬挂输送设备：放血线轨道面应距地面 3～3.5m；胴体加工线轨道面距地高度为：单滑轮 2.5～2.8m，双滑轮 2.8～3m；自动悬挂输送机的输送速度每分钟不超过 6 头，挂猪间距应大于 0.8m。

牛屠宰悬挂输送设备：放血线轨道面应距地面 4.5～5m，挂牛间距应大于 1.2m。

②羊屠宰悬挂输送设备：放血线轨道面应距地面 2.4～2.6m，挂羊间距应大于 0.8m。

从生产流程的主干轨道，分出若干岔道，以便随时将需要隔离的疑似病畜胴体从生产流程中分离出来。畜禽放血处要设有表面光滑的金属或水泥斜槽，以便收集血液。

2）在悬挂胴体的架空轨道旁边，应设置同步运行的内脏和头的传送装置（或安装悬挂式输送盘），以便兽医卫检人员实施同步检验，综合判断。

3）为了减少污染，屠宰加工车间与其他车间的联系最好采用架空轨道和传送带。在大型多层肉类联合加工厂，产品在上下层之间的传送一般采用金属滑筒。一般屠宰场产品的转运，可采用手推车，但应用不渗水和便于消毒的材料制成。

4）从卫生的角度考虑，所有用具和设备（包括传送装置）应采用不锈钢材料制作。

3. 车间通风的要求

车间内应有良好的通风设备。由于车间内的湿度较大，尤其是在我国北方的冬季，室内雾气浓重，可见度很低，所以应安装去湿除雾机，在车间的入口处应设有套房，以免冷风直入室内形成浓雾。夏季气温高，在南方应安装降温设备，门窗的开设要适合空气的对流，要有防蝇、防蚊装置。室内空气交换以每小时 1～3 次为宜。交换的具体次数和时间可根据悬挂胴体的数量和气温来决定。

4. 上、下水系统的卫生要求

车间内需备有冷、热水龙头，以便洗刷、消毒器械和去除油污。热水龙头尽量不用手动的，消毒用水水温不低于 82℃。为及时排除屠宰车间内的废水，保持生产地面的清洁和防止产品污染，必须建造通畅完善的下水道系统。每 20m² 车间地面设置一收容坑，坑上盖有滤水铁篦子，以便阻止污物和碎肉块进入下水道系统。车间排水管道的出口处，应设置脂肪清除装置和沉淀池，以减少污水中的脂肪和其他有机物的含量。

5. 屠宰加工车间的卫生管理

屠宰加工车间的卫生管理是整个屠宰加工管理的核心部分，该车间的卫生状况直接影响到产品的质量，因此，屠宰加工车间的卫生管理必须做到制度化、规范化和经常化。

具体要求如下：

1）车间门口应设与门等宽且不能跨越的消毒池，池内的消毒液应更换，以保持药效。外来参观人员须在专人带领下穿戴专用工作服和胶靴进入车间。严禁闲散人员进入车间。

2）屠宰加工车间是兽医卫生检验人员履行职责、施行检验检疫的重要场所，因此，车间内因保持充足的光线，人工光源应达到要求的照度，光源发生故障后要及时修理，绝不能让兽医检验人员在暗光下进行检验操作。为增加车间的可见度，冬季应配备除雾、除湿设备。

3）车间内各岗位人员应尽职尽责，忠于职守。车间的地面、墙裙、设备、工具、用具等要保持清洁，每天生产完毕后用热水洗刷。除发现烈性传染病时紧急消毒外，每周应用 2% 的热碱液消毒一次，至下一班生产前再用流水洗刷干净。放血刀应经常更换和消毒，生产人员所用工具受污染后，应立即消毒和清洗。为此，在各加工检验点除设有冷热水龙头外，还应备有消毒液或热水消毒器。

4）烫池的热水应每 4h 更换一次，清水池要有进有出，保持清洁卫生。

5）血液应收集在专用容器或血池中，经消毒或加工后方准出厂，不得任意外流。供医疗或食用的血液应分别编号收集，经检验确认为来自健康屠畜时方可利用。

6）在整个生产过程中，要防止任何产品落地，严禁在地上堆放产品。废弃品要妥善处理，严禁喂猫、喂狗或直接运出厂外作肥料。

7）严禁在屠宰加工车间进行急宰。

（六）分割车间

分割车间是将屠宰后的家畜胴体或光禽按部位进行分割、包装和冷冻加工的场所。分割肉具有很大的优越性，不但能活跃市场，方便群众，而且产品卫生质量高，可给屠宰加工企业带收较好的经济效益。

1. 建筑设施的卫生要求

分割车间一端应紧靠屠宰加工车间，另一端应靠近冷库，这样便于原料进入和产品及时冷冻。分割车间应设有分割肉预冷间、加工分割间，其分割产品再进入成品冷却间、包装间、冻结间及成品冷藏间。还应设有更衣室、磨刀间、洗手间、下脚料储存室、发货间等。

分割车间的各种设施都应具有较高的卫生标准。所有墙壁均应用瓷砖贴面，墙与地面相交处和墙角都为半圆形，门、窗均采用防锈、防腐材料制成。分割间应安装空调，热分割加工环境温度不得高于20℃，冷分割加工环境温度不得高于15℃。应有良好的照明设备和防鼠、防蚊、防蝇装置。应设有冷、热水洗手龙头和热水消毒池，消毒池水温应达到82℃以上。所有水龙头应是触碰式或脚采式的，不能用手开关。操作台面用不锈金属板制成，表面应平整、光滑。

2. 卫生管理

操作人员应勤剪指甲，工作前应洗手和消毒，凡中途离开车间返回岗位时须重新洗手和消毒。进入车间必须穿戴工作衣帽，出车间时应脱去工作衣帽，工作衣帽必须每天换洗和定期消毒。

每天工作前和下班后均应搞好工具、操作台面的卫生，除每天用不低于82℃的热水冲洗外，还应定期（最少每周2次）以2% NaOH溶液消毒，地面每周应消毒2次。

（七）化制车间

化制车间是专门处理废弃品的场所。它是利用专门的高温设备，杀灭废弃品中的病原体，以达到无害化处理的目的。从保护环境、防止污染的角度出发，各屠宰加工企业，都应建立化制车间。

1. 建筑设施的卫生要求

化制车间应为一座独立的建筑物，位于屠宰加工企业下风处的边缘位置。车间的地面、墙壁、通道、装卸台等均用不透水的材料建成，大门口和各工作室门前应设有消毒池，池内的消毒液要经常更换以保持药效。

化制车间的工艺布局应严格按照工作程序分为两个部分：第一部分为原料接收和处理部分，包括废弃品接收室、剖检室、化验室、皮张处理室和消毒室等，房屋建筑要求光线充足。通风良好，有完善的供水（包括热水）、排水系统和防鼠、防蚊蝇设备；第二部分为化制加工部分，设化制室、产品储藏室及工作室等。两个部分之间应严格隔绝，第一部分分割好的原料只能经由一定的孔道，直接进入第二部分的化制室或化制锅内。

2. 卫生管理

（1）污水处理　化制车间排出的污水，不得直接排入下水道或河流，必须经过净化处理。使其生化需氧量符合国家规定标准后，才能排入卫生机关许可的排水沟内。

（2）工作人员的卫生要求与防护　化制车间的全部工作人员，要保持相对的稳定，工作时严格遵守卫生防疫规则和操作规程，不得在两个隔绝的加工部分相互来往，更不准随便交换用具、工作服和器材设备；工作人员还应做好个人卫生防护工作。

（3）废弃品的搬运及其卫生要求　废弃品转移搬运时，须严格注意防止污染和散播病原菌，要求用密封而不漏水、便于消毒的专用车辆进行搬运。用一般车辆搬运时，必须用浸渍过消毒液的湿布包裹废弃品，并套上一层塑料布。运送病死尸体时，须用消毒棉球塞住其天然孔，以防血液、分泌物和排泄物流出。所有的运输车辆和工具在使用后都必须进行彻底的清洗和严格的消毒。

（八）供水系统

屠宰加工企业在日常生产中要消耗大量的水，水质的好坏直接影响畜禽肉及其产品的卫生质量。屠宰加工企业用水必须做到卫生行政部门的监督验收认可，而卫生监督的重点要放在保持水的清洁上。若工厂自备的水源，应进行必要的检验和卫生评价，符合国家《生活饮用水卫生标准》（GB 5749—2006）后方可供生产使用。自备水源的周围地域要加以防护，以免水源受到污染。

（九）污水处理系统

屠宰加工企业必须有污水处理系统，产生的一切污水必须经过净化处理并消毒后，方可排入公共下水系统或河流。

第二节　宰前检疫

一、屠畜的宰前检疫

（一）宰前检疫的概念和意义

1. 宰前检疫的概念
宰前检疫是指对待宰动物进行的检疫，它是屠宰检疫的重要组成部分。

2. 宰前检疫的意义
1）实施宰前检疫，可及时发现伤残动物或患病动物，有利于做到病、健隔离，病健分宰，避免肉品污染，提高肉品卫生质量，减少经济损失。

2）宰前检疫能检出宰后检验难以检出的疫病。尤其对临床症状明显而宰后却难以发现的疫病如破伤风、狂犬病、李氏杆菌病、流行性乙型脑炎、口蹄疫和某些中毒性疾病等有重要意义。如果忽视了宰前检疫，就错过了检出这些疫病的机会。

3）宰前检疫通过查证验物，发现和纠正违反动物防疫法律法规的行为，维护《动物防疫法》的尊严，促进动物免疫接种和动物产地检疫工作的实施。

（二）宰前检疫的要求

1. 宰前必须检疫

凡屠宰加工动物的单位和个人必须按照《肉品卫生检验试行规程》的规定，对动物进行宰前检疫。

2. 应由动物防疫监督机构监督

动物防疫监督机构应对屠宰厂、肉类联合加工厂进行监督检查，根据监督检查发现的问题，可以向厂方或其上级主管部门提出建议或处理意见，制止不符合检疫要求的动物产品出厂。有自检权的屠宰厂和肉类联合加工厂的检疫工作，一般由厂方负责，但应接受动物防疫监督机构的监督检查。其他单位、个人屠宰的动物，必须由当地动物防疫监督机构或其委托单位进行检疫，并出具检疫证明，胴体加盖验讫印章。

3. 宰前检疫的程序

（1）入场验收　　入场验收是防止疫病混入的重要环节，在入场验收中，要认真做好如下工作。

1）验讫证件，了解疫情：检疫人员首先向押运人员索取《动物产地检疫合格证明》或《出县境动物检疫合格证明》和《动物及动物产品运载工具消毒证明》，了解产地有无疫情和途中病、死情况，并亲临车、船，仔细观察畜群，核对屠畜的种类和数量。若屠畜数目有出入，或有病死现象，产地有严重疫情流行，有可疑疫情时，应将该批屠畜立即转入隔离栏圈，进行详细临诊检查和必要的实验室诊断，待疫病性质确定后，按有关规定妥善处理。

2）视检动物，病健分群：经过初步视检和调查了解，认为合格的畜群允许卸下，并赶入预检圈。如发现异常，立即涂刷一定标记并赶入隔离圈。赶入预检圈的屠畜，必须按产地、批次分圈饲养，不可混杂。

3）逐头测温，剔出病畜：进入预检圈的牲畜，要给足饮水，待休息 4h 后，再进行详细的临诊检查，逐头测温。经检查确认健康的牲畜，可以赶入饲养圈。病畜或疑似病畜则赶入隔离圈，并出具隔离观察通知书（图 4-1）。

隔离观察通知书（存根联）

No：

_____ 屠宰场：

依据《中华人民共和国动物防疫法》和国家有关检疫标准的规定，对你厂（场，点）的 _____ 头 _____ 实施宰前检疫。经宰前检疫，因 _____ 须隔离观察 _____ 天。在未获得动物卫生监督机构准宰通知书之前，货主不得擅自屠宰，否则将依法处理。

动物卫生监督机构（盖章）

检疫员签名：

年　　月　　日

隔离观察通知书（屠宰场联）

No：

_____屠宰场：

依据《中华人民共和国动物防疫法》和国家有关检疫标准的规定，对你厂（场，点）的 _____ 头 _____ 实施宰前检疫。经宰前检疫，因须隔离观察 _____ 天。在未获得动物卫生监督机构准宰通知书之前，货主不得擅自屠宰，否则将依法处理。

动物卫生监督机构（盖章）

检疫员签名：

年　月　日

图 4-1　隔离观察通知书

4）个别诊断，按章处理：被隔离的病畜或可疑病畜，经适当休息后，进行详细的个体临床检查，必要时辅以实验室检查，确诊后按有关规定处理。

（2）住场检查　入场验收合格的屠畜，在宰前饲养管理期间，检疫人员应经常深入圈舍，巡视动物的"动、静和饮食"状态，检查屠畜健康状态及宰前管理情况，发现问题，及时处理。

（3）送宰检查　送宰检查是宰前检疫的最后环节，为了最大限度地控制病畜进入屠宰车间，对经过 2d 以上饲养管理的健康屠畜，在送宰之前需再进行一次以群体检查为主的健康检查，有条件者需测体温，以便最大限度地检出病畜。确认健康合格者，由检疫员签发宰前检疫单送往候宰间。

（三）宰前检疫后的处理

1. 准宰

经宰前检疫证实待宰动物检疫证明、运载工具消毒证明有效，免疫耳标有效，证物相符，临诊检查健康，检疫人员应出具准宰通知书（图 4-2），准予屠宰。

准宰通知书（存根联）

No：

_____屠宰场：

依据《中华人民共和国动物防疫法》和国家有关检疫标准的规定，对你厂（场，点）的 _____ 头 _____ 实施宰前检疫。经宰前检疫合格，准予屠宰。

动物卫生监督机构（盖章）

检疫员签名：

年　月　日

准宰通知书（屠宰场联）

No：

_____屠宰场：

依据《中华人民共和国动物防疫法》和国家有关检疫标准的规定，对你厂（场，点）的_____头_____实施宰前检疫。经宰前检疫合格，准予屠宰。

动物卫生监督机构（盖章）

检疫员签名：

年　月　日

图 4-2　准宰通知书

2. 禁宰

凡是危害性大而且目前防治困难的疫病，重要的人畜共患疫病，以及国外有而国内无或国内已经消灭的疫病，按下述办法处理：

1）经宰前检疫发现口蹄疫、猪水疱病、猪瘟、非洲猪瘟、高致病性蓝耳病、非洲马瘟、牛瘟、牛传染性胸膜肺炎、牛海绵状脑病、痒病、蓝舌病、小反刍兽疫、绵羊痘和山羊痘、兔病毒性出血症等时，患病动物和同群动物用密闭运输工具运到动物防疫监督机构指定的地点，用不放血的方法全部扑杀后销毁。

2）经宰前检疫发现狂犬病、炭疽、布鲁菌病、弓形虫病、结核病、日本血吸虫病、囊尾蚴病、马鼻疽、兔黏液瘤病及疑似病畜时，才用不放血的方式扑杀销毁。

3. 急宰

1）对患有"禁宰"所列疫病外的其他疫病、普通病和其他病损的及长途运输中所出现的病畜，为了防止传染或免于自然死亡而强制进行的紧急宰杀。

2）禁宰 2）中所列疫病的同群动物急宰。

凡判为急宰的畜禽，均应将其宰前检疫报告单及时通知检疫人员并出具急宰通知书（图 4-2），以提供对同群畜禽检验的综合判定处理。

4. 缓宰

经检疫患有一般传染病或普通病、有饲养肥育价值，且有治愈希望的牲畜，应予以缓宰。

5. 死畜尸的处理

凡在运输途中或宰前饲养管理期间自行死亡或死因不明者，一律销毁。确系因挤压、斗殴等纯物理性致死的，经检验肉质良好，并在死后 2h 内取出全部内脏者，其胴体经无害化处理后可供食用。

二、家禽的宰前检疫

（一）家禽宰前检疫的程序

家禽从产地运到屠宰厂（场）后的宰前检疫程序与家畜基本相同，包括入场验收、待宰检疫和送宰检疫。根据家禽在运输途中和到场后的管理特点，一般做如下安排。

1）家畜在运输途中多为笼装，到场后经验证、检查后一般以笼养或棚养于候宰间。

2）从入场到送宰的时间较短，一般将入场验收、待宰检疫和送宰检疫结合进行。

3）检查时，以群检为主，一般不测体温。经过检查，签发宰前检疫单（含送宰检疫单），并做好记录，按健禽、疑似病禽分别存放，以便做到病、健隔离，病、健分宰。

（二）家禽宰前检疫的方法

活禽的宰前检查分群体检查和个体检查两个步骤，一般以群体检查为主，辅以个体检查，必要时进行实验室检验。其具体做法可归纳为"静、动、食"状态的观察三大环节和"看、听、摸、检"四大要领。

1. 群体检查

对禽群进行静态、动态和饮食状态的观察，以判定家禽的健康状况。

（1）静态检查　　兽医人员在不惊扰禽群的情况下，观察家禽的自然安静状态，如站立、栖息的姿态，精神状况，呼吸状态，羽毛、天然孔、冠、肉髯等的状况及对外界事物的反应。还应注意是否发出"咯咯"声或"咕咕"声，以及喘息、咳嗽声等。

健康家禽，全身羽毛丰满整洁而有光泽，泄殖孔周围与腹下绒毛清洁而干燥，眼有神，冠、髯鲜红发亮，常抖动羽毛、撩起两翅，对周围事物敏感，反应迅速。

发现精神委顿，缩颈闭目，反应迟钝，尾、翅下垂，呼吸急迫或困难，天然孔流黏液或泡沫液体，肛门周围沾有粪便，冠苍白或青紫色，发出特殊"咯咯"声及咳嗽声等症状的禽，应剔出做进一步的个体检查。

（2）动态检查　　将禽群哄起，观察其反应性和行走姿态。健禽活泼，行动敏捷，平衡矫健，行走时探头缩尾，两翅紧收。病禽则精神委顿，行动迟缓，步态僵硬跛跄，弯颈拱背，翅尾下垂，落后于禽群。发现病态的禽应剔出做进一步个体检查。

（3）采食、饮水及粪便状态检查　　发现采食、饮水和（或）粪便异常的禽，应剔出做进一步个体检查。

2. 个体检查

具体方法是看、听、摸、检。进行检查时，检查人员用左手握住禽两翅根部，注意叫声有无异常，挣扎是否有力；再提起禽，先检查头部，观察冠、髯和无毛处有无苍白、发绀、痘疹，眼、鼻及喙有无异常分泌物及病变等。再观察口腔与喉头有无异常。检查呼吸道及嗉囊时，使上颈部贴近检验者耳旁，听其有无异常呼吸音并轻压喉头及气管，诱发咳嗽；顺手触摸嗉囊，探查其充实度及内容物的性质。最后摸检胸及腿部肌肉是否丰满，腹部有无水肿，关节有无肿大。还应注意被毛状态并分开羽毛检查皮肤颜色，有无创伤及肿物等；肛门附近有无粪污及其颜色、性状。必要时检测体温。

对鸭进行个体检查时，常以右手抓住鸭的上颈部，提起后夹于左臂下，同时以左手托住锁骨部，然后进行个体检查。检查的顺序是头部、食管膨大部、皮肤、肛门，必要时测体温。对体重较大的鹅，一般就地压倒进行检查，检查顺序与鸭相同。

（三）家禽宰前检疫后的处理

1. 准宰

确认健康的家禽，由检疫人员出具准予屠宰的送宰证明书即准宰通知书。

2. 禁宰

确认为禽流感（高致病性禽流感）、鸡新城疫、马立克氏病、小鹅瘟、鸭瘟等传染病的家禽要禁止屠宰，采用不放血的方式扑杀，尸体销毁。

3. 急宰

确认患有或疑似患有鸡痘、鸡传染性法氏囊病、鸡传染性喉气管炎、鸡传染性支气管炎、禽支原体病、禽霍乱、禽伤寒、禽副伤寒及其他一般性传染病的家禽，以及确认为禁宰的传染病病禽的同群者，应进行急宰，并由检疫人员出具急宰通知书（图4-3）。

急宰通知书（存根联）

No：

_____ 屠宰场：

　　依据《中华人民共和国动物防疫法》和国家有关检疫标准的规定，对你厂（场，点）的 _____ 头 _____ 实施宰前检疫。经宰前检疫，因 _____ 原因，其中 _____ 头须作急宰处理。

动物卫生监督机构（盖章）

检疫员签名：

年　　月　　日

急宰通知书（屠宰场联）

No：

_____ 屠宰场：

　　依据《中华人民共和国动物防疫法》和国家有关检疫标准的规定，对你厂（场，点）的 _____ 头 _____ 实施宰前检疫。经宰前检疫，因 _____ 原因，其中 _____ 头须作急宰处理。

动物卫生监督机构（盖章）

检疫员签名：

年　　月　　日

图4-3　急宰通知书

4. 死禽的处理

在运输途中和禽舍内发现的死禽，一律销毁，并及时查明死因，以确定同群禽的处理方法。确因挤压等物理因素致死的禽，其肉质良好，并在死后2h内取出内脏的，内脏化制或销毁，胴体经高温处理后可供食用。

第三节　宰后检疫

一、宰后检疫概述

（一）宰后检疫的概念和意义

1. 宰后检疫的概念

宰后检验是指动物在放血解体的情况下，直接检查肉尸、内脏，根据其病理变化和异常现象进行综合判断，得出检验结论。宰后检验包括对传染性疾病和寄生虫以外的疾病的检查，对有害腺体摘除情况的检查，对屠宰加工质量的检查，对注水或注入其他物质的检查，对有害物质的检查及检查是否是种公、母畜或晚阉畜肉。

2. 宰后检疫的意义

宰后检疫是宰前检疫的继续和补充，宰前检疫只能剔除一些具有体温反应或症状比较明显的病畜，对于处于潜伏期或症状不明显的病畜则难以发现，往往随同健畜一起进入屠宰加工过程。这些病畜只有经过宰后检验，在解体状态下，直接观察胴体、脏器所呈现的病理变化和异常现象，才能进行综合分析，作出准确判断，如猪慢性咽炭疽、猪旋毛虫病、猪囊虫病等。所以宰后检疫对于检出和控制疫病、保证肉品卫生质量、防止传染等具有重要的意义。

宰后检疫还可以及时发现非传染性畜禽胴体和内脏的某些病变，如黄疸肉及黄脂肉、脓毒症、尿毒症、腐败、肿瘤、变质、水肿、局部化脓、异色、异味等有碍肉品卫生的情况，以便及时剔除，保证肉品卫生安全，使人们吃上放心肉。

（二）宰后检疫工具的使用和消毒

1. 检疫用工具

一般检疫用工具有检疫刀、检疫钩和锉棒等。检疫刀用于切割检疫肌肉、内脏、淋巴结；检疫钩用于钩住胴体、肉类和内脏一定部位以便于切割。锉棒为磨刀专用。动物检疫人员上岗时，要随身携带两套检疫工具。

2. 检疫工具的使用方法

检疫时对切开的部位和限度有一定要求，用刀时要用刀刃平稳滑动切开组织，不能用拉锯式的动作，以免造成切面模糊，影响观察。为保持检疫刀的平衡用力，拿刀时应把大拇指压在刀背上。使用时要注意安全，不要伤及自己及周围人员，万一碰伤手指等，要立即消毒包扎。

3. 检疫工具的消毒

接触过患病动物的胴体和内脏的检疫工具，应立即放入消毒药液中浸泡消毒30～40min，换用另一套工具进行下一头肉尸的检疫。经过消毒的检疫工具，消毒后用清水冲去消毒药液，擦干后备用。检疫后的工具要消毒、洗净、擦干，以免生锈。检疫工具只供检疫用，不能另作他用。检疫工具不可用水煮沸、火焰、蒸汽、高温干燥消毒，以免造成刀、钩柄松动、脱落和影响刀刃的锋利。

（三）宰后检疫的基本方法和要求

1. 宰后检疫的基本方法

宰后检验主要是通过感官检验对胴体和脏器的病变进行综合的判断和处理，必要时辅以细菌学、血清学、病理组织学等实验室检验。感官检验方法主要有视检、剖检、触检和嗅检，以视检和剖检为主。

（1）视检　通过视觉器官直接观察胴体皮肤、肌肉、脂肪、胸腹膜、骨骼、关节、天然孔及各种脏器浅表暴露部位的色泽、形状、大小、组织状态等，判断有无病理变化或异常，为进一步剖检提供方向。例如，牛、羊的上下颌骨膨大时，注意检查放线菌病；若猪咽喉和颈部肿胀的，应注意检查咽炭疽和猪肺疫；若见皮肤、黏膜、脂肪发黄，则表明有黄疸的可疑。

（2）剖检　　用检疫刀切开肉尸或脏器的深部组织或隐蔽部分，观察其有无病理变化，这对淋巴结、肌肉、脂肪、脏器的检查非常必要，尤其是对淋巴结的剖检显得十分重要。当病原体侵入动物机体后，首先进入管壁薄、通透性大的淋巴管，进而随淋巴液流向附近淋巴结内，在此被其吞噬、阻留或消灭，由于阻留病原体的刺激，淋巴结会呈现相应的病理变化，如肿大、充血、出血、化脓、坏死等，病因不同，淋巴结的病理形态变化也不同，且往往在淋巴结中形成特殊的病变。例如，患猪瘟的病猪全身淋巴结肿大、切面周边出血呈红白相间的大理石样外观；炭疽病淋巴结急剧肿大、变硬，切面呈砖红色，淋巴结周围组织常有胶样浸润。

（3）触检　　通过触摸受检组织和器官，感觉其弹性、硬度及深部有无隐蔽或潜在性的变化。触检可减少剖检的盲目性，提高剖检效率，必要时将触检可疑的部位剖开视检，这对发现深部组织或器官内的硬块很有实际意义。例如，猪肺疫时红色肝变的肺除色泽似肝外，用手触摸其坚实性亦似肝；奶牛乳房结核时可摸到乳房内的硬肿块等，均具有一定的诊断价值。

（4）嗅检　　用鼻嗅闻被检胴体及组织器官有无异常气味，借以判定肉品质量和食用价值，为实验室检验提供指导，确定实验室的必检项目。例如，生前动物患有尿毒症，宰后肉中有尿臊味；生前用药时间较长，宰后肉品有残留的药味；病猪、死猪冷宰后肉有一定的尸腐味等，都可通过嗅检查出。当感官检验不能判定疾病性质时，须进行实验室检验。

2. 宰后检疫的要求

为了迅速准确地做好在高速运转的屠宰加工流水线上的检验工作，必须遵守一定的程序和方法，掌握操作规程和法定动物疫病的典型病理变化，做到检疫刀数到位、检疫术式到位、综合判定到位和无害化处理到位。

1）剖检必须遵循一定的程序和顺序，且养成习惯，以免漏检。

2）为保证肉品的卫生质量和商品价值，剖检只能在一定的部位切开，下刀快而准，切口小而齐，深浅适度。

3）切莫乱划和拉锯式的切割，以免造成切口过多过大或切面模糊不清，导致组织的人为变化，给检疫带来困难。肌肉应顺肌纤维方向切开。

4）胴体部位的淋巴结，尽可能从切割面剖开检查，以保持表面完整（尤其是带皮胴体更应注意）。淋巴结要沿长轴切开。当病变不明显时，应将淋巴结取下，按其长度切成薄片仔细观察。

5）切开脏器或组织的病损部位时，要尽量防止病料污染产品、地面、设备、器具和卫检人员的手及工作服等。

6）卫检人员应各自配备两套专用的检验刀、钩和一根磨刀棒，以便替换。被污染的器械应立即消毒。

7）卫检人员应做好个人防护（穿戴洁白的工作衣帽、围裙、胶靴及线手套等）。

（四）宰后检疫结果登记

登记项目包括胴体编号、屠宰种类、产地、畜主姓名、疫病名称、病变组织器官及其病理变化、官方兽医结论和处理意见等。这不仅有很大的科研价值，而且对当地动物疫病的流行病学研究和采取防制对策有十分重要的意义。

（五）宰后检疫的结果处理

1. 合格肉尸

经检疫合格的，在肉尸上加盖动物防疫监督机构通用的长方形滚动肉检验讫印章和商品流通部门使用的圆形肉检验讫印章，内脏等动物产品加封检疫标志。然后由动物防疫监督机构出具《动物产品检疫合格证明》。

2. 不合格的肉尸

经检疫不合格的，根据疫病的性质，肉尸、内脏病害程度及肉尸整体状态，加盖有关无害化处理印戳或加封标志，并根据《畜禽屠宰卫生检疫规范》等国家有关规定在动物检疫员的监督下进行无害化处理，无法作无害化处理的，予以销毁。

二、猪的宰后检疫程序及操作要点

屠畜的宰后检疫一般分为头部检疫、胴体检疫、内脏检疫和复验盖章4个基本程序，在猪还需增加皮肤检疫和旋毛虫检疫两个项目。

（一）头部检疫

以检查咽炭疽和囊尾蚴为主，同时观察头、鼻、眼、唇、龈、咽喉、扁桃体等有无病变。

1. 颌下淋巴结

剖检时，先扩大放血刀口，然后在左右下颌角内侧向下各作一平行切口，从切口的深部就可以找到该淋巴结检验咽型炭疽，其次为结核。

2. 外咬肌

从左、右下颌骨外侧平行切开两侧外咬肌，检验有无猪囊尾蚴寄生。

3. 头部其他部位

检验外咬肌后，视检鼻盘、唇、舌、齿龈、咽喉黏膜和扁桃体等有无异常，注意有无口蹄疫、传染性水疱病病变。

（1）咽炭疽、结核、猪瘟和猪肺疫的检疫 主要剖检两侧下颌淋巴结及其周围组织。猪放血致死后，烫毛剥皮之前，检验者左手持钩，钩住切口左壁的中间部分，向左牵拉切口使其扩张。右手持刀将切口向深部纵切一刀，深达喉头软骨。再以喉头为中心，朝向下颌骨的内侧，左右各作一弧形切口，便可在下颌骨内沿、颌下腺下方，找出呈卵圆形或扁椭圆形的左右颌下淋巴结，并进行剖检（图4-4），观察有无病理变化及其周围组织有无胶样浸润。

（2）囊尾蚴检疫 主要检两侧咬肌，猪浸烫刮毛或剥皮后，平行紧贴下颌骨角切开左右咬肌2/3以上（图4-5），观察咬肌有无灰白色、米粒大、半透明的囊虫包囊和其他病变。

（3）其他 头部检查还应观察耳、鼻、眼、唇、龈、咽喉、扁桃体等，以判断有无猪瘟、口蹄疫、传染性萎缩性鼻炎等可疑变化。

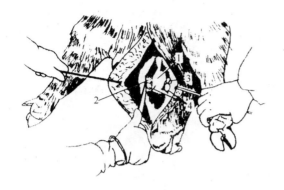

图 4-4　猪颌下淋巴结检疫术式图
1. 咽喉头隆起；2. 下颌骨切迹；3. 颌下腺；4. 颌下淋巴结

图 4-5　猪的咬肌检疫术式图
1. 检疫钩钩住的部位；2. 被切开的咬肌

（二）皮肤检疫

为了及早发现传染病，避免扩大传染范围，猪在脱毛后开膛前，对带皮猪进行皮肤检疫十分必要。主要检查皮肤完整性和颜色，注意有无充血、出血、淤血、疹块、水疱、溃疡等病变。例如，猪败血型猪丹毒时，腰背部大面积弥漫性充血；猪瘟病猪在耳、腹下部、四肢内侧等处皮肤针尖状、点状出血；猪口蹄疫时，鼻盘、唇、蹄冠、腹下部有水疱或溃疡等。

（三）内脏检疫

绝大多数传染病都可引起内脏不同程度的病理变化，有些甚至呈现明显的特征性或启示性病变，因此，内脏检疫是宰后检疫的重点。

1. 胃、肠、脾检查（白下水检查）

先视检脾，观察其形态、大小、颜色，重点看脾边缘有无楔状的出血性梗死区，触检其弹性、硬度，必要时剖开观察脾髓。然后剖检肠系膜淋巴结，检查有无肠炭疽、猪瘟、猪丹毒、弓形虫病等疫病。最后视检胃肠浆膜、肠系膜，看其有无充血、出血、结节、溃疡及寄生虫（图 4-6）。

2. 肺、心、肝检验（红下水检查）

视检肺外表、色泽、大小，触检弹性，必要时剖开支气管淋巴结，检查肺呛水、结核、肺丝虫、猪肺疫及各种肺炎病变；视检心包和心外膜，剖开左室，视检心肌、心内膜及血液凝固状态，注意二尖瓣有无菜花样赘生物，检查猪丹毒、猪囊虫及恶性口蹄疫时的"虎斑心"；视检肝外表、色泽、大小，触检被膜和实质的弹性，剖检肝门淋巴结、肝实质和胆囊，检查有无寄生虫、肝脓肿、肝硬化及肝脂肪变性、淤血等（图 4-7）。

（四）旋毛虫的检疫

在猪开膛取出内脏后，取两侧膈肌脚的肌肉 30～50g，编上与胴体同一号码，送实验室压片镜检。有条件的屠宰场（点），可采用集样消化法检查。例如，发现旋毛虫虫体或包囊，应根据编号进一步检查同一头猪的胴体、头部及心脏。

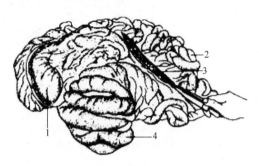

图 4-6　胃肠检疫
1. 胃；2. 小肠；3. 肠系膜淋巴结；4. 大肠圆盘

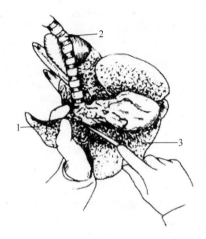

图 4-7　猪心肝肺检疫术势图
1. 右肺尖叶；2. 气管；3. 右肺膈叶

（五）胴体检疫

1. 整体检查

视检皮肤、皮下脂肪、肌肉、胸腹膜、关节、骨髓等有无异常。观察皮肤、皮下组织、肌肉、脂肪、胸膜、腹膜、关节等有无异常。判断放血程度，推断被检动物的生前健康状况。视检脂肪和肌肉色泽，检出黄疸肉、黄膘肉、红膘肉、羸瘦肉、消瘦肉及白肌肉等。

2. 淋巴结检查

剖检两侧腹股沟浅淋巴结，检查有无淤血、水肿、出血、坏死、增生等病变。必要时剖检腹股沟深淋巴结、髂下淋巴结及髂内淋巴结。

3. 腰肌检疫

沿荐椎与腰椎结合部两侧肌纤维方向切开 10cm 左右切口，检查有无猪囊尾蚴。

4. 肾检疫

肾一般连在胴体上，与胴体检验一并进行。

（六）复检盖章

为了最大限度地控制病畜肉出厂（场），胴体经上述检疫后，还需经过复检。官方兽医对上述检疫情况进行复查，综合判定检疫结果，按不同处理情况分别加盖不同印章。

三、牛、羊及家禽的宰后检疫程序及要点

（一）牛的宰后检疫程序及要点

牛的宰后检验一般分为头部检验、内脏检验和胴体检验 3 个步骤，其检验内容、方法和要求与猪的基本上相同，但由于牛的解剖构造及屠宰方式、方法特别，还须注意如下要点。

1. 头部检验

先检查唇、舌、齿龈、黏膜及舌面，注意有无水疱，溃疡或烂斑，再用刀将下颌骨间软组织与下颌骨分离，从下颌间隙拉出舌尖，并沿下颌骨将舌根两侧切开，使舌根和咽喉全部露出受检，注意观察有无口蹄疫、放线菌病、结核、出血性败血症、炭疽等疾

病引起的病理变化，然后用钩牵引咽喉部，顺舌骨支隆起部纵向剖开咽后内侧淋巴结。接着从两侧下颌骨角内侧切开下颌淋巴结。

2. 胴体检验

先检查放血程度，肌肉和脂肪有无病变，并注意有无肉孢子虫寄生。然后剖检有代表性的淋巴结，如髂下淋巴结、腹股沟深淋巴结（或髂内淋巴结）和肩前淋巴结。

3. 内脏检验

由于牛的内脏体积很大，一般只能单个摘出检查，其中肾通常不切开检查，仅作视检与触检，只有在其淋巴结或脏器上发现有可疑病变时，才切开检查。在视检肺时，若食道与气管连在一起时，应同时检查食道上有无肉孢子虫。

（二）羊的宰后检疫程序及要点

羊的宰后检验比牛、猪的检验要简单得多。胴体一般不劈成两半且不剖检头部淋巴结，一般技术要点如下：

1）开膛后重点视检脾有无异常，肝有无寄生虫和肝硬化等。

2）胴体检查一般不剖检各部位淋巴结，主要视检体表及胸腔、腹腔，其检查内容与牛基本相同。当发现可疑病变时，再进行详细剖检。

3）重点视检头部皮肤及唇、口腔黏膜有无水疱烂斑，有无痘疮或溃疡等。

（三）家禽的宰后检疫程序及要点

1. 胴体外部检查

（1）检查屠宰加工质量和卫生状况　先检查有无应拔尽的细毛、毛桩及皮肤破损，然后观察头、放血口等处附着的污物是否清除，整个体表是否清洁、完整。

（2）判定放血程度　放血良好的禽胴体、皮肤淡黄略带红色，有光泽，皮下血管不显露。放血不良的禽胴体，皮肤呈紫红色，皮下血管充盈，常见宰杀口残留血迹或凝血块。若尾、翅尖部呈鲜红色，常常是未死透的活禽被浸烫致死的特征。

（3）检查体表皮肤的变化　观察体表皮肤有无外伤、水肿、淤血、坏死、溃疡化脓、肿瘤及寄生虫等病理变化。

（4）检查头、冠、髯、嗉囊及天然孔的变化　检查冠、髯、眼睑、耳等有无出血、水肿、结痂、溃疡等；嗉囊有无积食、积液或积气；眼鼻有无分泌物、口腔有无黏液、干酪物及糜烂或溃疡，肛门是否紧缩清洁。

2. 体腔检查

（1）全净膛胴体　检查体内壁及保留的肺、肾有无异常；体腔内有无凝血块、粪污等。

（2）半净膛胴体　可用开膛器撑开泄殖孔借助光源观察有无血污、粪污、胆汁及拉断的肠管等；体腔内保留的内脏有无病变。

3. 内脏检查

例如，全净膛家禽，应检查除肺、肾外的其他脏器；半净膛家禽检查肠管；不净膛的一般不检查内脏。当发现可疑者，应连同胴体单独剔出，由专人对可疑者逐只剪开体腔复查。

复查时重点应注意：①口腔、咽喉、气管的变化；②坐骨神经丛、气囊、腔上囊的变化；③腺胃、肌胃黏膜和盲肠扁桃体的变化；④心、肝、肺、肾及卵巢等的变化。

实 训

病死畜禽肉检验技术

【实训目的】让学生理解病死畜肉的感官检查和理化检测方法，了解理化检测原理。

一、病畜肉的感官检查

1．胴体放血程度

病死畜肉均有放血不良的特征。病畜肉一般表现为暗红色，脂肪红染，血管内有血液，特别是皮下和胸腹膜下血管明显，有暗红色区域。如是死畜肉，则肌肉呈黑红色或暗红色，其切面有大块的血液浸润区，有的有暗红色小血珠，脂肪不洁白，呈淡红色；剥皮的胴体表面有血珠，胸膜和胸腹膜下血管高度充盈、努张，甚至有黑红色血液；将滤纸条贴在肌肉切面，浸润超出插入部分2～5cm。

2．其次看宰杀口状态

在正常生理情况下，屠宰的家畜，由于肌肉和血管的收缩，所以宰杀口部位比其他部位粗糙不平，切面外翻，该处组织有相当大的血液浸润区，被血红染深达0.5～1mm；如果有病的濒死期急宰的或死畜，则宰杀口平整不外翻。

3．血液坠积情况

血液由上部坠积到下部，此见于濒死期急宰畜或死畜的皮下结缔组织、肌肉、脂肪组织、胸腹膜及内脏器官，可明显看到树枝状淤血，以及大片的血液浸润区，而且此现象经常位于畜倾卧的一侧成对器官最明显，以肾表现最为突出，肿大呈黑红色。血液坠积侧的血管中充满血液，时间较长时，浸染周围组织，呈蓝色。

4．特异性病理变化

某些患病屠畜的体表或皮下具有特征性的病理变化。例如，猪瘟、弓形体病、猪丹毒患畜皮肤不同程度的出血。

5．淋巴结的病理变化

淋巴结的病理变化表现为充血、水肿、发炎、出血、化脓和坏死等系列变化。特定部位淋巴结的病变为肉的处理提供思路。

6．物理致死痕迹

摔死或撞死者，多有骨折或严重内出血，体表局部有明显损伤；勒死者，有绳索勒痕。

7．病死家禽肉的处理

病死家禽冠呈紫黑色，眼球下陷，眼全闭且污秽不洁，皮下充血，体表铁青，表面无光且不湿润，毛孔突出，翅下血管淤血，有一侧性沉积性出血，肛门松弛，周围污秽不洁。有上述表现的病死畜禽肉，应做无害化处理。

二、实验室检验

（一）粗氨测定

1．纳氏试剂

称取碘化钾10g溶于10ml蒸馏水中，再加入热的升汞饱和溶液至出现红色沉淀。

过滤，向溶液中加入碘溶液（30g KOH 溶于 80ml 水中），并加入 1ml 上述升汞饱和溶液。待溶液冷却后，加蒸馏水至 200ml，贮存于棕色玻璃瓶内，置处密闭保存。使用时取上清液部分。

2. 样品处理

称取 10g 肉样，剪成肉糜，加水 100ml，混匀过滤，滤液待测。

3. 样品测定

取 2 支试管，1 支试管装 1ml 肉浸液；另一支加 1ml 水，轮流向两试管滴加纳氏试剂，每加 1 滴，摇匀，并观察颜色变化，一直加到 10 滴为止。

判断标准：见下表。

试剂 / 滴	肉浸液的变化	氨的大约含量 / （mg/100g）	肉质新鲜度评价
10	无浑浊、无沉淀、颜色不变	<16	新鲜肉
10	黄色、轻度浑浊、无沉淀	16～20	处于自溶初期的肉
10	黄色、轻度浑浊、稍有无沉淀	21～30	处于自溶期的肉
6～7	黄色或橙黄色、有沉淀	31～45	处于腐败初期的肉
1～5	明显黄色或橙黄色、有沉淀	>46	腐败肉

（二）球蛋白沉淀试验

1. 原理

健康畜禽肉的肉汤中的蛋白质，主要以两性离子形式存在。在一定的溶液中，总电荷为零（正、负电荷相等），此溶液的 pH 称为该蛋白质的等电点（pI）。在电泳中，蛋白质既不向阴极移动，也不向阳极移动，尽管有电解质参加反应，但不能与其结合，因而溶液仍澄清透明。病、死畜禽肉，由于生前体内组织蛋白已发生了不同程度的分解，初期分解产物蛋白胨、多肽等，使被检肉汤中的 pH 高于健康畜禽肉，即 pH>pI，而滤液中的蛋白胨、多肽等，大多又以阴离子形式存在，因此，在电解质（硫酸铜）的参与下可使溶液中的阴离子与电离后的金属离子（Cu^{2+}）做布朗运动时互相碰撞而螯合，形成难溶于水的蛋白盐。

2. 试剂

5% 硫酸铜溶液。

3. 样品处理

称取 20g 瘦肉肉样，剪碎后放入具塞锥形瓶，加水 60ml，混匀，置沸水浴 10min，然后将肉汤过滤，滤液待测。

4. 样品测定

取 2 支试管，向试管加入 2ml 肉浸液；滴加 5% 硫酸铜溶液 3 滴，用力摇匀，静止 5min，并观察变化。

5. 判定标准

健康畜禽新鲜肉：肉汤澄清透明，无絮状沉淀。

病死畜肉：肉汤呈絮状沉淀或呈胶胨状。

（三）过氧化物酶反应

1. 原理

新鲜健康的畜禽肉中，含有过氧化物酶。不新鲜肉、严重病理状态的肉，或濒死畜禽肉，过氧化物酶显著减少，甚至完全缺乏。过氧化氢在过氧化物酶的作用下，分解放出新生态氧，使联苯胺指示剂氧化为二酰亚胺代对苯醌。后者与尚未氧化的联苯胺形成淡蓝色或青绿色化合物，经过一定时间后变为褐色。

2. 试剂配制

1% 过氧化氢溶液：取 1 份 30% 过氧化氢溶液与 29 份水混合即成（临用时配制）。

0.2% 联苯胺乙醇溶液：称取 0.2g 联苯胺溶于 95% 乙醇 100ml 中，置棕色瓶内保存，有效期不超过 1 个月。

3. 方法

取 2ml 肉浸液（1：10）于试管中，滴加 4～5 滴 0.2% 联苯胺乙醇溶液，充分振荡后加新配制的 1% 过氧化氢溶液 3 滴，稍振荡，观察结果。同时做空白对照试验。

4. 判定标准

健康畜禽新鲜肉，肉浸液立即或在数秒内呈蓝色或蓝绿色；次新鲜肉、过度劳累、衰弱、患病、濒死期或病死的畜禽肉，肉浸液无颜色变化，或在稍长时间后呈淡青色并迅速转变为褐色；变质肉，肉浸液无变化，或呈浅蓝色、褐色。

第四节　动物产品检疫

一、皮张检疫

（一）皮的基本概念

皮是覆盖于动物体表，具有保护、感觉、分泌、排泄、调节体温、吸收等功能。皮肤一般可分为 3 层：表皮、真皮、皮下组织。它属于被皮系统。

（二）皮张现场检疫

动物皮张包括生毛皮、生板皮、鲜皮、盐渍皮、猪鬃、马鬃、马尾、羊毛、驼毛、鸭绒毛、羽毛等。它们作为工业畜、禽产品的原料，往往都混有各种病原体，易对人、畜造成危害。因此，必须加强检疫工作。

1. 询问查证

询问该批产品的来源，当地有无疫情（如有，询问流行情况），同时索取检疫证明和消毒证明，并查对证物是否相符。

2. 实验室检疫

生皮、原毛的实验室检疫，现主要进行炭疽杆菌的快速检疫法。

（1）样品的处理　　先将皮毛剪碎，称取 3g 左右放入灭菌三角瓶中，加入适量的 0.5% 洗涤液，以充分浸泡为宜（用 5% 漂白粉溶液洗涤也可），人工或机械震荡

10～15min 后，静置 10min，取悬液 10ml 加入离心管中，2000r/min 离心 10min，弃上液，再加入 3～5ml 灭菌蒸馏水，于 60℃水浴 30min。

（2）分离培养　　取水浴后的混悬液 0.05ml 接种于血平板中，用 L 形玻棒涂匀（L 形玻棒需经酒精灯火焰灭菌），37℃培养 18～24h。

（3）鉴定

1）菌落特征：菌落扁平，不透明，表面干燥，粗糙，有微细结构，边缘不整齐，似狮子头状（卷毛状），常带有逗号状小尾突起的粗糙型（R）较大菌落，菌落直径为 2～3mm，呈灰白色，在血平板上不溶血。用接种针挑起年幼菌落时，有黏性呈"拉丝状"，而其他需氧芽孢杆菌少见。

2）细菌形态：炭疽杆菌为 G^+，呈链状或散在的大杆菌。在液体培养基中形成 10～20 个菌体相连的长链，呈竹节状，散在的菌落两端呈直截状，似砖头，若在培养基中时间较长，有时也能形成芽孢。

3）噬菌体裂解试验：挑取可疑菌落的 1/3，点种在普通琼脂平板上，用灭菌的 L 形玻棒涂匀，用接种环挑取一满环炭疽噬菌体，点种在中间，37℃恒温箱中孵育 3～5h，观察结果，以出现清亮噬菌体斑为裂解阳性。

4）串珠实验：挑取可疑菌落的 1/3，按上述方法将细菌均匀涂布，用灭菌的眼科镊子夹取一片青霉素干纸片轻压在涂布区域中心，37℃培养 1.5～3h，观察菌体变圆呈念珠状为阳性。

5）荚膜肿胀试验：将上述菌落的 1/3 接种于活性炭 $NaHCO_3$ 琼脂平板上，放在 CO_2 培养袋或 CO_2 培养箱（CO_2 浓度为 20%～40%）中，37℃培养 5h，取少许培养物涂片做荚膜染色，镜下观察菌体，菌体周围有边界清晰的荚膜者为阳性。

（4）结果判定　　具有典型菌落和菌体形态特征，炭疽噬菌体裂解试验、串珠试验均为阳性的芽孢杆菌为炭疽杆菌，在此基础上，荚膜肿胀试验为阳性的细菌，为强毒炭疽杆菌。

（三）皮张的感官检疫

1. 生皮

健康生鲜皮的肉面呈淡黄色或黄白色，真皮层切面致密、弹性好，背皮厚度适中且均匀一致，无外伤、血管痕、虫蚀、破损、虹眼、疥癣等缺陷。肥度高的牲畜皮质结实滑润，被毛有光泽，肉面呈淡黄色；中等肥度呈黄白色；瘦弱的牲畜，皮质粗糙瘦薄，被毛干燥无光泽，肉面呈蓝白色。改良牲畜的皮张质量比土种牲畜的皮张质量好。盐腌或干燥保存的皮张，肉面上基本保持原有色泽。夏秋季在日光直接照射下干燥的皮张肉面变为黑色。

从死亡或因病宰杀的尸体上剥下来的生皮，其肉面呈暗红色，常因沉积呈现充血使皮张肉面呈蓝紫红色，皮下血管充血呈树枝状，皮板上有较多残留的肉屑和脂肪，有的还出现不同形式的病变。

皮张完整性有缺陷的感官特征主要表现在如下方面。

1）动物生前形成的缺陷：如瘘管，寄生虫引起的虹眼、疥癣，机械作用造成的挫伤、角伤及其他伤痕等。

2）屠宰剥皮、初加工时造成的缺陷：如孔洞、切伤、削痕及肉脂残留等。

3）防腐保存不当造成的缺陷：如腐烂、烫伤（由于夏季温度过高，使铺晒的鲜皮真皮层纤维组织发生变性或变质，造成皮张脆硬，缺乏弹性）、霉烂、虫蚀等。

2. 猪鬃

质量良好的猪鬃，颜色纯净而有光泽，毛根粗壮，岔尖不深，无杂毛、霉毛，油毛少，干燥，无残留皮肉，无泥沙、灰渣、草棍等杂质。

3. 兽毛和羽毛

质量良好的兽毛和羽毛，应符合质量标准，无杂毛、油毛、毛梗和灰沙。无腐烂、生蛆和生虫等现象。无内脏杂物，无潮湿、发霉和发生特殊气味。

（四）建立皮张检疫档案

1）皮张产地实行养殖档案跟踪制度，档案信息应当准确、真实、完整、及时，并保存两年以上，确保皮张质量的可追溯性。

2）皮张产地应当建立涉及养殖全过程的养殖档案。

3）皮张产地应当建立防疫记录。

① 日常健康检查记录：禽群每天的健康状况、死亡数和死亡原因等。

② 预防和治疗记录：发病时间、症状、预防或治疗用药的经过；药品名称、使用方法、生产厂家及批号、治疗结果、执行人等。

③ 免疫记录：疫苗种类、免疫时间、剂量、批号、生产厂家和疫苗领域、存放、执行人等。

④ 消毒记录：包括消毒剂种类、生产厂家、批号、使用日期、地点、方式、剂量等，遵守 GB/T 16569—1996《畜禽产品消毒规范》。

4）销售记录：销售日期、数量、质量、购买单位名称、地址、运输情况等。

（五）检疫后处理

1）确诊为蓝舌病、口蹄疫等一类疫病或当地新发生疫病，或某些如炭疽、鼻疽、马传贫等二类疫病的畜禽生皮和原毛，一律严格按《畜禽病害肉尸及其产品无害化处理规程》和《畜禽产品消毒规范》处理。接触过带病原生皮、原毛的场地、用具、车辆及人员也必须进行彻底消毒。

2）原料中有生蛆、生虫、发霉等现象，及时剔出，进行通风、晾晒和消毒。

二、精液、胚胎检疫

（一）精液一般性状的检疫

对精液的一般性状进行检疫，主要检查精液的颜色、精子的活力、精子的密度、精子的畸形率、精液的酸碱度。

（二）精液中携带病原菌的种类

精液可以携带的主要动物疫病病原体包括：结核分枝杆菌、副结核分枝杆菌、布鲁菌、胎儿弯曲杆菌、钩端螺旋体、口蹄疫病毒、白血病病毒、牛瘟病毒、蓝舌病病毒、牛传染性鼻气管炎病毒、牛病毒性腹泻病毒、Q热病毒、支原体、非洲猪瘟病毒、日本脑炎病毒、猪细小病毒、伪狂犬病病毒、猪瘟病毒、猪水疱病病毒、裂谷热病毒、牛结节性疹病毒、牛胎三毛滴虫、霉菌、真菌等。

（三）牛冷冻精液中所携带病原菌的种类

牛冷冻精液中所携带的病原菌有：牛传染性鼻气管炎病毒、牛病毒性腹泻病毒、水疱性口炎病毒、布鲁菌、口蹄疫病毒、支原体、结核分枝杆菌、副结核分枝杆菌、胎儿弯曲杆菌、钩端螺旋体、蓝舌病病毒、白血病病毒、牛瘟病毒、Q热病毒、牛结节性疹病毒、牛胎三毛滴虫、霉菌、真菌等。

（四）进口精液、胚胎的检疫程序

目前，牛、羊、猪或其他动物的精液、胚胎的检疫仅针对从国外引进的检疫。目的在于引进优良品种和提高繁殖性能。对入境精液、胚胎依照《中华人民共和国进出境动植物检疫法》、《中华人民共和国进出境动植物检疫法实施条例》及其他相关规定进行检疫。对每批进口的精液、胚胎均应按照我国与输出国所签订的双边精液、胚胎检疫协定书的要求执行检疫。

1. 境外产地检疫

为了确保引进的动物精液或胚胎符合卫生条件，国家出入境检验检疫局依照我国与输出国签署的输入动物精液或胚胎的检疫和卫生条件协定书，派兽医到输出国的养殖场、人工授精中心及有关实验室配合输出国官方兽医机构执行检疫任务。其工作内容及程序如下。

会同输出国官方兽医商定检疫工作计划，了解整个输出国动物疫情，特别是本次拟定出口动物精液或胚胎所在省（州）的疫情；确认输出动物精液或胚胎的人工授精中心符合议定书要求，特别是在议定书要求该授精中心在指定的时间和范围内无议定书中所规定的疫情或临诊症状，查阅有关的疫情监测记录档案，询问地方兽医有关动物疫情、疫病诊治情况；对中心内所有动物进行临诊检查，保证供精动物是临床健康的；到官方认可的实验室参与对供精动物疫病的检疫工作。

（1）精液　　精液样品应采自符合双边动物检疫协定或中国有关兽医卫生要求的合格供体公畜。供体公畜（动物）应全身清洁，身体及蹄不带任何粪便或食物残渣；供体公畜（动物）包皮周围的毛不宜过长（一般剪至2cm为宜），采精前用生理盐水将包皮、包皮周围及阴囊冲洗干净。

采精场所及试情畜（台畜）应清洁卫生，每次采精前应仔细清洗；采精操作人员应戴灭菌手套，以防供体公畜（动物）阴茎意外滑出时，操作人员的手与阴茎直接接触；每次采精前，对人工阴道、精液收集管等器具应彻底清洗消毒，人工阴道使用的润滑剂及涂抹润滑剂的器具亦应消毒灭菌。

精液稀释液应新鲜无菌，一般不超过72h，储存在5℃的条件下。用牛奶、蛋黄配制精液稀释液时，稀释液的这些成分必须无病原体或经过消毒（牛奶在92℃经3～5min处理，鸡蛋必须来自SPF鸡群）。稀释液中可加入青霉素、链霉素和多黏菌素。精液采集时应有助手配合，当公畜（动物）爬跨试情畜（动物）或台畜时，采精操作人员用左手拉住公畜包皮，同时用右手将已消毒灭菌的人工阴道套到阴茎上。当公畜射精结束后，取下精液收集管，送实验室稀释，分装成 50μl/ 支（粒）或 25μl/ 支（粒）。分装好的精液必须放入液氮中保存和运送。

采样标准：一般按一头公畜（动物）一个采精批号，作为一个计算单位，100 支（粒）以下采样 4%～5%，101～500 支（粒）采样 3%～4%，501～1000 支（粒）采样 2%～3%，1000 支（粒）以上采样 1%～2%。

（2）胚胎　　胚胎样品应采自符合双边动物检疫协定或中国有关兽医卫生要求的全合格供胚胎畜。保证胚胎没有病原微生物，主要以检疫供胚动物、受胚动物、胚胎采集或冲洗及胚胎透明带是否完整为决策依据，原则上不以胚胎作为检测样品，供胚动物及受胚动物的检疫将按照我国与输出国所签订的双边胚胎检疫协定书的要求执行。

胚胎透明带检查：在显微条件下，把胚胎放大 50 倍以上，检查透明带表面，并证实透明带完整无损，无黏附杂物。

胚胎按国际胚胎移植协会（International Embryo Technology Society，IETS）规定方法冲洗，且在冲洗前、后透明带完整无损伤。

采集液、冲洗液样品：将采集液置于消毒容器中，静置 1h 后弃去上清液，将底部含有碎片的液体（约 100ml）导入消毒品瓶内。如果用滤器过滤采集胚胎，将滤器上被阻碎片洗下倒入 100ml 的滤液里；溶液为收集胚胎的最后 4 次冲洗液。上述样品应置 4℃保存，并在 24h 内进行检疫，否则应置 -70℃冷冻待检。

放在无菌安瓿或细菌管内的胚胎，应储存在消毒的液氮容器内，凡从同一供体动物采集的胚胎应放在同一安瓿内。

2. 精液的检疫消毒处理

采用消毒药对精液外包装消毒，消毒后加贴统一规定使用的外包装消毒封签标志。

三、种蛋的检疫

（一）种禽场的防疫要求

1. 孵化场的防疫要求

（1）档案信息　　①具备完整的报表和记录：生产周报表、生产月报表；蛋库出入记录、孵化箱和出雏箱运转记录、消毒记录、免疫接种记录、雏禽质量跟踪记录、产品销售记录。②计算每一批次的受精率、受精蛋孵化率、入孵蛋孵化率、健雏率，对每批孵化情况有分析。③孵化技术资料应归档保存两年以上。

（2）产品质量　　①按照禽种质量标准选择初生雏，不合格者不准出场。②按照当地有关种禽质量和经营服务规定做好售后服务。

（3）建全防疫制度　　①孵化场必须有一套完整的防疫、消毒制度，进出人员、车辆、物品等应严格消毒，严防厂区与厂区外交叉污染。②按照孵化流程严格把好入库前种蛋、入孵种蛋、落盘胚胎蛋的消毒。③废弃物应集中收集，经无害化处理后符合《畜禽养殖业污染物排放标准》（GB 18596—2001）的规定。④每批孵化结束后，应对孵化箱、出雏箱、出雏室进行彻底清洗、消毒。空箱时间不得少于 2d。⑤雏禽应按规定接种疫苗，出售按《畜禽产地检疫规范》（GB 16549—1996）的规定实施产地检疫。⑥雏禽应放置于经冲洗消毒、垫有专用草纸的塑料雏禽周转箱或一次性专用雏禽纸板箱内发售。

2. 种禽的卫生防疫要求

1）卫生防疫制度健全有效，能认真贯彻执行国务院颁布的《中华人民共和国家畜家禽防疫条例》、农业部的《家畜家禽防疫条例实施细则》及各省的有关规定。

2）严格执行免疫程序，具有免疫监测设备及制度，有效控制《家畜家禽防疫条例实施细则》所规定的一、二类传染病的发生，场内保证无鸡新城疫、禽霍乱、鸡马立克氏病、霉形体病、鸡痘等传染病。

3）一旦发生传染病或寄生虫病时，要迅速采取隔离、消毒等防疫措施，并立即报告当地畜禽防疫机构，接受其防疫检查和监督指导。

4）场内卫生清洁，常年做好消毒工作。非生产人员不得进入生产区；生产区设有洗涤、更衣、消毒设施。大门及禽舍、饲料库入口处应设存放有有效消毒剂的消毒池，进入禽舍必须更换工作服和鞋。对病死家禽进行无害化处理，环境、舍内及设备保持清洁并定期消毒，舍内有害成分应控制在允许范围内；粪便、垃圾等应妥善处理。

5）档案信息。①种禽场实行养殖档案跟踪制度，档案信息应当准确、真实、完整、及时，并保存两年以上，确保种禽质量的可追溯性。②种禽场应当建立涉及养殖全过程的养殖档案。③生产记录。饲养期信息：种禽来源、品种、引入日期与数量等引种信息，存档禽日龄、体重、存栏数、禽舍温湿度、喂料量等。饲料信息：饲料配方、饲料（原粮）来源、型号、生产日期和使用情况等。④防疫记录。日常健康检查记录：禽群每天的健康状况、死亡数和死亡原因等。预防和治疗记录：发病时间、症状、预防和治疗用药的经过；药品名称、使用方法、生产单位及批号、治疗结果、执行人等。免疫记录：疫苗种类、免疫时间、剂量、批号、生产厂家和疫苗领域、存放、执行人等。⑤消毒记录：包括消毒剂种类、生产厂家、批号，使用日期、地点、方式、剂量等。⑥无害化处理记录：根据处理情况作好记录。⑦销售记录：销售日期、数量、质量、购买单位名称、地址、运输情况等。⑧种禽质量记录：种禽（蛋）出售时的质量、等级等。

（二）种蛋的检疫方法

1）动物产品必须来自非疫区。

2）动物产品的供体必须无国家规定动物疫病，供体有健康合格证明。

3）种蛋的消毒处理：有药液浸泡消毒法、药液喷雾消毒法、熏蒸消毒法、紫外线照射消毒法4种方法。

① 福尔马林（36%～40%甲醛溶液）熏蒸法：将蛋放在蛋盘上，置孵化器内，关闭进出气孔，先将按计算（按每立方米应用高锰酸钾15g和福尔马林30ml计算）称量好的高锰酸钾放在瓷盘中，把瓷盘放在孵化器的下面，加入所需要量的福尔马林后迅速关闭孵化器门，30min后打开门和进、出气孔，开动鼓风机，尽快将烟吹散。

② 紫外线照射法：将蛋放在灭菌紫外线灯管下约50cm处，照射1min，然后在蛋的下方照射1min。

③ 药液浸泡消毒法。

高锰酸钾消毒法：将蛋放入0.2%～0.5%的高锰酸钾溶液中，使溶液温度保持在40℃，浸泡1min，取出沥干后装盘。

抗生素消毒法：将孵化 6～8h 的种蛋取出，放置数分钟后，浸入 0.05% 的土霉素或链霉素溶液中 15min，取出放孵化室 1～2min，趁蛋壳表面不太湿时，放回孵化器内继续孵化。

漂白粉消毒法：将蛋浸入含有效氯 1.5% 的漂白粉溶液中 3min，取出沥干后装盘。在整个消毒过程中，注意通风换气。

药液喷雾消毒法：使用新洁尔灭进行喷雾消毒，此法是将新洁尔灭配成 0.1% 的溶液，喷雾在种蛋蛋壳表面。配制时，忌与肥皂、碱、高锰酸钾等接触。

4）检疫后处理：①种蛋经感官检查、灯光透视检查均合格，应签发检疫证书（如必须做沙门菌和志贺菌检疫，应为阴性）。②凡沙门菌和志贺菌检疫阳性者，不能作种用蛋，可直接供高温蛋制品行业用。③有缺陷的蛋不能作种用蛋（如外形过大、过小、过圆的蛋，存放时间超过两周的蛋，灯光透视检查的无黄蛋、双黄蛋、三黄蛋、热伤蛋、孵化蛋、裂纹蛋、陈旧蛋等）。④检疫消毒后于外包装加贴统一规定的消毒封签标志。

（张殿新　胡　蕾　石玉祥　尹卫卫）

第五章 动物防疫检疫技术课程教学法

第一节 动物防疫检疫技术的学情分析

学情分析是人才培养工作的重要基础，是开展因材施教的重要依据；改善和提升学生的学习方法和能力是大学教学的主要目标之一，也是学生职业生涯可持续发展的重要能力。

动物防疫检疫技术是职教师资动物医学本科专业一门专业核心课。本课程将动物防疫技术和动物检疫技术融为一体，是一门直接面向防疫检疫岗位和监督执法岗位职业教育的技术应用性课程。它既要运用动物解剖与组织胚胎学、动物生理学、动物病理学、动物药理学、兽医微生物学、动物传染病防控技术和动物寄生虫病防控技术等课程的基本知识和技能，又与兽医临床检验技术、兽医特殊诊断技术、动物治疗技术、动物内科病与护理、兽医外科病与护理、动物产科病与护理、动物福利等课程紧密结合、相互配合，同时又是学生学习禽生产、牛羊生产、猪生产等课程的专业核心课程。教学中应以培养学生的实践技能为重点，突出实践教学环节，注重学生操作能力的培养和教学技能的培养。

一、学情分析

由于学生进校时的水平原本就不一致，加上进校后各种因素的影响，待到进入专业课的学习时，学生的知识程度就更是参差不齐了。根据基础能力、爱好、智力和非智力因素，大致将学生分为五类。

A类：这一类学生的特点是基础扎实、勤奋好学、头脑灵活、理解力很强，而且具有一定的自学能力，能积极运用学校提供的课外学习工具，多渠道地了解学科的内容。比如在图书馆借阅参考资料，扩大知识面；上网查阅有关学科最前沿的问题，不断更新知识等。对老师而言，这是最好的一类学生，但是他们并不是最好教的学生，他们并不满足于老师在课堂上所讲授的内容，他们渴望得到更多的知识，会存在更多的疑问。虽然这些学生在班级中只占少数，但是每个班级即使只有一个，也应该对他"另眼相看"。

B类：这一类学生的特点是基础较好、聪明灵活、智商较高、爱好广泛，但是在学习上很少花工夫。他们习惯了有人在身边逼着学，进入大学校园后，一下子觉得轻松了许多，再也没有人围在身边逼他了，而且课余生活比以前更加丰富多彩，所以他们都热衷于参加各类社团活动，或是参加各种比赛，较少在学习上花时间。高校的课程内容多，涉及面广，仅靠在有限的课时内学好是件困难的事，所以这类学生由于不勤奋，成绩会从进校时较好的状态越变越差，越差越不爱学，最终形成恶性循环。

C类：这一类学生的特点是非常勤奋，但智力较差。他们在学习上花的时间很多，上课很认真，课后也很努力，但是由于基础较差、智力一般，往往学起来特别费劲。一个问题需要很长时间才能给他讲解清楚，也许过两天又不记得了，更别说举一反三了。所以这类学生承受压力也很大，总觉得学习任务重，压得自己喘不过气来。

　　D类：这一类学生属于努力程度与智力程度均一般化的一类，在每个班所占的比例也较重，拉一拉他们就上来了，不管，他就会永远停在原地。若能让他们在勤奋方面上一个台阶，整个班级的成绩也会有显著提高，学风也会好很多。

　　E类：这一类学生是最令老师头痛的一类学生。他们没有良好的学习习惯，基础也很差，其中有些不仅自己不学还要影响其他同学。他们对学习成绩似乎并不在乎，有点破罐子破摔的趋势。他们所反映出来的不仅是学习成绩问题，还有学习态度的问题，甚至是对待人生态度的问题。

　　这五类学生的情况明显不同，如果都按照同一标准施教，效果可想而知。所以学情分析是因材施教的前提。在了解和研究学生的基础上，才能具体问题具体分析、具体情况具体对待。

二、采取措施

1. 激发学生好奇心，培养学习兴趣

　　好奇心是激发学生学习兴趣的内在动机和源泉。一个学生只有富有好奇心才会变得主动，才会想学。有效地激发学生的好奇心需要教师的帮助，尤其是学习上的帮助。在教学工作中我们一定要找到能使学生惊奇的事情和兴趣点，帮助他们体验来自学习上的成功。兴趣是最好的老师。一个学生如果对某门课程感兴趣，那么他的学习就会有动力，学习成绩自然不会很差。相反如果一个学生讨厌某门课程，那他就会觉得学习没劲，对老师教的知识也就不感兴趣，课堂上也就容易开小差了。因此，在实际的教学中，教师要改变自己固有的教学模式，积极探索新的教学模式，学会将信息化手段与本课程有机融合起来，创设一个生动的、动态的教学环境，吸引学生的目光，激发学生的学习兴趣。

2. 培养良好的学习习惯

　　良好的学习习惯靠在长期的学习活动中逐渐养成。学生要养成课前预习、上课专心听讲、下课后先复习当天的功课再做作业、及时复习巩固所学等习惯。良好习惯的养成不但需要学生自己有强大的意志力，还需要老师的监督，更需要老师有极大的耐心。

3. 激发学生学习动机

　　学习动机是学生学习的内驱力。判断一个学生学习的好坏，其中一个重要的标准就是看这名学生有没有正确的动机，如果有，他的成绩基本不会差，反之，其成绩很可能很差。教师可以通过课堂、课余时间、班会课等时间对学生进行正确的人生观和价值观教育，来有效地激发职校学生的学习动机，让他们不产生厌学的情绪。当然这种教育千万不能是空洞的说教。教师应做个有心人，挖掘身边典型的人物，让他们现身说法，以榜样来引领学生成长，让他们自己觉醒，自己主动树立远大的理想和抱负。

4. 培养学生耐挫力

　　"不经历风雨，怎么能见彩虹。"我国目前绝大部分学生是独生子女，这些孩子从小就是家里的宝贝，要风有风，要雨有雨，平时都以自我为中心，说一不二。一旦他们走出家门，面对学习上的压力和困扰，他们会显得无助和茫然，很容易对自己失去信心。这时候，作为教师，我们应该帮助他们进行挫折教育，比如重视对学生进行心理疏导，鼓励他们调整自己，减轻他们的心理负担和紧张情绪，同时教师可有意创造一些活动，让学生在活动中体会成功和失败的滋味。在活动中教师应注意适时引导，引导学生在活

动中磨炼自己的意志。

5. 充分发挥教师在课堂改革中的作用

课堂是教师的主阵地，课堂改革则是教学改革的主方向。作为教师要明确自身在课堂教学改革中的作用。过去传统的教育是以教师为主，学生为辅，在整个教学环节中教师始终处于中心地位，所有知识的讲授都是教师的一厢情愿，学生只有被动地灌输。而课堂改革则要打破这种格局，还学生以主体地位。在教学过程中，教师是管理者、辅导者、引导者的角色；同时，教师要大胆相信学生，学生是课堂教学改革的主要参与者，他们中间蕴藏着巨大的教学改革力量，如果不放手让学生参与课堂教学改革、不注意培养学生逐渐适应课堂教学改革的习惯，课堂教学改革将无法进行。

为此，本课程采用"教、学、做"一体化的教学模式、项目驱动和六步教学法（即配备学习任务单、任务咨询单、相关信息单、计划单、决策实施单、效果检查单、评价反馈单，供完成咨询、计划、决策、实施、检查、评价6个学习阶段使用）等教学方法。以动物疫病防控和动物及产品检疫为主线，将学科体系中适度够用的知识与工作过程相结合，按照以工作过程为导向的课程体系要求，以激发学生的学习兴趣为目的，深入养殖场、动物疫病防控中心、动物卫生监督所、基层兽医站和屠宰行业等企事业单位进行了广泛的人才需求调研，了解这些岗位对学生知识和能力的需求；以畜牧行业职业岗位知识与能力需求为依据，以真实的工作任务为导向；同时融入企业、行业标准，校企合作共同进行课程的设计与开发，最后结合动物防疫检疫工作涉及的诸多法律法规知识，将课程教学内容体系设计成四大工作任务，即"岗前基础知识"、"养殖领域防疫检疫技术"、"流通领域防疫检疫技术"和"屠宰加工领域防疫检疫技术"。其中"岗前基础知识"由4个学习情境组成，"养殖领域防疫检疫技术"由9个学习情境组成，"流通领域防疫检疫技术"由5个学习情境组成，"屠宰加工领域防疫检疫技术"由4个学习情境组成。从而激发B、C、D、E类学生的学习兴趣，减轻学习压力，增强学习主动性。同时适当介绍了动物防疫检疫的新技术、新成果，设计了教学资源库，以满足A类学生的需求。目的在于使学生掌握动物防疫与检疫的基本知识和必备技能，具备高级动物检疫员岗位必需的知识和技能，具备养殖防治员、兽医化验员、动物及产品检疫检验员等岗位所必需的知识和和技能，并能够独立展开工作，解决动物防疫检疫工作中的实际问题，为适应本专业职业资格认证制度和就业准入制度打下坚实基础，增强学生的实践能力、创新能力、职业教育技能和就业创业的社会竞争力，确保教学大纲的全面落实。

第二节　教 材 分 析

教材是课程的载体，是教学活动的基本工具，是课程内容的物化形式。因此教材必须体现和落实课程标准，为课程目的和任务的达成和实现服务，充分体现课程性质和课程价值。这就要求教师要通晓和把握学科课程标准中关于课程性质、体系、标准及教学要求等的规定，并以此为指导，去洞察具体教材。因此，依据课程标准和内容标准构建富有特色的教材是非常必要的。《动物防疫检疫技术》根据动物医学专业（职教师资方向）岗位的实际工作需要，围绕动物医学专业职业岗位需要来选择和组织课程内容，本着"以职业能力培养为核心，以工作过程为导向"的总体设计思想，根据职业能力培养的要求，以动物疫病防控和动物及动物产品检疫为主线，将学科体系中适度够用的知识与工作过程相融合，以工作过程为导向，依据工作任务完成的需要、动医职教师资学生的学习特点和职业能力形成的规律，按照"学历证书＋教师资格证书＋职业资格证书嵌入式"的设计要求确定课程的知识、职业能力等内容。

综合考虑学生发展的需要、社会需求和动物医学自身发展需要三个方面，按照以工作任务为载体，工作过程为导向的逻辑准则，同时为了适应动物疫病防控新形势的需要、兽医管理体制改革的需要、动物防疫法律法规的新要求，本书把传统学科体系中的"动物防疫与检疫技术"、"畜牧业法规"、"兽医卫生检验"三门课的内容进行整合，设计学习情境，确定典型工作任务。提高课程和教学的目标指向性，达到理论与实践的融合。使学生在获得本课程的专业理论知识的基础上，掌握动物防疫检疫技术的基本操作技能，具有分析问题和解决问题的能力，并为适应职业变化的需要而继续学习奠定基础。

教材是教学材料，也是学生在学习中接受知识信息的最主要最基本的源泉。在学习内容的编排和学时分配上，既要考虑工作任务的完整性，又要遵循职教师资学生的认知规律。按照知识与能力、能力与能力的关系，适当考虑技能的难易程度进行进程编排和学时分配，允许一些知识和技能点出现交叉和重叠，不追求知识的完整性，强调技能的熟练性。依据各学习情境的内容总量及其在该学科领域中的比重分配各学习情境的课时数。

通过以社会需求为导向，深入企业、乡镇调研，切实落实毕业生回访工作，分析地区畜牧业发展的现状和发展趋势，洞察岗位需求变化，"动物防疫检验技术"按照"以行业为先导、以能力为本位、以学生为中心、根据实际工作所需确定教学内容"的理念构建课程。

一、以岗位需求为导向，优化课程内容

"动物防疫检疫技术"课程以岗位需求为导向，以各种规模养殖场防治员、兽医化验员、动物及产品检疫检验员等岗位所需求的能力培养为重点，根据岗位的工作过程、技术要求、职业资格标准，"动物防疫检疫技术"课程按照工作过程设计课程体系，优化教学内容，突出学生的职业能力培养。因为随着养殖业的迅速发展，高致病性蓝耳病、圆环病毒感染、高致病性禽流感和副猪嗜血杆菌等动物疫病的不断出现；饲养管理和环境控制、生物安全措施等新的防疫方法、理念在不断产生；分子生物学、基因芯片和 PCR 技术等新的诊断、检疫技术得到了广泛应用；畜牧兽医行业日渐规范与稳定，国家农业部也不断出台与完善各种防疫检疫的法律法规。这要求教师在教学内容上及时进行更新与补充、调整与优化，紧跟行业的发展，与生产实际相吻合，贴近社会、贴近岗位，充分体现教学内容的科学性、实用性和先进性，与就业需求接轨；同时增加与动物疫病防治员和动物检疫检验员职业资格考试相关的教学内容，与职业标准相对接；增加高致病性禽流感、口蹄疫等重大动物疫病防疫应急预案和应急处理办法，作为综合技能来训练，实现教学内容与实际工作内容相对接，不断提高学生的实战能力。以培养动物医学专业高技能人才为目标，根据动物防疫检疫技术的知识结构要求，以职业能力培养为出发点，构建以项目引领的，以知识、技能、道德修养为主的"三位一体"的综合职业能力课程体系。教学过程中采用任务驱动的教学模式，遵循认知规律和职业成长规律设计学习情境，让学生在完成具体项目和任务的过程中掌握知识，提高学生发现问题、分析问题、解决问题的能力，同时实施工学交替、校企结合，使学生的专业能力达到与就业岗位零距离对接，毕业时就能直接上岗工作。

二、适时性

根据畜牧业的发展和动物疫病的变化，删除过时的教学内容，及时补充新知识、新技能，特别是应该把新颁布的疫病防治技术规范、检疫标准及时补充到课堂教学中，注重内容的适时性。同时根据学生的兴趣、志向、个性和长远发展的需要，合理拓展教学内容，使教学内容更适合学生，为学生可持续发展打好基础。

三、以地方畜牧业发展现状为立足点，重组教学内容

利用地区畜牧业发展优势，做好工学结合教学。从工学结合课程的运行上和"动物防疫检疫技术"课程实践上设置3个梯度、3种形式的渐进式教学。

1. 单项技能

单项技能如单项传染病的预防、检测，屠宰动物单个器官的检疫操作等，大多操作简单、细致，能够在学校实验室内以单个课时量完成。也可在进行理论讲授后即开始实践操作，或在理实一体化教室中边讲授边操作。

2. 以项目为单元的实训任务

这一层次的实训放在学生的实训周里，学生会到实训场去做单项技能的综合实践，以一个任务为引导，完成某项完整的工作程序。

3. 综合实训

本课程的综合实训安排在学生的顶岗实习中，让学生提前到岗位上去"真刀真枪"的工作，在春季、秋季的防疫工作中，安排学生随同防疫工作人员一同进入养殖场、下乡进村，进行实践锻炼。

第三节　各章节教学法建议

"动物防疫检疫技术"是理论性和实践性都很强的一门专业课程，必须创造"教、学、做"一体化的教学环境，创新教学模式，改革教学方法，适当运用现代化教育技术，有效调动学生的学习积极性，提高教学效果。具体在"动物防疫检疫技术"课程教学中，各章节采取的教学方法不一，建议采用案例教学法、项目教学法、现场参观学习法、岗位训练教学法、任务驱动教学法等。

一、案例教学法

案例教学法是在课堂教学的基础上，根据课程教学目标和教学内容的需要，以典型的病例或案例为先导，提出一种教育没有特定的解决之道的两难情境的教学法。而教师于教学中扮演着设计者和激励者的角色，鼓励学生在具体的案例情境中主动参与讨论，并让学生提出初步的诊断意见，然后进行师生互动交流。例如，在学习养殖场防疫计划

的制订时, 教师可以将某养殖场防疫计划的制订作为案例, 组织学生进行学习讨论、提出问题、分析研究、发表看法。再如, 讲授"动物检疫处理"一节内容时, 首先把电视新闻曝光的"问题猪肉"作为案例。该案例介绍了某市多部门联合执法, 端掉了某私宰肉窝点, 查获逾1t多"问题猪肉", 并把"问题猪肉"加工成叉烧包出售给粉店和快餐店的违法事件; 然后由教师提出应如何正确处理染疫动物, 让学生围绕"问题猪肉"案例充分讨论, 各抒己见, 发表自己的观点, 激发学生的学习兴趣; 最后由教师将染疫动物的扑杀, 动物尸体的生物安全处理等知识内容进行点评、总结。通过师生的交流互动, 培养学生发现问题和解决问题的能力。

二、项目教学法

项目教学法是以学生为中心的一种教学方法, 是学生在教师的指导下亲自处理一个项目的全过程, 在这一过程中学习掌握教学计划内的教学内容。学生全部或部分独立组织、安排学习行为, 解决在处理项目中遇到的困难, 提高学习兴趣, 调动学习积极性。例如, 动物产地检疫等章节, 可作为一个独立项目, 然后从方案的设计、用具的准备与使用、疫苗的选择与稀释, 到最终项目的实施完成及效果评价都由学生独立处理, 培养学生的独立工作能力, 教师在其中进行引导、监督与讲评。

三、现场教学法

现场教学法就是充分利用动物医院和教学生产实习基地, 将部分教学内容安排到生产工作现场, 使学生直接在现场观摩工作人员的操作, 从而掌握相关的知识内容及技能操作。例如, 消毒液配制与消毒、病料采集、疫苗接种等均可进行现场教学。在讲授动物屠宰检疫时, 可以将学生带到猪定点屠宰中心参观学习, 使学生掌握猪的屠宰检疫的程序、操作术式和处理方法。通过现场参观学习, 提高学生对职业的认识。在讲授疫苗接种时, 可安排其在校内养殖场进行, 让学生接触实际不同疫苗的稀释方法、注射方法等具体的免疫技术, 能亲自动手操作, 真正成为现场教学的主角。除此之外, 各种疫病的诊断、宰前检疫、宰后检疫、市场检疫等都可将课堂搬到养殖场、屠宰场、动物产品交易市场等进行现场教学, 让学生深入企业或行业一线, 全方位接触各种职业岗位。通过这些实际操作, 培养学生分析问题、解决问题的实战能力, 有利于学生职业能力的培养。

四、角色扮演法

角色扮演法是一种情景模拟活动。即根据学生担任的职务, 来编制一套与该职务实际工作相似的测试项目, 将学生安排在模拟的、逼真的环境中, 要求学生处理可能出现的各种问题, 用多种方法来测评其心理素质、潜在能力的一系列方法。角色扮演法是情景模拟活动中应用的比较广泛的一种方法, 其测评主要是针对学生明显的行为及实际的操作能力, 另外还包括两个以上学生之间相互影响的作用。例如, 学习检疫监督时, 可安排学生扮演养殖场老板、官方兽医、动物卫生监督员、运输司机、群众等角色, 完成各自的工作任务并处理工作过程中出现的各种问题。通过情景模拟与角色扮演, 培养学生的组织能力、突发事件的应变能力、交往与合作能力等, 这样能让学生在快乐的氛围中掌握教学内容，还能促进学生全面发展。

五、任务驱动教学法

教师在教学过程中，根据情境中设计的对象不同，可以采取项目引领、任务驱动教学法。每次情景设计都以项目为中心，制定动物防疫检疫过程中具体项目任务，让每个学生围绕任务查找资料，草拟出任务实施方案，然后组织学生分组讨论，教师提出修改意见，选择最合理的方案实施项目任务。任务完成后，必须提交产品（防疫计划、检疫报告、检疫证明等），教师对产品进行验收并将产品的优劣信息反馈给学生，分析原因并进行总结。

六、小组讨论教学法

小组讨论教学法就是把全班同学分成若干小组，各小组要对某些问题提出自己的见解，突出以学生为主体，教师为主导，促进学生自主学习，人人参与。比如对于口蹄疫、禽流感等重要疫病难以消灭的原因，以及鸡新城疫、猪瘟等疫病发生免疫失败等问题，在教学过程中可以分小组进行专题讨论，先让每位学生独立思考，再让学生相互辩论，彼此互补，最后由教师针对各小组的实际回答情况，做出鼓励性评价和总结。小组讨论教学法不仅能活跃课堂气氛，加深学生对知识的理解，还能提高学生解决实际问题的能力。

七、岗位训练教学法

在课程内容学习即将结束时，安排一周的岗位训练，将学生分别安排到养殖场、屠宰场、集贸市场和卫生监督所等各企事业单位进行岗位技能的实训，提高学生的实践操作能力。

八、多媒体教学法

多媒体教学法就是利用多媒体技术，综合文本、图片、视频、声音等素材于一体的教学手段。课前把平时拍摄的各种动物疫病的症状和病变图片、视频，结合教学内容制作成多媒体课件，在课堂上向学生展示，增强了课程对学生的吸引力和学生的学习兴趣，使教学内容变得生动灵活。同时减少教师的课堂板书内容，进而提高教学效果。

第四节　教学法举例

一、项目教学法案例

以《动物防疫检疫技术》中"动物检疫合格证明填写"为例，实施项目教学法。

（一）教学目标

职业目标：培养学生严谨认真的工作态度。培养学生自主学习、发现问题、解决问题的能力，培养学生团队合作和创新精神。

知识目标：学习《动物卫生监督证章标志填写及应用规范》。

技能目标：要求学生能按照题目要求及《动物卫生监督证章标志填写及应用规范》

去填写并判别动物检疫证明；培养学生的实践能力和增长相关法律知识。

动物检疫合格证明填写与判别要求：学习《动物卫生监督证章标志填写及应用规范》；了解动物检疫合格证明的种类及其使用范围；按题目选择适合的动物检疫合格证明、填写所需工具；按题目要求及《动物卫生监督证章标志填写及应用规范》去填写动物检疫证明（教学重点）；判别动物检疫证明填写的正确性（教学难点）。

（二）教师教学准备

在开展教学前，教师应进行题目设计，具体如下所示。

题目一：××市××区（县）猪场韦××（手机号码：学生自定），有生猪（畜禽标识：145020500116688-145020500116900）213头养大要出栏，经韦××申报，申报点受理，派出动物检疫员陆××（执法编号：45002103）到场实施检疫。检疫合格，符合出证条件。畜主要用汽车（车主：王××；手机号码：学生自定；车牌：学生自定；用过氧乙酸消毒）将生猪运往××区屠宰场（2d到）。请你以动物检疫员陆××的身份给畜主填写适宜的动物检疫证明。注："××"为可更换的内容。题目也可由学生自行设计，注意耳标号与产地相对应、动物检疫员执法编号相对应。

题目二：××市××县××镇××猪场蒋××（手机号码：学生自定），有生猪126头（畜禽标识：145012200116688-145012200116813）养大要出栏，经蒋××申报，申报点受理，派出动物检疫员覃××（执法编号：45001109）到场实施检疫。检疫合格，符合出证条件。畜主要用汽车（车主：张××；手机号码：学生自定；车牌：学生自定，用过氧乙酸消毒）将生猪运往××市××区屠宰场（1d到）。请你以动物检疫员覃××的身份给畜主填写适宜的动物检疫证明。

材料：题目与《动物卫生监督证章标志填写及应用规范》每人一份。动物检疫证明4种、黑色中性笔、圆珠笔、复写纸、印泥、瓶盖等。

（三）教学步骤

导入新课（20~25min）：产地检疫是第一道检疫，为了保证动物健康及动物产品安全，并顺利进入流通环节，以及实现溯源的需要，要给符合出证条件的畜主及时、正确地填写动物检疫合格证明。动物检疫证明是具有法律效应的，动物检疫员必须会正确填写、判别并对检疫结果负责。

介绍实训设计过程，并安排学生分组自学填证要求，自行组织按题目要求去填写。

1. 制订计划（10min）

各组结合项目目标确定动物检疫证明填写的主体目标，并细化阶段填写动物检疫合格证明的大致步骤，以及可能出现阶段问题的解决方案，明确组员的分工。

2. 准备工作（5min）

1）分组：11人一组，将学生分4组。

2）动物检疫证明、填写所需工具的领取：组内商讨后以提交所需清单，到教师处领取动物检疫合格证明、填写所需工具。

3. 实施项目（20min）

1）学习《动物卫生监督证章标志填写及应用规范》。

2）了解动物检疫合格证明的种类及其使用范围。

3）按题目选适合的动物检疫合格证明填写。

4）判别动物检疫证明填写的正确性。

4. 检查评估（20min）

方法一（动医1班用）：

1）成果展示：各组学生出示作品并介绍，教师有针对性地结合填证要求提问。教师批改各组上交作品：①按题目选适合的动物检疫合格证明填写、填写所需工具符合要求。②按题目要求及《动物卫生监督证章标志填写及应用规范》去填写动物检疫证明。

2）各组由教师抽选1人，对已填写的检疫证明进行判别。

3）要求每表分析汇报出现的问题及原因。

4）各组由各学生按题目二填写检疫证明并上交，教师现场批改（25min）。

方法二（动医2班用）：

1）成果展示：各组学生上交一份作品——按题目要求及《动物卫生监督证章标志填写及应用规范》去填写的动物检疫合格证明。各组派出一名代表上讲台接受其他组同学的提问，问题可以是自己不懂的，也可以是自己懂的。每组5min。注：仿国家总理答中外记者问。

教师批改各组上交作品：①按题目选适合的动物检疫合格证明填写、填写所需工具符合要求。②按题目要求及《动物卫生监督证章标志填写及应用规范》填写动物检疫合格证明。

2）各组代表分析汇报出现的问题及原因。

3）各组由教师抽选1人，对已填写的检疫证明进行判别。

4）要求每个学生按题目二填写检疫证明并上交，教师现场批改（25min）。

（四）教师点评（10min）

最后老师点评：以表扬为主，总结本次课实训要点及学生操作过程存在的问题。

（五）成绩考评

1）成果展示及汇报（老师评）：20分。

2）各组抽测成绩（老师评）：15分。

3）学习及填写过程（组长评：认真、协作、参与、纪律好）：25分。

4）学生自评：10分。

5）实习报告（填写检疫证明）：20分。

6）创新（老师、学生一起评）：10~20分。

中职学生的特点之一就是以形象思维为主，即特别适合以做为主，"在做中学，在学中做"的学习方法。分组学习有利于培养学生的自主学习能力，将老师从讲解为主中解放出来，发挥检查、监督、指导的作用。以小组为单位组织学习，尤其是技能操作实训能充分发挥学生的主动性，有利于培养组内成员的团队协作精神，通过各组展示成果和汇报，以及老师的点评、考核，既能暴露问题，彰显成绩，提高课堂教学的效果，又能有效地培养学生的竞争意识、创新能力，经多次训练，逐渐地走上发现问题、提出问题、解决问题的人才成长道路上。正所谓"教育有法，但无定法，贵在得法"。"得法"才能"得其心"，"得其心"方能"育其人"。

二、行动导向法教学案例

运用行动导向教学法，结合《动物防疫检疫技术》的教学实践，给出具体教学案例，设计以"场地消毒实训"为课题，让学生掌握实施场地消毒的方法、步骤。

（一）"场地消毒实训"教学设计

1. 案例

实训场地：动物医院

实训班级：动医×班（共有40人，实到40人）

实训时间：××××年××月××日

学习形式：分小组进行，每小组10人

2. 教学目标

（1）德育目标　培养学生严谨认真、一丝不苟的工作态度，吃苦耐劳的精神以及与同伴合作交流的能力。在完成学习任务过程中逐步培养分析问题和归纳总结的能力。

（2）知识目标　了解消毒的重要性——消毒是生物安全体系中的重要组成部分，掌握影响化学消毒效果的因素。

（3）技能目标　学会场地消毒的全过程，通过学习能对养殖场的空舍栏实施消毒。

3. 教学重点与难点

（1）重点　机械清除，化学消毒。

（2）难点　机械清除，测量场地，计算所需消毒药液的总量。

4. 学情分析

（1）知识基础　学生在学习本次课程前已有一定的专业理论基础，已学习或同步学习过如"动物微生物""兽医基础""养猪生产""猪病防治"等课程，已经掌握了动物防疫基本知识和消毒部分的理论知识。认识到消毒能切断动物疫病的传播途径，有效防止动物疫病的发生与蔓延。

（2）能力基础　学生已进行过"消毒药的选购与配制实训"，认识常用消毒药；会阅读消毒剂外包装的标签和说明书；掌握选购消毒药的基本知识；学过配制消毒药，但是对畜牧生产中涉及的消毒技能了解较少。

（3）学习动机　场地消毒是"动物防疫与检疫技术"课程的实训内容之一，是畜牧兽医专业中职生的一项基本技能，也是要求学生必须掌握的一项防疫技术。其动机就是经过学习，知道消毒是一项行之有效的、重要的防疫措施，是养殖场的日常工作；懂得怎样做才能取得好的效果，知道哪些因素会影响化学消毒效果；学会场地消毒的全过程，能为养殖场的空栏舍实施消毒而设计消毒方案，懂得其中机械清除和化学消毒是最常用的消毒方法。另外，中职生特别渴望能动手操作，学以致用，并得到老师的肯定，这也是学生学习的动机之一。

5. 教学策略与手段

本次课使用任务驱动教学法进行教学，即师生为完成某一具体的工作任务而展开教学行动。强化"想干""去干""会干"。

实训分为下列子项目：①实训器械准备；②场地清扫；③冲洗场地；④场地面积测量及所需消毒液总量的计算；⑤消毒剂配制；⑥栏舍喷洒消毒液。

6. 实训要求

1）学习《专业目标导向和学习任务表》及《场地消毒实训任务单》，分组制订实训分工方案。

2）实施猪栏或牛栏机械清除。

3）实施场地测量与消毒剂的配制。

4）实施化学消毒。

5）在来回动物医院的路途中注意交通安全，过马路必须走斑马线；技能操作过程中注意安全，戴胶手套配制消毒液，不向同学、老师喷消毒液；爱护用具，轻拿轻放，用后清洗，清点回收。

7. 课前准备

（1）实训场地的准备　　实训安排在动物医院的猪栏、牛栏。

（2）消毒剂　　火碱或复合酚。

（3）消毒工具　　16L 背负式喷雾器 4 台、喷枪 8 支、塑胶盆及桶各 4 个、量筒（50ml）4 个、搪瓷量杯（1000ml）4 个、塑料扫把 8 把、竹扫把 4 把、铁铲 4 个、垃圾清运车 1 辆、天秤 4 台、卷尺 4 个、一次性的口罩 50 个、一次性胶手套 10 对等。按 4 组准备。

（4）学生学习准备　　提前 1～2d 通知学生做好预习，熟悉《专业目标导向和学习任务表》《场地消毒实训任务单》《考核记录表》。

专业目标导向和学习任务表

专业目标导向	学习任务
目标导向一：机械清除。机械清除包括打扫、冲洗	任务一：清扫天花板、墙面、地面；将地面和墙壁冲洗干净，清除要彻底
目标导向二：场地测量与消毒剂的配制	任务二：测量并计算出待消毒场地的面积，配制好所需消毒剂药液
目标导向三：化学消毒	任务三：待地板干，实施化学消毒

场地消毒实训任务单

消毒顺序	操作方法	工作要求和标准
1. 场地清扫	先洒水或喷消毒液，再清扫天花板、墙面、地面垃圾，垃圾进行无害化处理，可发酵处理或深埋、焚烧	1. 门、窗、天花板没有蜘蛛网 2. 墙面没有污渍、粪便 3. 地面没有垃圾、粪便 4. 垃圾进行正确的处理：干燥的垃圾可以焚烧、湿垃圾和粪便可以堆积发酵
2. 冲洗场地	用自来水（最好用高压水枪）将地面和墙壁冲洗干净	冲洗干净，尤其是墙角。待干燥后，喷洒消毒液
3. 场地面积测量及所需消毒液总量的计算	场地干燥后每平方米水泥地面约喷洒 500～1000ml	面积乘以每平方米地面喷洒消毒液的量

续表

消毒顺序	操作方法	工作要求和标准
4. 消毒剂选择与配制	可选择火碱、甲醛、过氧乙酸、漂白粉、复合酚等	选择杀菌力强的消毒剂，正确配制消毒剂
5. 喷洒消毒液	从上到下、从里到外均匀喷洒，不留死角	墙壁、地面均匀喷洒消毒液，不留死角，并要求地面 20～30min 不干
6. 冲洗场地再次消毒	消毒时间至少 12h 后，冲洗干净消毒液，再次用不同的消毒药消毒一次	墙壁、地面均匀喷洒消毒液，不留死角，并要求地面 20～30min 不干

考核记录表

考核项目	评分要点	评分标准	分数	得分
实施场地消毒	1. 机械清除	先打扫、冲洗（口述）	20分	
	2. 消毒器械的使用	能正确使用喷雾器	20分	
	3. 场地消毒操作过程	1. 消毒顺序：按从里到外、从上到下进行（40分） 2. 喷洒均匀，水泥地面保持 20～30min 湿润（20分）	60分	
	时间要求（5min）	规定时间内不能完成者，终止其考核		
总分			100分	

（二）"场地消毒实训"教学过程

1. 导入新课，布置任务（10～15min）

1）复习消毒的概念和消毒的目的。消毒是指用物理的、化学的或生物的方法，清除或杀灭物体及环境中的病原体。消毒的目的是切断传播途径，中断疫病流行过程。

举例子（如畜主的肉猪养大出栏后，要对空舍栏进行彻底消毒），引入场地消毒。消毒的重要性——消毒是养殖场生物安全体系建设中的重要组成部分。尤其是在预防、控制病毒病方面意义重大。

2）介绍实训设计过程，强调重点、难点，分配学生实训的场地和用具、药品，布置学生分组自行组织，按实训要求去操作练习。组长作好记录：考勤、分工方案、参与情况、操作步骤、发现的问题、解决的方法等。遇到问题，组内解决不了的，每个组允许问老师 3 个问题。

3）强调注意事项，如戴胶手套配制消毒液，不向同学、老师喷消毒液等。

2. 学生分小组操作，教师巡视检查，指导并记录（65min）

（1）学生进行实训准备（10～15min）　学习《专业目标导向和学习任务表》及《场地消毒实训任务单》，弄清实训步骤，知道是先实施机械清除，还是先实施化学消毒，为什么要测量场地面积等。

组长分工，落实各实训环节任务。

领取实训所需的用具、药品等。

（2）学生分组操作、教师巡视检查并指导（40～50min）

1）机械清除（20～25min）。打扫、冲洗。教师巡视检查指导，老师检查时发现做不彻底的，如残留饲料残渣、粪渣（可能是墙壁，也可能是料槽）、墙角的蜘蛛网等，要求返工。了解各组工艺流程、组员参与情况，作好记录。

2）场地测量与消毒剂的配制（5～10min）。可在机械清除前或中或后进行，各组自行安排。教师巡视检查各组进度，发现不会配制消毒液的，指导其配制等。

3）化学消毒（10～15min）。从上到下、从里到外均匀喷洒，不留死角。最后各组上交记录。

教师巡视检查指导：检查化学消毒是否从上到下、从里到外均匀喷洒，了解消毒液的总用量等。每组抽查一两个组员实施化学消毒操作，以检查是否还存在问题，作好记录。

（3）实训效果的检查评估（10min）

1）化学消毒的检查和评估穿插于课堂中。着重检查组员是否从上到下、从里到外均匀喷洒，不留死角。并询问地板要保持多长时间不干才能保证消毒效果等。

2）对学生的肯干和吃苦耐劳的精神给予肯定和鼓励。例如，"班长和学习委员所在组，打扫天花板的蜘蛛网特别卖力，值得表扬，但一定要注意安全。""我们班同学肯干，组长主动领任务。""第一组抢着消毒牛栏，很主动。第二组组长听老师说消毒牛栏工作最重，愿承担，但动作太慢。最后是做最轻的——消毒外环境，第三组积极性最高，主动消毒两个猪栏，第四组消毒第二、三号场地（有保定栏）。"

3）通过分组实训和技能抽考，让学生自由发言，对实训中遇到的问题和困难进行分析，找出解决或改进的办法。最后结合各组上交记录及任课教师巡视检查、抽查的记录，老师做点评和总结。总结本次课实训要点及学生操作过程中存在的问题，并对各组评定成绩或给出评语。

建议：实训时，要准备一次性的口罩、胶手套，做好自身防护。培养学生自身防护的意识。讲解、说明并强调，在打扫蜘蛛网、杂物、灰尘之前，为什么要先洒水或消毒液，尤其是在发生重大动物疫情时，更应该如此。以案例告诉学生。在某国一鸡场发生高致病性禽流感，鸡群扑杀后，该鸡场饲养员负责消毒鸡场，结果饲养员最后也感染高致病性禽流感，追究其原因，是打扫前不洒消毒液，加上劳累过度，抵抗力下降。强调打扫前戴口罩、洒消毒液的重要性。

（张艳英　张东林）

参 考 文 献

毕玉霞. 2009. 动物防检疫与检疫技术. 北京：化学工业出版社

崔言顺. 1995. 动物检疫学. 北京：中国农业科技出版社

崔言顺. 1995. 动物性食品卫生学. 北京：中国林业出版社

甘辉群，刘明生，胡新岗，等. 2014. 高职院校动物防疫与检疫技术课程的教学改革与实践. 黑龙江畜牧兽医（综合版），
　　（7）：140-142

甘肃农业大学，南京农业大学. 1992. 动物性食品卫生学. 北京：农业出版社

郭四保. 2014. 浅谈养殖场养殖档案的建立与管理. 中国畜禽种业，3：9-10

何静. 2014. 基于区域畜牧业发展的《动物防疫与检疫技术》教学改革尝试与总体思路. 湖北畜牧兽医，35（7）：95-96

王喆，赵春玲，侯继勇，等. 2011. 动物防疫与检疫专业学习领域课程体系的开发. 黑龙江畜牧兽医，（7）：168-169

孔繁瑶. 1997. 家畜寄生虫学. 2 版. 北京：中国农业大学出版社

苗旭，冯霞霞. 2014. 畜禽养殖场消毒技术. 畜牧兽医杂志，33（2）：94-96

佘锐萍. 2000. 动物产品卫生检验. 北京：中国农业大学出版社

王子斌. 2006. 动物防疫与检疫技术. 北京：中国农业出版社

魏磊，王玉民，杨魁星. 2014.《动物防疫与检疫技术》课程改革的探索. 宿州教育学院学报，17（2）：130-132

熊艳云. 2014. 动物防疫与检疫技术课程教学改革与探索. 当代畜牧，（5）：65-66

张春红，赵骏新. 2014. 项目教学法在中职动物防疫与检疫技术课中的应用. 广西教育，（10）：70-72

张洪让，唐顺其. 2010. 动物防疫检疫操作技能. 北京：中国农业出版社

张彦明，贾靖国，刘安典. 1995. 动物性食品卫生检验技术. 西安：西北大学出版社

赵洪明，强慧勤，王荣申，等. 2013-6-18. 养殖投入品控制集成技术. 河北科技报. 第 B07 版

赵骏新，张春红. 2015. 行动导向法在"场地消毒实训"中的应用与反思. 广西教育，（2）：98-100

郑明光. 动物性食品卫生检验学. 长春：吉林科学技术出版社

中国农业科学院哈尔滨兽医研究所. 1999. 动物传染病学. 北京：中国农业出版社

邹林. 2006. 分清学情，因材施教. 长江工程职业技术学院学报，23（1）：50-51

GB 16548—2006 病害动物和病害动物产品生物安全处理规程

GB/T 18646—2002 动物布鲁氏菌病诊断技术

动物防疫与检疫技术精品课网站 http://xn.sdmyxy.cn

国家质量监督检验检疫总局 http://www.aqsiq.gov.cn/

中国动物卫生监督网 http://www.cahi.org.en/

中国兽医协会 http://www.cvma.org.cn/